U0252746

机器人工程专业应用型人才培养系列教材

机器人工程专业导论

孟昭军 刘 班 ◎ 主编

清华大学出版社
北京

内容简介

本书是机器人工程专业的学科认知课程教材。第1～4章属于机器人工程专业知识，介绍机器人工程专业所要学习的主要知识，机器人基础知识介绍机器人的定义和发展、机器人的基本术语及图形符号、机器人的技术参数、机器人轴和坐标系、机器人的运动学与动力学基础等，机器人的组成与结构部分介绍机器人的组成、机械结构、传感器系统、驱动系统、控制系统等，机器人的编程介绍工业机器人的编程方式、要求以及工业机器人的离线编程等；第5章是机器人工程专业的知识体系和培养体系，对机器人工程专业建设、专业培养目标、专业知识、课程体系、培养定位以及机器人工程专业实验实训基地建设做介绍；第6章和第7章属于机器人工程专业的非技术性因素知识，主要对国内外机器人产学研机构和相关期刊、会议做了简单介绍、讨论一些开放性问题和机器人认识实验等，以启发学生的创新性思维。

为便于读者高效学习，本书配套有完整的教学课件。

本书适合作为应用型高校机器人工程专业的导论课程教材，也可以供辅修机器人工程专业的相关专业学生参考。

图书在版编目(CIP)数据

机器人工程专业导论/孟昭军，刘班主编. —北京：清华大学出版社，2022.6 (2023.9重印)
机器人工程专业应用型人才培养系列教材
ISBN 978-7-302-60218-7

Ⅰ. ①机… Ⅱ. ①孟… ②刘… Ⅲ. ①机器人工程－高等学校－教材 Ⅳ. ①TP24

中国版本图书馆CIP数据核字(2022)第033354号

责任编辑：赵 凯
封面设计：刘 键
责任校对：胡伟民
责任印制：杨 艳

出版发行：清华大学出版社
网 址：http://www.tup.com.cn，http://www.wqbook.com
地 址：北京清华大学学研大厦A座 邮 编：100084
社 总 机：010-83470000 邮 购：010-62786544
投稿与读者服务：010-62776969，c-service@tup.tsinghua.edu.cn
质量反馈：010-62772015，zhiliang@tup.tsinghua.edu.cn
课件下载：http://www.tup.com.cn，010-83470236
印 装 者：三河市君旺印务有限公司
经 销：全国新华书店
开 本：185mm×260mm **印 张**：13 **字 数**：325千字
版 次：2022年7月第1版 **印 次**：2023年9月第3次印刷
印 数：2301～3800
定 价：59.00元

产品编号：091699-01

“机器人工程专业应用型人才培养系列教材”编委会

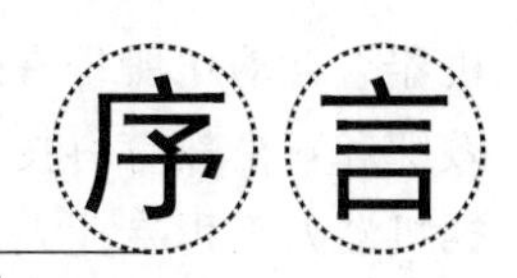

PREFACE

辽宁科技学院新松机器人学院成立于 2017 年 9 月，是全国首批具有招收机器人工程专业本科生资格的 25 所院校之一，由辽宁科技学院、新松机器人自动化股份有限公司、新松教育科技集团合作建立。学院作为学校"新工科"教育改革的先行示范区，坚持产教融合、协同创新，瞄准区域产业需求，聚焦机器人、高端装备产业领域，不断深化内涵建设，推动机器人学科的发展及其与相关学科的交叉融合，为国家培养符合社会发展需要、适应高端智能机器人产业发展的高素质应用型人才，为辽宁省打造世界级机器人产业基地提供有力的智力支撑和人才保障。自成立以来，合作双方充分发挥各自优势，瞄准产业前沿，共同探索机器人及其相关领域人才培养模式和技术创新途径，不断推动学院各项事业发展屡创新高，运行至今，已完成一届机器人工程专业本科人才培养，办学成效初显。

新松机器人学院由校企双方共建、共担、共管，2019 年 12 月机器人实训中心获批辽宁省机器人科普教育基地，2021 年 1 月新松机器人学院获批辽宁省普通高等学校现代产业学院，2021 年 3 月机器人校企合作实训基地被教育部评选为产教融合优秀案例，2021 年 11 月机器人工程专业获批辽宁省一流本科专业。

回顾多年办学经历，深感成绩的取得来之不易。在辽宁省教育厅指导下，辽宁科技学院与新松机器人自动化股份有限公司、新松教育科技集团紧密合作、共克时艰，不断优化专业结构、增强办学活力、创新人才培养模式、完善管理机制，对接区域经济和行业产业发展，构建校、企、地多方协同育人机制，形成了集人才培养、科研创新、产业服务"三位一体"多功能服务的现代产业学院，积累了宝贵的办学经验。学院坚持育人为本，以立德树人为根本任务，以提高人才培养能力为核心，培养符合产业高质量发展和创新需求的高素质人才；坚持产业为要，科学定位人才培养目标，构建紧密对接产业链、创新链的专业体系，切实增强人才对经济高质量发展的适应性，强化产、学、研、用体系化设计；坚持产教融合，将人才培养、教师专业化发展、实训实习实践、学生创新创业等有机结合，促进产教融合、科教融合，打造集产、学、研、转、创、用于一体，互补、互利、互动、多赢的实体性人才培养创新平台；坚持创新发展，创新管理方式，推进共同建设、共同管理、共享资源，实现学院可持续、内涵式创新发展。

高校人才培养的全过程，专业、课程、教材、教师是主线，新松机器人学院高度重视教材建设，始终将教材研发作为产业学院人才培养的重要环节，成立了由校企双方人员组成的编委会，负责"机器人工程专业应用型人才培养系列教材"的编写工作。编委会基于学院人才培养目标、依据新松机器人实训设备特点，根据全国新工科机器人联盟对机器人工程专业的建设方案要求，编写"机器人工程专业应用型人才培养系列教材"。本系列丛书是根据新松机器人自动化股份有限公司相关产品设备及产品资料，并结合辽宁科技学院机器人教研室教师和新松教育科技集团有限公司相关专家、工程师自身经验编写而成。本系列丛书将根据机器人工程专业人才培养方案的实际情况不断完善、更新，以适应应用型人才培养需求。

由于机器人技术发展日新月异，加之编者的水平有限，丛书中难免存在不妥和疏漏之处，恳请广大读者批评指正。

最后，我们真诚期望能够获得读者在学习本套丛书之后的心得、意见甚至批评，您的反馈都是对本丛书的最大支持！

曲道奎

新松机器人自动化股份有限公司创始人、总裁

2022年4月6日

前言

FOREWORD

机器人工程作为国家新设立的本科专业，符合我国战略发展目标，说明国家把机器人产业摆在了科技发展的重要战略地位。对同样的机器人工程专业来说，研究型高校与应用型高校由于高校层次不同，培养学生的目标就有所区别。此外，应用型高校选用不同厂家的机器人作为培养学生的实验室设备，必然涉及不同厂家的设备特点。虽然不同的机器人设备原理相同，但操作、编程指令、仿真软件和集成环境以及 PLC 控制都有所不同。以上两个问题造成了应用型高校在培养学生时选用的教材和资源就必须与实验室建设进行整体上的统一考虑。

根据应用型高校学生培养的目标和特点，结合全国新工科机器人联盟对机器人工程专业的建设方案要求，为加强应用型本科教材的建设，特编写了这本机器人工程专业导论教材。本书作为机器人工程专业的学科专业认知课程，基本上是在新生入学的第一学期学习，学生不具备高等数学等机器人专业的基础。所以本书编写过程中对机器人设计等理论全部舍去，只保留简单的概念性介绍，理论知识将在以后专业基础和专业课程中学习。

本课程主要使学生掌握三方面的知识：一是本专业必要的技术性因素知识，即机器人相关的知识、概念等，使学生清楚本专业涉及哪些知识领域；二是机器人工程专业四年的课程体系和知识结构，使学生对本专业知识体系有整体性的了解；三是非技术性因素知识，即培养学生专业兴趣、寻找适合的学习方法和锻炼自学能力。

本书既注重对非技术性因素的教育，使学生理解专业知识和技术应用需要与社会、健康、安全、法律、文化、职业道德、伦理道德以及终身学习等结合起来、统一考虑，不能完全取决于专业知识，也注重对四年大学学习整体的认知和规划，使学生对本专业要学习的内容、课程体系、学习方法、能力培养和途径等有较为详细的了解，培养学生初步具有创新性思维和提高基于工程相关背景知识的学习兴趣，为今后学习本专业知识打下基础。

本书共分 7 章。第 1 章机器人概述介绍了机器人的定义和发展、机器人的用途、机器人学的研究内容和机器人学的国内外发展趋势；第 2 章机器人基础知识包括机器人的分类、机器人的基本术语及图形符号、机器人的技术参数、机器人轴和坐标系、机器人的运动学与动力学基础等；第 3 章机器人的组成与结构介绍了机器人的组成、机械结构、传感器系统、驱动系统、控制系统等；第 4 章机器人的编程简单介绍了机器人的编程方式、编程要求与语言类型、工业机器人的编程要求、工业机器人的离线编程等；第 5 章机器人工程专业知识体系和培养体系对机器人工程专业的建设、专业培养目标、专业知识、课程体系、培养定位以及机器人工程专业实验实训基地建设做了介绍；第 6 章机器人领域产学研机构主要对国内外机器人产学研机构和产品以及相关期刊、会议做了简单介绍；第 7 章主要是一些开放性问题和机器人认识实验等,以启发学生的创造性思维。

本书由辽宁科技学院孟昭军教授和沈阳新松虚拟现实产业技术研究院刘班副总经理担任主编,韩召讲师、李芳芳讲师、张海鹏工程师等参编。其中孟昭军编写第 1 章、第 5 章和第 7 章;韩召编写第 2 章和第 3 章;李芳芳编写第 4 章;沈阳中德新松教育科技集团有限公司张海鹏编写第 6 章。

本书中带“*”的章节主要以新松设备作为实验实训系统。

本书出自“机器人工程专业应用型人才培养系列教材”,是在新松机器人自动化股份有限公司相关设备及产品资料基础上结合自身经验编写而成。在此特别感激对本书做出贡献的老师和同学们,尤其是尹策、李晓博、马紫熔、孙移等同学在实验验证、素材收集、图片编辑等工作中的无私奉献,以及新松机器人自动化股份有限公司和沈阳中德新松教育科技集团有限公司的相关专家和工程师。本书的完成离不开他们提供的各种资料、心得和建议,对于他们的辛勤付出特此致谢。

本书参考和借鉴了国内外大量相关文献、研究生论文、网上论坛、培训、会议等资料,在此一并表示衷心的感谢。尽管书后列出了参考文献,但是难免有遗漏,绝非恶意抄袭,对相关作者表示歉意,我们会在再版时加以修正和补充。

由于编者水平有限,以及机器人技术发展日新月异,书中难免存在不妥和疏漏之处,甚至可能存在错误,恳请广大读者批评指正!

编　者

2022 年 2 月

教学课件

教学大纲

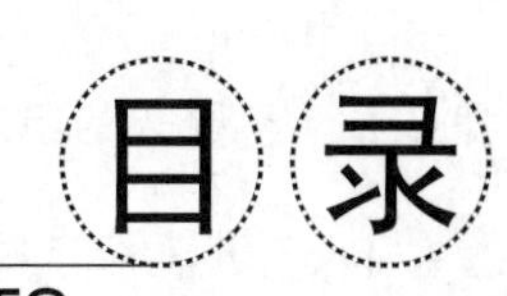

CONTENTS

第 1 章　机器人概述…… 1

1.1　机器人的定义和发展 …… 1

1.1.1　机器人名称的由来…… 1

1.1.2　机器人的定义…… 2

1.1.3　机器人的发展历史…… 3

1.2　机器人的用途 …… 5

1.3　机器人学的研究内容 …… 5

1.4　机器人学的国内外发展趋势 …… 9

1.4.1　国外发展趋势…… 9

1.4.2　国内发展趋势 …… 10

第 2 章　机器人基础知识 …… 12

2.1　机器人的分类和典型机器人…… 12

2.1.1　机器人的分类 …… 12

2.1.2　典型机器人 …… 13

2.2　机器人的基本术语及图形符号…… 17

2.2.1　机器人的几个基本术语 …… 17

2.2.2　机器人的图形符号 …… 18

2.3　机器人的技术参数…… 21

2.3.1　机器人主要技术参数 …… 21

2.3.2　机器人的技术参数举例 …… 22

2.4　机器人轴和坐标系…… 24

2.4.1　机器人运动轴的名称 …… 24

2.4.2　机器人坐标系 …… 25

2.5　机器人的运动学与动力学基础…… 26

2.5.1　运动学 …… 27

2.5.2　动力学 …… 29

2.5.3　机器人运动学与动力学在控制上的区别与联系 …… 29

第3章 机器人的组成与结构 …… 32
3.1 机器人的组成 …… 32
3.1.1 驱动系统 …… 33
3.1.2 机械结构系统 …… 33
3.1.3 传感系统 …… 33
3.1.4 机器人与环境交互系统 …… 33
3.1.5 人机交互系统 …… 33
3.1.6 控制系统 …… 33
3.2 机器人的机械结构 …… 34
3.2.1 机器人的机身 …… 34
3.2.2 机器人的臂部 …… 35
3.2.3 机器人的手部 …… 37
3.2.4 机器人的腕部 …… 38
3.2.5 机器人的行走机构 …… 40
3.3 机器人的传感器系统 …… 42
3.3.1 机器人的传感器技术概述 …… 42
3.3.2 机器人传感器的选择与要求 …… 42
3.3.3 工业机器人传感器分类 …… 48
3.3.4 多传感器信息融合技术 …… 57
3.4 机器人的驱动系统 …… 58
3.4.1 概述 …… 58
3.4.2 液压驱动系统 …… 61
3.4.3 气压驱动系统 …… 63
3.4.4 电气驱动系统 …… 64
3.5 机器人控制系统 …… 66
3.5.1 机器人控制系统的基本原理 …… 66
3.5.2 机器人控制系统的特点 …… 66
3.5.3 机器人控制系统的组成及分类 …… 67
3.5.4 智能控制技术 …… 75
第4章 机器人的编程 …… 78
4.1 机器人的编程方式 …… 78
4.2 示教编程 …… 79
4.2.1 手把手示教编程 …… 79
4.2.2 示教盒示教编程 …… 83
4.3 离线编程 …… 86
4.3.1 离线编程的概念 …… 86
4.3.2 离线编程系统的一般要求 …… 87

4.3.3 离线编程系统的基本组成 …… 87
4.3.4 离线编程示例 …… 90
4.3.5 新松离线编程软件(SRVWS虚拟工作站) …… 90
4.3.6 ABB离线编程软件(RobotStudio) …… 92
4.3.7 仿真示例(车窗玻璃涂胶) …… 93
4.4 语言(自主)编程 …… 101
4.4.1 机器人常用编程语言 …… 101
4.4.2 特种机器人语言编程简单示例 …… 105

第5章 机器人工程专业知识体系和培养体系 …… 108

5.1 机器人产业发展现状 …… 108
5.1.1 机器人产业发展趋势及特征 …… 108
5.1.2 我国机器人产业发展趋势及特征 …… 109
5.1.3 我国机器人产业发展现状 …… 110
5.1.4 机器人技术人才教育 …… 114
5.2 机器人工程专业培养目标 …… 117
5.2.1 研究型高校培养目标 …… 118
5.2.2 应用型高校培养目标 …… 118
5.3 机器人工程专业课程体系 …… 119
5.3.1 总体框架 …… 120
5.3.2 课程设置 …… 121
5.3.3 招生对象与学制 …… 123
5.3.4 毕业要求 …… 123
5.4 机器人工程专业培养定位 …… 125
5.4.1 专业培养规格 …… 125
5.4.2 就业岗位及要求 …… 128
5.5 机器人工程专业实验实训基地建设 …… 130
5.5.1 基本条件要求 …… 130
5.5.2 应用型本科机器人工程专业实验实训基地* …… 131

第6章 机器人领域产学研机构 …… 146

6.1 机器人公司介绍 …… 146
6.1.1 瑞士ABB公司 …… 146
6.1.2 德国库卡公司 …… 149
6.1.3 日本发那科公司 …… 151
6.1.4 日本安川公司 …… 153
6.1.5 四大家族机器人技术比较 …… 155
6.1.6 新松(SIASUN)机器人公司 …… 159
6.1.7 波士顿动力(Boston Dynamics)公司 …… 161

6.2 机器人方向知名研究机构 …… 166

6.3 机器人期刊与学术会议 …… 172

6.3.1 机器人领域期刊 …… 172

6.3.2 国际(国内)学术会议 …… 177

6.4 世界知名研究所及论坛 …… 179

6.4.1 世界知名机器人研究所 …… 179

6.4.2 网络论坛 …… 183

第7章 机器人学科问题及讨论 …… 184

7.1 开放性问题 …… 184

7.1.1 开放性问题1：对于未来的机器人，你有什么想法 …… 184

7.1.2 开放性问题2：无人驾驶汽车技术与伦理道德 …… 186

7.1.3 开放性问题3：机器人行业蒸蒸日上，波士顿动力因何陨落 …… 187

7.1.4 开放性问题4：机器人引发法律道德问题，如何教其学会道德判断 …… 190

7.1.5 开放性问题5：发挥想象力：你心中的机器人是什么样子的，它可以做些什么 …… 192

7.1.6 开放性问题6：翻译一篇有关机器人研究的英文文献 …… 192

7.2 机器人认识实验* …… 192

7.2.1 认识实验1：初步认识工业机器人的应用领域 …… 192

7.2.2 认识实验2：初步认识工业机器人的离线编程和仿真 …… 192

7.2.3 认识实验3：工业机器人系统集成认识 …… 193

7.2.4 认识实验4：有关特种机器人的认识 …… 193

参考文献 …… 194

第1章

机器人概述

本章主要介绍机器人的定义和发展、机器人的用途、机器人学的研究内容、机器人学的国内外研究趋势等，使学生了解有关机器人领域的基本概况。

1.1 机器人的定义和发展

机器人被誉为“制造业皇冠顶端的明珠”，其研发、制造、应用水平是衡量制造业发达程度的重要标志，机器人产业因此受到世界各国的高度关注。近年来，随着人工智能技术、数字化制造技术与移动互联网之间创新融合步伐的不断加快，发达国家纷纷作出战略部署抢占机器人产业制高点。自从蒸汽机打开了工业之门，现代化的目的就是解放人的身体，机器人将不仅取代人的体力劳动，更会延伸人的精神世界。目前，机器人技术处于高速发展的黄金期，在工业生产、助老助残、医疗康复、家庭服务、空间及海洋探测、核环境等应用领域得到广泛的应用与发展，对人类的生产和生活产生了广阔而深远的影响。

1.1.1 机器人名称的由来

机器人是一种自动执行任务的机器装置，它既可以接受人类指挥，又可以运行预先编制的程序，也可以根据以人工智能技术制定的规则自主执行任务。它的任务是协助或代替人类进行工作，例如在工业生产、危险行业等场合工作。

创造与自己相似的机器长期以来一直是人们的梦想。机器人的英文名词是 Robot，Robot 一词最早出现在 1920 年捷克作家卡雷尔·卡佩克(Karel Capek)所写的一个剧本中，这个剧本的名字为 *Rossum's Universal Robots*，中文意思是“罗萨姆的万能机器人”。剧中的人造劳动者取名为 Robota(汉语译为“劳伯”)，捷克语的意思是“苦力”“奴隶”。英语的 Robot 一词就是由此而来的，以后世界各国都用 Robot 作为机器人的代名词。

进入近代之后，人类关于发明各种机械工具和动力机器，协助以至代替人们从事各种体力劳动的梦想更加强烈。于 18 世纪发明的蒸汽机开辟了利用机器动力代替人力的新纪元，随着动力机器的发明，人类社会出现了第一次工业和科技革命。各种自动机器、动力机和动力系统的问世,使机器人开始由幻想时期转入自动机械时期,许多机械式控制的机器人,主要是各种精巧的机器人玩具和工艺品,应运而生。

随着科学技术的发展,针对人类社会对即将问世的机器人的不安,美国著名科幻小说家阿西莫夫于1950年在他的小说《我是机器人》中,提出了有名的"机器人三守则"。

(1) 机器人必须不危害人类,也不允许它眼看人类受害而袖手旁观。

(2) 机器人必须绝对服从于人类,除非这种服从有害于人类。

(3) 机器人必须保护自身不受伤害,除非是为了保护人类或者是人类命令它做出牺牲。

这三条守则,给机器人赋以新的伦理性,并使机器人概念通俗化,更易于为人类社会所接受。至今,它仍为机器人研究人员、设计制造厂家和用户提供了十分有意义的指导方针。

1.1.2 机器人的定义

机器人问世已有几十年,机器人的定义仍然仁者见仁,智者见智,没有一个统一的意见。原因之一是机器人还在不断发展,新的机型、新的功能不断涌现;同时,由于机器人涉及人的概念,成为一个难以回答的哲学问题,就像"机器人"一词最早诞生于科幻小说之中一样,人们对机器人充满了幻想。也许正是由于机器人定义的模糊,才给了人们充分的想象和创造空间。随着机器人技术的飞速发展和信息时代的到来,机器人所涵盖的内容越来越丰富,机器人的定义也不断充实和创新。下面给出一些有代表性的定义。

1. 国际和国外相关组织的定义

国际标准化组织(International Organization for Standardization)的定义:机器人是一种自动的、位置可控的具有编程能力的多功能机械手,这种机械手具有几个轴,能够借助可编程序操作来处理各种材料、零件、工具和专用装置,以执行各种任务。

美国国家标准局(National Bureau of Standards)的定义:机器人是一种能够进行编程并在自动控制下执行某些操作和移动作业任务的机械装置。

美国机器人协会的定义:机器人是一种用于移动各种材料、零件、工具或专用装置的,通过可编程序动作来执行种种任务的,并具有编程能力的多功能机械手。

日本工业机器人协会的定义:工业机器人是一种装备有记忆装置和末端执行器的,能够转动并通过自动完成各种移动来代替人类劳动的通用机器。

日本工业标准局的定义:一种机械装置,在自动控制下,能够完成某些操作或者动作功能。

简明牛津字典:貌似人的自动机,具有智力的和顺从于人的但不具有人格的机器。

2. 有关学者的定义

1967年在日本召开的第一届机器人学术会议上提出了两个有代表性的定义。森政弘与合田周平提出的定义:"机器人是一种具有移动性、个体性、智能性、通用性、半机械半人性、自动性、奴隶性等7个特征的柔性机器"。从这一定义出发,森政弘又提出了用自动性、智能性、个体性、半机械半人性、作业性、通用性、信息性、柔性、有限性、移动性等10个特性来表示机器人的形象。日本早稻田大学加藤一朗(日本机器人之父)教授认为:机器人是由能工作的手、能行动的脚和有意识的头脑组成的个体,同时具有非接触传感器(相当于耳、目)、接触传感器(相当于皮肤)、固有感及平衡感等感觉器官的能力。也有一些组织和学者针对不同形式的机器人分别给出具体的解释和定义,而机器人则只作为一种总称。例如,日本工业机器人协会列举了 6 种类型的机器人。

(1) 手动操纵机器人：人操纵的机械手，缺乏独立性。

(2) 固定程序机器人：缺乏通用性。

(3) 可编程机器人：非伺服控制。

(4) 示教再现机器人：通用工业机器人。

(5) 数控机器人：由计算机控制的机器人。

(6) 智能机器人：具有智能行为的自律型机器人。

我国科学家对机器人的定义是："机器人是一种自动化的机器，这种机器具备一些与人或生物相似的智能能力，如感知能力、规划能力、动作能力和协同能力，是一种具有高度灵活性的自动化机器"。

综合诸家的解释，概括各种机器人的性能，我们认为可以按以下特征描述机器人。

(1) 机器人的动作机构具有类似于人或其他生物体某些器官(如肢体、感官等)的功能。

(2) 机器人具有通用性，工作种类多样、动作程序灵活易变，是柔性加工的主要组成部分。

(3) 机器人具有不同程度的智能，如记忆、感知、推理、决策学习等。

(4) 机器人具有独立性，完整的机器人系统，在工作中可以不依赖于人的干预。

1.1.3　机器人的发展历史

1. 古代机器人的发展历史

人类对机器人的幻想与追求已有 3000 多年的历史。西周时期，我国的能工巧匠偃师研制出的歌舞艺人，是我国最早记载的机器人。春秋后期，据《墨经》记载，鲁班曾制造过一只木鸟，能在空中飞行"三日不下"。1800 年前的汉代，大科学家张衡不仅发明了地动仪，而且发明了计里鼓车，计里鼓车每行一里，车上木人击鼓一下，每行十里击钟一下。后汉三国时期，蜀国丞相诸葛亮成功地创造出了"木牛流马"，并用其在崎岖山路中运送军粮，支援前方作战。计里鼓车和木牛流马如图 1-1 所示。

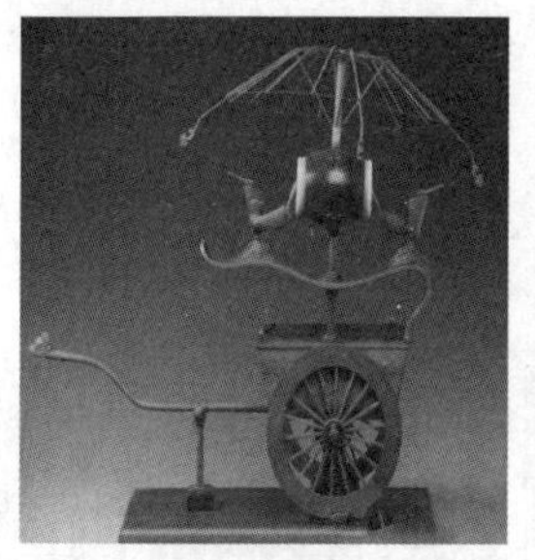

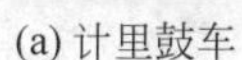

(a) 计里鼓车　　(b) 木牛流马

图 1-1　计里鼓车与木牛流马

1662 年，日本的竹田近江利用钟表技术发明了自动机器玩偶，并在大阪的道顿掘演出。

1738 年，法国天才技师杰克・戴瓦克逊发明了一只机器鸭，它会嘎嘎叫，会游泳和喝水，还会进食和排泄。

1773 年，著名的瑞士钟表匠杰克・道罗斯和他的儿子制造出自动书写玩偶、自动演奏玩偶等，他们创造的自动玩偶是利用齿轮和发条原理而制成的，它们有的拿着画笔和颜色绘画，有的拿着鹅毛蘸墨水写字，结构巧妙，服装华丽，在欧洲风靡一时，如图 1-2 所示。

图 1-2 自动书写玩偶

1927 年，美国西屋公司工程师温兹利制造了第一个机器人“电报”，并在纽约举行的世界博览会上展出。它是一个电动机器人，装有无线电发报机，可以回答一些问题，但该机器人不能走动。

2. 现代机器人的发展历史

1938—1945 年，由于核工业和军事工业的发展，研制了“遥控操纵器”(Teleoperator)，主要用于放射性材料的生产和处理过程。

1947 年，对这种较简单的机械装置进行了改进，采用电动伺服方式，使其从动部分能跟随主动部分运动，称为“主从机械手”(Master-Slave Manipulator)。

1949—1953 年，随着先进飞机制造的需要，美国麻省理工学院辐射实验室(MIT Radiation Laboratory)开始研制数控铣床。

1953 年，研制成功能按照模型轨迹做切削动作的多轴数控铣床。

1954 年，“可编程”“示教再现”机器人出现。美国人 George C. Devol 设计制作了世界上第一台机器人实验装置，并发表了题为《适用于重复作业的通用型工业机器人》的文章。

20 世纪 60 年代，机器人产品正式问世，机器人技术开始形成。

1960 年，美国联合控制公司(Consolidated Control)根据 Devol 的专利技术，研制出第一台真正意义上的工业机器人，并成立了 Unimation 公司，开始定型生产名为 Unimate 的工业机器人。

两年后，美国机床与铸造公司(AMF)生产了另一种可编程工业机器人 versation，如图 1-3 所示。

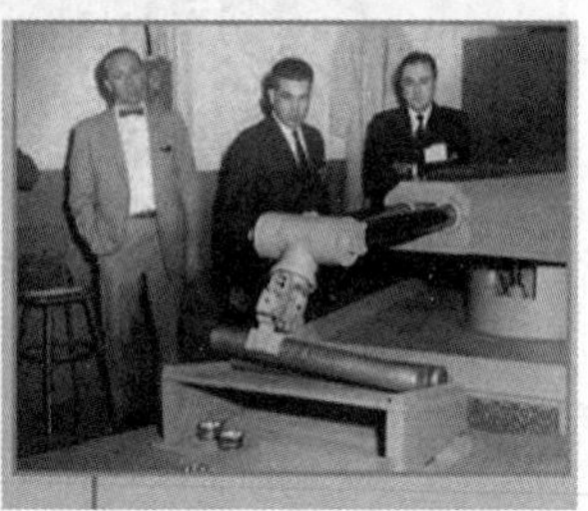

图 1-3 versation 机器人

20 世纪 70 年代，机器人技术发展成为专门学科，称为机器人学(robotics)。

机器人的应用领域进一步扩大，不同的应用场所，导致了各种坐标系统、各种结构的机器人相继出现，大规模集成电路和计算机技术飞跃发展使机器人的控制性能大大提高，成本不断下降。

20 世纪 80 年代开始进入智能机器人研究阶段，不同结构、不同控制方法和不同用途的工业机器人在工业发达国家真正进入了实用化的普及阶段。

随着传感技术和智能技术的发展，开始进入机器人视觉、触觉、力觉、接近觉等技术的研究和应用阶段，大大提高了机器人的适应能力，扩大了机器人的应用范围，促进了机器人的智能化进程。

1.2　机器人的用途

工业机器人最早应用在汽车制造工业，常用于焊接、喷漆、装配、搬运和上下料。工业机器人延伸了人的手足和大脑功能，它可以代替人从事危险、有害、有毒、低温和高热等恶劣环境中的工作；代替人完成繁重、简单重复的劳动，提高劳动生产率，保证产品质量。为实现生产的自动化，可以把工业机器人与数控加工中心、自动搬运小车以及自动检测系统组成柔性制造系统（flexible manufacture system）和计算机集成制造系统（computer integrated manufacturing system）。目前，机器人由于其作业的高度柔性和可靠性、操作的简便性等特点，满足了工业自动化高速发展的需求，被广泛应用于汽车制造、工程机械、机车车辆、电子和电气、计算机和信息以及生物制药等领域，如焊接、绘图、搬运码垛机器人，如图 1-4 所示。

图 1-4　工业上广泛应用的焊接、绘图、搬运机器人

现在机器人正在走向很多应用领域，比如军事、航天、星际探测、海洋探测、医疗、农业、娱乐、教育、服务等。传统的行业也在不断与机器人技术融合。随着机器人技术的不断突破和成本的不断下降，机器人的应用领域将会不断扩大。甚至有人预言，在不太遥远的将来，机器人将会进入我们的日常生活，就像我们现在拥有个人电脑一样，也许有一天我们也会拥有自己的机器人。

1.3　机器人学的研究内容

机器人学有着极其广泛的研究和应用领域。这些领域体现出广泛的学科交叉，涉及众多的课题，如机器人体系结构、机构、控制、智能、传感、机器人装配、恶劣环境下的机器人以及机器人语言等。机器人已在工业、农业、商业、旅游业、空间和海洋以及国防等领域获得越来越普遍的应用。下面是一些比较重要的研究领域。

1. 传感器与感知系统

传感器是能感受到外部环境变化,并做出类似人类反应的器件或装置。传感器的发明让物体有了触觉、味觉和嗅觉等感官,它可以代替我们的眼睛、耳朵、鼻子、舌头和皮肤。没有生命的机器变得像人类一样具有感知,能精确、自动地执行各种功能。如今,传感器的应用已深入到工农业生产、医疗、通信、国防科技和人们的日常生活中。各式各样的传感器已经对人类产生了不可或缺的影响,未来也将越来越多地影响人类活动。智能化感知系统最重要的特点就是将智慧融入物理(实体)系统中,智能化感知系统有三个要素:动态感知、智慧识别和自动反应。目前在机器人的传感器与感知系统的研究领域中主要分为以下一些研究方向:

(1) 各种新型传感器的开发,包括视觉、触觉、听觉、接近感、力觉、临场感等;

(2) 多传感系统与传感器融合;

(3) 传感数据集成;

(4) 主动视觉与高速运动视觉;

(5) 传感器硬件模块化;

(6) 恶劣工况下的传感技术;

(7) 连续语言理解与处理;

(8) 传感系统软件;

(9) 虚拟现实技术。

2. 驱动、建模与控制

根据能量转换方式,将驱动器分为液压驱动、气压驱动、电气驱动和新型驱动装置。在选择机器人驱动器时,除了要充分考虑机器人的工作要求,如工作速度、最大搬运物重、驱动功率、驱动平稳性、精度要求外,还应该考虑能够在较大的惯性负载条件下,提供足够的加速度以满足作业要求。机器人的建模、仿真和控制方法,主要内容包括:线性系统、机械系统、伺服电动机的建模,非线性系统的计算机仿真,线性系统及其稳定性和状态控制器,线性控制系统的能控性与能观性,线性化控制及非线性系统的稳定性等。目前,机器人的驱动、建模与控制领域主要有以下研究方向:

(1) 超低惯性驱动马达;

(2) 直接驱动与交流驱动离散事件;

(3) 驱动系统的建模、控制与性能评价;

(4) 控制机理(理论),包括分级递阶控制、专家控制、学习控制、模糊控制、基于神经网络的控制、基于 Petri Nets 的控制、感知控制以及这些控制与最优、自适应、自学习、自校正、预测控制和反馈控制等组成的混合控制;

(5) 控制系统结构;

(6) 控制算法;

(7) 分组协调控制与群控;

(8) 控制系统动力学分析;

(9) 在线控制和实时控制;

（10）自主操作和自主控制；

（11）声音控制和语音控制。

3. 自动规划与调度

移动这一简单动作，对于人类来说相当容易，但对机器人而言就变得极为复杂。说到机器人移动就不得不提到路径自动规划，路径自动规划是移动机器人导航最基本的环节，指的是机器人在有障碍物的工作环境中，如何找到一条从起点到终点适当的运动路径，使机器人在运动过程中能安全、无碰撞地绕过所有障碍物。机器人调度系统通过使用先进的智能调度控制算法，结合工厂具体的应用场景开发而成，可实现工厂级和车间级的系统车辆管理、交通管理、调度管理、运行管理、任务管理、通信管理、自动充电功能。系统可以与制造执行系统、生产线系统等实现对接，打造柔性、现代的智能物流系统。机器人调度系统需要快速建立工厂产线和仓储地图，融合多传感器模型数据，自主路径规划，自主充电，自主避让，实现搬运和分拣作业的无人化、智能化。目前，机器人自动规划与调度领域的研究分以下几个方面：

（1）环境模型的描述；

（2）控制知识的表示；

（3）路径规划，任务规划；

（4）非结构环境下的规划；

（5）含有不确定性的规划、协调操作（运动）规划、装配规划；

（6）基于传感信息的规划、任务协商与调度；

（7）制造（加工）系统中机器人的调度。

4. 计算机系统

机器人的计算机系统是用于数据库管理的计算机硬件、软件及网络系统。数据库系统需要大容量的主存以存放和运行操作系统、数据库管理系统程序、应用程序以及数据库、目录、系统缓冲区等，而辅存则需要大容量的直接存取设备。此外，系统应具有较强的网络功能。计算机系统每3～5年更新一次，性价比成十倍地增长，体积大幅度减小。超大规模集成电路技术将继续快速发展，并对各类计算机系统均产生巨大而又深刻的影响。提高组装密度和缩短互连线的微组装技术是新一代计算机的关键技术之一。光纤通信将大量应用。各种高速智能化外部设备不断涌现，光盘的问世使辅助海量存储器面目一新。多处理机系统、多机系统、分布处理系统是引人注目的系统结构。软件硬化（称固件）是发展趋势。新型非诺依曼机、推理计算机、知识库计算机等已开始实际使用。软件开发将摆脱落后低效状态。软件工程正在深入发展。软件生产正向工程化、形式化、自动化、模块化、集成化方向发展。新的高级语言如逻辑型语言、函数型语言和人工智能的研究将使人-机接口简单自然。数据库技术将大为发展。计算机网络广泛普及。以巨大处理能力（如每秒100亿～1000亿次操作）、巨大知识信息库、高度智能化为特征的下一代计算机系统正在大力研制。计算机应用将日益广泛。计算机辅助设计、计算机控制的生产线、智能机器人将大大提高社会劳动生产力，办公、医疗、通信、教育及家庭生活都将计算机化，计算机对人们生活和社会组织的影响正日益加深。目前在机器人计算机系统领域内的主要研究方向有以下几个方面：

（1）智能机器人控制计算机系统的体系结构；

（2）通用与专用计算机语言；

(3) 标准化接口；

(4) 神经计算机与并行处理；

(5) 人机通信；

(6) 多智能体系统。

5. 应用研究

随着计算机技术不断向智能化方向发展，机器人的应用领域不断扩展和深化，在工业现场，制造工业机器人的目的主要在于消减人员编制和提高产品质量。与传统的机器相比其有两大优点：生产过程几乎完全自动化；生产设备高适应能力。现在工业机器人主要应用于汽车工业、机电工业、通用机械工业、建筑业、金属加工、铸造以及其他重型工业和轻工业部门。在农业方面，已把机器人用于水果和蔬菜嫁接、收获、检验与分类、剪羊毛和挤牛奶等。这是一个潜在的产业机器人应用领域。

机器人对于探索的应用，即在恶劣或不适于人类工作的环境中执行任务。主要有两种探索机器人：自主机器人和遥控机器人。自主机器人一直是人类的研究难题，很多专家都在致力于机器人自主化。遥控机器人已经得到广泛的应用，其中最为出名的是水下机器人和空间机器人。随着海洋事业的发展，一般潜水技术已经无法适应高深度综合考察和研究并完成多种作业的需要，水下机器人可以代替人类在深海中进行探索，发现了好多不为人知的深海生物。空间机器人主要任务分为两大方面：在月球、火星及其他星球等非人类居住条件下完成先驱勘探；在宇宙空间站代替宇航员做卫星的服务(主要是捕捉、修理和补给能量)、空间站上的服务及空间环境的应用试验。

研制服务机器人用来为病人看病、护理病人和协助病残人员康复，能够极大地改善伤残疾病人员的状态，以及改善瘫痪者和被截肢者的生活质量。

军事机器人分为三大类：①地面军用机器人，分为两类，一类是智能机器人，包括自主和半自主车辆；另一类是遥控机器人，即各种用途的遥控无人驾驶车辆。②海洋军用机器人。美国海军有一个独立的水下机器人分队，这支由精锐人员和水下机器人组成的分队可以在全世界海域进行搜索、定位、援救和回收工作。水下机器人在美国海军中的另一主要任务是扫雷，水下机器人系统可以用来发现、分类、排除水下残留及系泊的水雷。法国在军用扫雷机器人方面一直处于世界领先地位。③空间军用机器人。无人机和其他空间机器人都可能成为空间军用机器人。微型飞机用于填补军用卫星和侦察机无法到达的盲区，为前线指挥员提供小范围的具体敌情。

目前机器人的应用领域主要研究以下几个方面：

(1) 机器人在工业、农业、建筑中的应用；

(2) 机器人在服务业中的应用；

(3) 机器人在核能、高空、水下和其他危险环境中的应用；

(4) 采矿机器人；

(5) 军用机器人；

(6) 灾难救援机器人；

(7) 康复机器人；

(8) 排险机器人及排雷机器人；

(9) 机器人在计算机集成制造系统、柔性制造系统和 FMS 中的应用。

1.4　机器人学的国内外发展趋势

在国外，工业机器人技术日趋成熟，已经成为一种标准设备被工业界广泛应用，从而形成了一批具有影响力的、著名的工业机器人公司。国外专家预测，机器人产业是继汽车、计算机之后出现的一种新的大型高技术产业。据联合国欧洲经济委员会和国际机器人联合会的统计，世界机器人市场前景看好，从20世纪下半叶起，世界机器人产业一直保持着稳步增长的良好势头。在发达国家中，工业机器人自动化生产线成套设备已成为自动化装备的主流。国外汽车、电子电器、工程机械等行业已经大量使用工业机器人自动化生产线，以保证产品质量，提高生产效率，同时避免了大量的工伤事故。目前，日本、意大利、德国、美国等国家产业工人人均拥有工业机器人数量位于世界前列。全球诸多国家近半个世纪的工业机器人使用实践表明，工业机器人的普及是实现自动化生产、提高社会生产效率、推动企业和社会生产力发展的有效手段。

1.4.1　国外发展趋势

世界工业机器人市场普遍看好，各国都在期待机器人的应用研究有技术上的突破。从近几年推出的产品来看，工业机器人技术正在向智能化、模块化和系统化的方向发展，其主要发展趋势为：结构的模块化和可重构化；控制技术的开放化、PC化和网络化；伺服驱动技术的数字化和分散化；多传感器融合技术的实用化；工作环境设计的优化和作业的柔性化以及系统的网络化和智能化等方面。

国外机器人领域发展趋势如下：

(1) 工业机器人性能不断提高，单机价格不断下降。

(2) 机械结构向模块化、可重构化发展。例如，关节模块中的伺服电机、减速机、检测系统三位一体化；由关节模块、连杆模块用重组方式构造机器人整机。国外已有模块化装配机器人产品问世。

(3) 工业机器人控制系统向基于PC的开放型控制器方向发展，便于标准化、网络化；器件集成度提高，控制柜日见小巧，且采用模块化结构，大大提高了系统的可靠性、易操作性和可维修性。

(4) 机器人中的传感器作用日益重要，装配、焊接机器人采用了位置、速度、加速度视觉、力觉等传感器，而遥控机器人则采用视觉、声觉、力觉、触觉等多传感器的融合技术来进行环境建模及决策控制；多传感器融合配置技术在产品化系统中已有成熟应用。

(5) 虚拟现实技术在机器人中的作用已从仿真、预演发展到用于过程控制，如使遥控机器人操作者产生置身于远端作业环境中的感觉来操纵机器人。

(6) 当代遥控机器人系统的发展特点不是追求全自治系统，而是致力于操作者与机器人的人机交互控制，即遥控加局部自主系统构成完整的监控遥控操作系统，使智能机器人走出实验室进入实用化阶段。

(7) 机器人化机械开始兴起。从1994年美国开发出虚拟轴机床以来，这种新型装置已成为国际研究的热点之一，各国纷纷开拓其实际应用的领域。

1.4.2 国内发展趋势

中国工业机器人研究取得了较大进展，在关键技术上有所突破，但还缺乏整体核心技术的突破，应用遍及各行各业，但进口机器人占了绝大多数。工业机器人“十二五”规划研究目标：开展高速、高精、智能化工业机器人技术的研究工作，建立并完善新型工业机器人智能化体系结构；研究高速、高精度工业机器人控制方法并研制高性能工业机器人控制器，实现高速、高精度的作业；针对焊接、喷涂等作业任务，研究工业机器人的智能化作业技术，研制自动焊接工业机器人、自动喷涂工业机器人样机，并在汽车制造行业、焊接行业开展应用示范。

国家下一步的发展思路，是发展以工业机器人为代表的智能制造，以高端装备制造业重大产业长期发展工程为平台和载体，系统推进智能技术、智能装备和数字制造的协调发展，实现我国高端装备制造的重大跨越。

具体分两步进行：

第一步，2012—2020 年，基本普及数控化，在若干领域实现智能制造装备产业化，为我国制造模式转变奠定基础；

第二步，2021—2030 年，全面实现数字化，在主要领域全面推行智能制造模式，基本形成高端制造业的国际竞争优势。

工业机器人市场竞争越来越激烈，中国制造业面临着与国际接轨、参与国际分工的巨大挑战，加快工业机器人的研究开发与生产是使我国从制造业大国走向制造业强国的重要手段和途径。未来几年，国内机器人研究人员将重点研究工业机器人智能化体系结构，高速、高精度控制，智能化作业，形成新一代智能化工业机器人的核心关键技术体系，并在相关行业开展应用示范和推广。

1. 工业机器人智能化体系结构标准

研究开放式、模块化的工业机器人系统结构以及工业机器人系统的软硬件设计方法，形成切实可行的系统设计行业标准、国家标准和国际标准，以便于系统的集成、应用与改造。

2. 工业机器人新型控制器技术

研制具有自主知识产权的先进工业机器人控制器，研究具有高实时性的、多处理器并行工作的控制器硬件系统；针对应用需求，设计基于高性能、低成本总线技术的控制和驱动模式；深入研究先进控制方法、策略在工业机器人中的工程实现，提高系统高速、重载、高追踪精度等动态性能，提高系统开放性；通过人机交互方式建立模拟仿真环境，研究开发工业机器人自动/离线编程技术，增强人机交互和二次开发能力。

3. 工业机器人智能化作业技术

实现以传感器融合，虚拟现实与人机交互为代表的智能化技术在工业机器人上的可靠应用，提升工业机器人操作能力。除采用传统的位置、速度、加速度等传感器外，装配、焊接机器人还应用了视觉、力觉等传感器来进行实现协调和决策控制；研究基于视觉的喷涂机器人姿态反馈控制；研究虚拟现实技术与人机交互环境建模系统。

4. 产线成套装备技术

针对汽车制造业、焊接行业等具体行业工艺需求，结合新型控制器技术和智能化作业技术的研究，研究与行业密切相关的工业机器人应用技术、以工业机器人为核心的生产线上的相关成套装备设计技术，开发弧焊机器人用激光视觉焊缝跟踪装置，研究喷涂线的喷涂设备以及相关功能部件并加以集成，形成我国以智能化工业机器人为核心的成套自动化制造装备。

5. 系统可靠性技术

可靠性技术与设计、制造、测试和应用密切相关。建立工业机器人系统的可靠性保障体系是确保工业机器人实现产业化的关键。在产品的设计环节、制造环节和测试环节，研究系统可靠性保障技术，从而为工业机器人的广泛应用提供保证。

我国的机器人产业化必须由市场来拉动。机器人作为高技术，它的发展与社会的生产、经济密切相关。机器人的研制、开发只有从技术上实现可能性大，以此为原则，选择机器人优先应用的领域，并以此为突破口，向其他领域渗透、扩散至为重要。

综合国内外工业机器人研究和应用现状，工业机器人的研究正在向超智能化、模块化、系统化、微型化、多功能化及高性能、自诊断、自修复趋势发展，以适应多样化、个性化的需求，向更大更宽广的应用领域发展。

第2章

机器人基础知识

本章主要介绍机器人的分类、机器人的基本术语及图形符号、机器人的技术参数、机器人的运动学与动力学基础等内容,使读者对机器人的基本术语、机器人的图形符号、机器人的技术参数、机器人轴和坐标系、机器人运动轴的名称、机器人坐标系等有关知识有所了解。

2.1 机器人的分类和典型机器人

2.1.1 机器人的分类

按不同的分类方式,机器人可以分为不同的类型。下面给出几种常用的分类方法。

1. 按技术特征划分

按技术特征,机器人可以分为第一代机器人、第二代机器人和第三代机器人。第一代机器人是以顺序控制和示教再现为基本控制方式的机器人,即机器人按照预先设定的信息,或根据操作人员示范的动作来完成规定的作业。第二代机器人是有感觉的机器人。第三代机器人是智能机器人。

2. 按控制类型划分

1) 伺服控制机器人

采用伺服手段,包括位置、力等伺服方法进行控制的机器人。

2) 非伺服控制机器人

采用伺服以外的手段,如顺序控制、定位开关控制等进行控制的机器人。

3) PTP(Point-To-Point,点到点)控制机器人

仅对手部末端的起点和终点位置有要求,而对起点和终点的中间过程无要求的控制方式,如点焊机器人就是典型的PTP控制机器人。

4) CP(连续轨迹)控制机器人

除了对起点和终点的要求以外,还对运动轨迹的中间各点有要求的控制方式,如弧焊机器人就是典型的CP控制机器人。

3．按机械结构划分

按机械结构的不同机器人可以分为直角坐标型机器人、圆柱坐标型机器人、极坐标型机器人、关节型机器人、SCARA 型机器人以及移动机器人。

4．按用途划分

按用途划分，可以分为工业机器人（包括搬运机器人、焊接机器人、喷漆机器人、装配机器人等）、农业机器人、医疗机器人、海洋机器人、军用机器人、太空机器人、管道机器人、娱乐机器人等。通常我们所研究的是工业机器人，因而有学者把除工业机器人以外的所有机器人统称为特种机器人。

5．按应用环境划分

国际机器人联盟将机器人分为工业机器人和服务机器人。其中，工业机器人指应用于生产过程与环境的机器人，主要包括人机协作机器人和工业移动机器人；服务机器人则是除工业机器人之外的、用于非制造业并服务于人类的各种先进机器人，主要包括个人/家用服务机器人和公共服务机器人。现阶段，考虑到我国在应对自然灾害和公共安全事件中，对特种机器人有着相对突出的需求，我国将机器人划分为工业机器人、服务机器人、特种机器人三类。其中，工业机器人指面向工业领域的多关节机械手或多自由度机器人，在工业生产加工过程中通过自动控制来代替人类执行某些单调、频繁和重复的长时间作业，主要包括焊接机器人、搬运机器人、码垛机器人、包装机器人、喷涂机器人、切割机器人和净室机器人。服务机器人指为人类提供必要服务的多种高技术集成的先进机器人，主要包括家用服务机器人、医疗服务机器人和公共服务机器人，其中，公共服务机器人指在农业、金融、物流、教育等除医学领域外的公共场合为人类提供一般服务的机器人。特种机器人指代替人类从事高危环境和特殊工况的机器人，主要包括军事应用机器人、极限作业机器人和应急救援机器人。根据应用场景的机器人主要分类如图 2-1 所示。

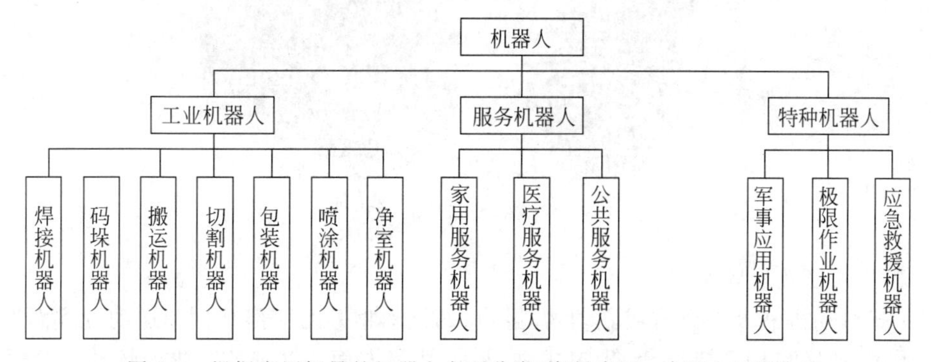

图 2-1　根据应用场景的机器人主要分类（资料来源：中国电子学会）

2.1.2　典型机器人

1．工业机器人

工业机器人就是面向工业领域的多关节机械手或多自由度机器人。工业机器人已广泛应用于汽车工业的点焊、弧焊、喷漆、热处理、搬运、装配、上下料、检测等作业。在物流、码垛、食品和药品等领域，工业机器人正逐步代替人工从事繁重枯燥的包装、码垛、搬运作业。工业机器人研究的运动学标定、运动规划和控制等已有成熟的控制方案。但由于工业机器人是一个非线性、多变量的控制对象，而制造业也对机器人性能提出新需求，机器人的控制方法仍是研究重点。图 2-2 是几种典型的新松工业机器人。

图 2-2　几种典型的新松工业机器人

2. 轮式和履带式移动机器人

轮式和履带式移动机器人主要有智能轮椅、导游机器人、野外侦察机器人，以及大型智能车辆等，其定位、运动规划、自主控制、服务作业等技术和方法也得到广泛研究。机器人利用航迹推算、计算机视觉、路标识别、无线定位等技术进行定位；基于地图完成机器人运动路径的规划和运动控制；结合语音识别、图像识别，实现友好的人机交互，提供引导、解说、物品递送等服务。为家庭、老人、残障人服务的具有单臂或多臂的移动机器人研究得到重视。在野外探测、危险作业中，轮式和履带式移动机器人受到复杂的地形、天气等不确定因素的影响，在自主控制、环境适应方面面临巨大挑战。轮式和履带式移动机器人如图 2-3 所示。

图 2-3　轮式和履带式移动机器人

3. 腿足式移动机器人

腿足式移动机器人是模仿哺乳动物、昆虫、两栖动物等的腿部结构和运动方式而设计的机器人系统，研究包括系统设计、步态规划、稳定性等方面。2006 年，波士顿动力公司研制了新型液压驱动四足仿生机器人 Big Dog，该机器人可负载 150kg，行走 20km，负载能力高、环境适应性好、行走速度快、续航能力强。此后，该公司研制的液压四足机器人 Alpha Dog 的抵抗侧向冲击、负重、环境适应性和运动范围等性能得到进一步提高，研制的液压四足机器人 Cheetah 实现了约 29km/h 的奔跑速度。波士顿动力足型机器人如图 2-4 所示。

4. 仿人机器人

仿人机器人研究主要集中于步态生成、动态稳定控制和机器人设计等方面。步态生成有离线生成方法和在线生成方法。离线生成方法为预先规划的数据用于在线控制，可完成如行走、舞蹈等动作但无法适应环境变化；在线规划则实时调整步态规划、确定各关节的期

图 2-4　波士顿动力足型机器人

望角。在稳定性控制方面,零力矩点方法虽然得到广泛应用,但该方法仅适合于平面情况。法国 Aldebaran Robotics 公司开发的用于教学和科研、高 0.57m 的小仿人机器人 NAO,集成了视觉、听觉、压力、红外、声呐、接触等传感器,可用于控制、人工智能等研究。NAO 机器人如图 2-5 所示。

图 2-5　NAO 机器人

5. 外星探索机器人

外星探索机器人是在地外行星上完成勘测作业的移动机器人,极端的环境下的可靠控制是其面临的严峻挑战。美国开发的用于火星探测的移动机器人“探路者”“勇气号”“机遇号”和“好奇号”都成功登陆火星开展科研探测。其中,“好奇号”火星车采用了六轮独立驱动结构,长 3m,宽 2.7m,高 2.2m,自重 900kg,具有一个 2.2m 的作业臂和摄像头等多种探测设备,在 45°倾角状态下不会倾翻,最高速度 4cm/s。不同于以往火星车采用太阳能供电,“好奇号”采用核电池供电,使系统续航能力得到极大提升。美国“好奇号”外星探索机器人如图 2-6 所示。

图 2-6　美国“好奇号”外星探索机器人

6. 水下机器人

水下机器人,包括远程操作水下机器人和自治水下机器人,在军事、水下观测、水下作业方面具有很大的应用价值,其研究工作集中在系统模型、环境感知、定位导航以及欠驱动和全驱动的推进系统控制、稳定控制等方面。远程操作水下机器人通过拖缆与母船连接,实现供能、通信、遥控操纵,可完成水下设备的安装、监控、部件替换、水下探测等。我国在水下机器人方面的研究也取得了丰富的成果,如自治水下机器人"CR-02""蛟龙号"深潜机器人、智能型水下机器人"北极 ARV"、水下滑翔器等。其中,"北极 ARV"参与了 2008 年北极科考,成功获取冰底形态、海冰厚度、海水盐度等数据。"蛟龙号"深潜机器人及"北极 ARV"机器人如图 2-7 所示。

图 2-7 "蛟龙号"深潜机器人及"北极 ARV"机器人

7. 飞行机器人

飞行机器人、无人机的研究和应用在近些年得到越来越多的重视。美国研制开发了"全球鹰""捕食者""扫描鹰"等一系列军用固定翼无人机,并在实战中完成了搜索、侦察和攻击任务;中国科学院沈阳自动化研究所研制了多款旋翼无人机,起飞重量可达 120kg,有效载荷 40kg,最大巡航速度 100km/h,最长续航时间 4h。此外,国内在高超声速飞行器控制方面也开展了很多工作。作为全球较为顶尖的无人机飞行平台和影像系统自主研发和制造商,大疆创新始终以领先的技术和尖端的产品为发展核心。大疆的部分产品技术不仅填补了国内外多项技术空白,并成为全球同行业中领军企业。无人机仿真平台及大疆"御"2 无人机如图 2-8 所示。

图 2-8 无人机仿真平台及大疆"御"2 无人机

8. 外科手术机器人

外科手术机器人系统可分为 3 类:监控型、遥操作型和协作型。

监控型是由外科医生针对病人制定治疗程序,在医生监控下由机器人完成手术。遥操作型是由外科医生操纵控制手柄来遥控机器人完成手术。协作型主要用于稳定外科医生使用的器械以便于完成高稳定性、高难度的外科手术。基于虚拟现实和机器人结合的远程外科手术技术也得到重视和研究。目前国内在外科手术机器人领域的研究工作发展迅速。外科手术机器人如图2-9所示。

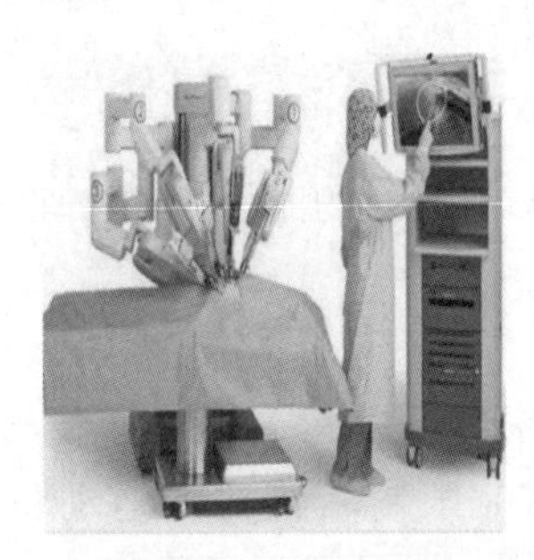
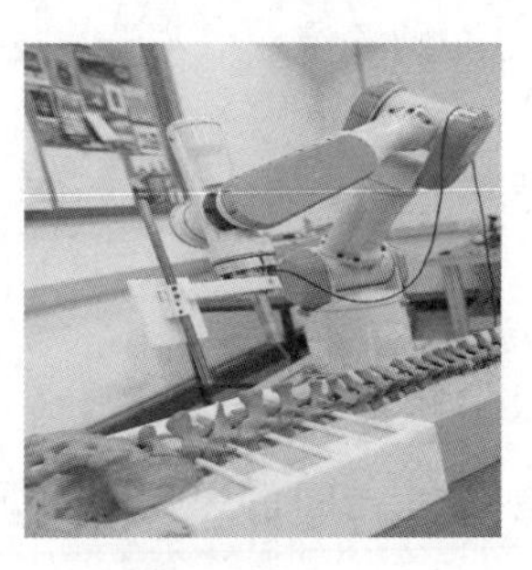

图2-9　外科手术机器人

9. 仿生机器人

随着机器人应用从工业领域向社会服务、环境勘测等领域的扩展，机器人的作业环境从简单、固定、可预知的结构化环境变为复杂、动态、不确定的非结构化环境，这就要求机器人研究在结构、感知、控制、智能等方面给出新方法以适应新环境、新任务、新需求。因此，很多学者从自然界寻找灵感，从而提出解决新问题的新方法。通过对生物结构和运动方式进行仿生是研究适应某种特定环境的机器人系统的基本方法之一，如皮肤仿生、攀爬动物仿生等。仿生机器人如图2-10所示。

图2-10　仿生机器人

通过对生物内在感知、控制与决策机制的模仿是机器人控制和智能研究的重要方面。在仿人机器人、仿生机器鱼、四足机器人等研究中使用的神经网络模型、中枢模式发生器模型、各种学习机制等计算方法就是来源于对生物系统的模仿。而利用机器人来验证神经科学、脑科学中的假设和研究成果不仅促进了相关学科发展，也推进了机器人基础理论的研究。

2.2　机器人的基本术语及图形符号

2.2.1　机器人的几个基本术语

为了正确使用机器人学的重要术语，下面对它们的基本含义进行定义。

1. 关节

允许机器人手臂各零件之间发生相对运动的机构。移动关节允许连杆作直线移动。由于移动关节的横截面通常类似于菱形截面,这种关节也称为"菱形关节"。旋转关节仅允许连杆之间发生旋转运动,同样存在一些关节既允许旋转运动又允许直线运动,但是为便于分析,总把它看成两个分开的关节。

2. 连杆

连杆指机器人手臂上被移动关节或旋转关节分开的某一部分。它类似于人类的小臂、大臂等。

3. 定位精度

定位精度是一个位置量,相对于其参照系的绝对度量,指机器人末端实际到达位置与所需要到达的理想位置之间的差距。其同时限制了机器人运动位置的正向误差和反向误差。

4. 重复精度

重复精度指在相同的运动位置命令下,机器人连续若干次运动轨迹之间的误差。尽管某些机器人运动的实际位置与理想位置之间有较大的误差,但是该机器人连续几次运动位置之间的误差都较小,所以定位精度和重复精度是两个不同的术语。能影响定位精度的因素并不一定对重复精度有影响。例如,重力变形会引起较大的定位误差,但不会影响重复精度,因为重力变形引起的误差是重复出现的。

5. 分辨率

分辨率是指机器人可运动的最小步距。精度和分辨率不一定相关。一台设备的运动精度是指指令设定的运动位置与该设备执行此指令后能够达到的运动位置之间的差距,分辨率则反映了实际需要的运动位置和指令所能够设定的位置之间的差距。分辨率既可以采用数字式设备进行测量,也可以采用模拟式设备进行测量。由于数字式设备的读数是离散的,因此,它本身的测量分辨率也是有限的。

6. 工作循环时间

工作循环时间是指机器人手臂执行某项专门的操作或任务所需要的时间,典型的工作循环时间可以是机器人手臂完全伸展,从最左边移到最右边所需要的时间,也可以是完成某个具体任务,如从平台上拾取一个物体放到机床上所需要的时间。

7. 末端执行器

末端执行器是手臂工具的末端,或机器人手臂末端的"手"。常见的末端执行器包括抓手、真空杯,以及切割、钻孔、去毛刺等专用工具。

8. 位姿

位姿是指机器人(刚体)参考点的位置和姿态。

2.2.2 机器人的图形符号

1. 运动副的图形符号

机器人的结构与传统的机械相比,所用的零件和材料以及装配方法等与现有的各种机械完全相同,运动副的图形符号如表 2-1 所示。

表 2-1　运动副的图形符号

运动副名称		运动副符号	
		两运动构件构成的运动副	两构件之一为固定式的运动副
平面运动副	转动副	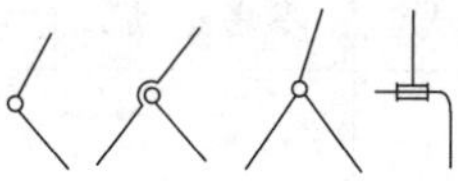	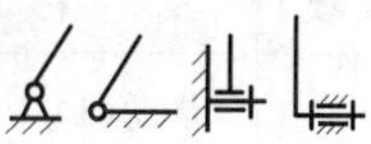
	移动副	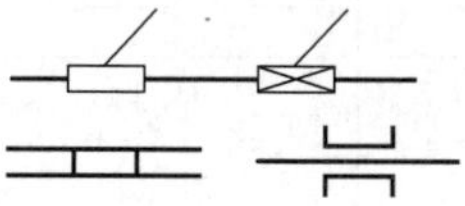	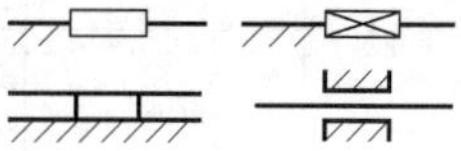
	平面高副	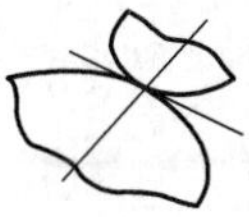	
空间运动副	螺旋副	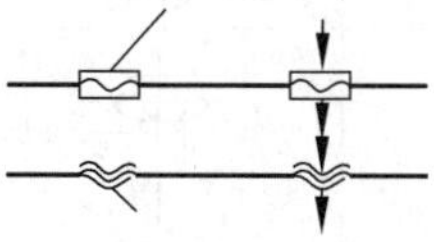	
	球面副及球销副	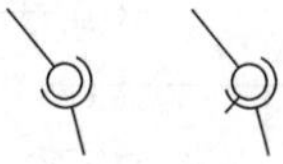	

2. 基本运动的图形符号

机器人的基本运动是指运动方向，机器人的基本运动与现有的各种机械表示也完全相同。机器人基本运动的图形符号如表 2-2 所示。

表 2-2　基本运动的图形符号

序　　号	名　　称	图 形 符 号
1	直线运动方向	单向　双向
2	旋转运动方向	 单向　双向
3	连杆、轴关节的轴	
4	刚性连接	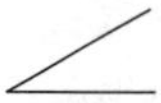
5	固定基础	
6	机械连锁	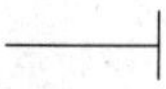

3. 运动功能的图形符号

机器人的运动功能是指其动作关系,机器人的运动功能常用的图形符号如表 2-3 所示。

表 2-3 运动功能的图形符号

编号	名称	图形符号	参考运动方向	备注
1	移动(1)	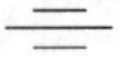		
2	移动(2)	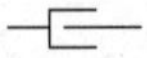		
3	回转机构	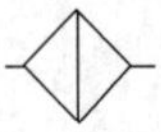	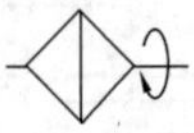	
4	旋转(1)	(1) 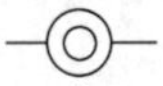 (2) 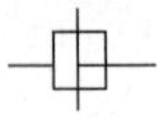	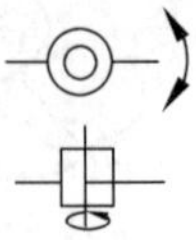	(1) 一般常用的图形符号; (2) 表示(1)的侧向的图形符号
5	旋转(2)	(1) 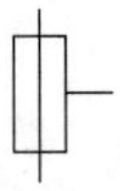 (2) 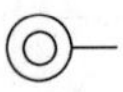	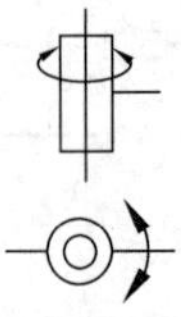	(1) 一般常用的图形符号; (2) 表示(1)的侧向的图形符号
6	差动齿轮	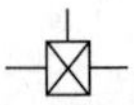	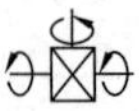	
7	球关节	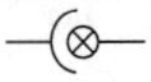		
8	握持	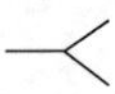	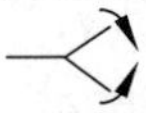	
9	保持			包括成为工具的装置,工业机器人的工具此处未做规定
10	基座	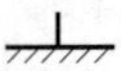		

4. 运动机构的图形符号

机器人的运动机构是指关节。机器人的运动机构常用的图形符号如表 2-4 所示。

表 2-4 运动机构的图形符号

序号	名称	自由度	图形符号	参考运动方向	备注
1	直线运动关节(1)	1	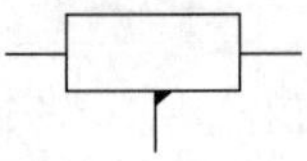	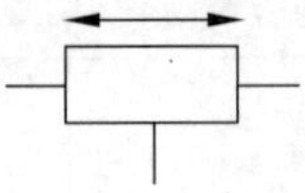	
2	直线运动关节(2)	1	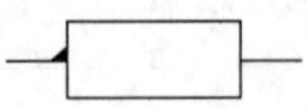	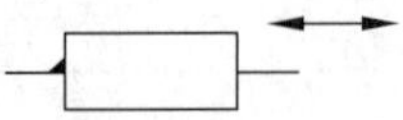	
3	旋转运动关节(1)	1	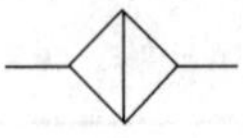	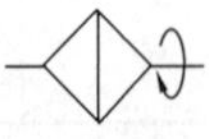	

续表

序号	名　　称	自由度	图形符号	参考运动方向	备　　注
4	旋转运动关节(2)	1		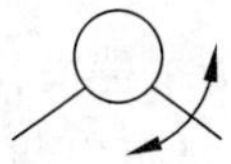	平面
5		1	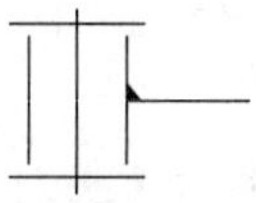	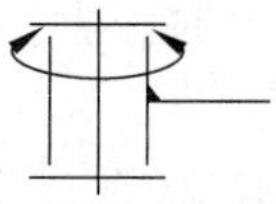	立体
6	轴套式关节	2	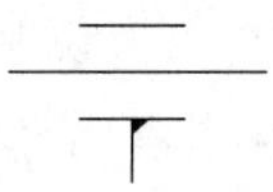	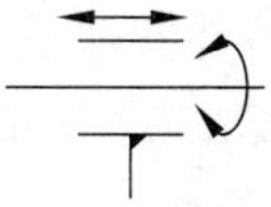	
7	球关节	3	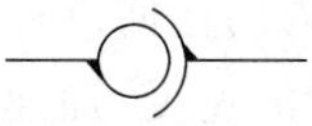	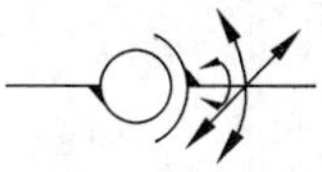	
8	末端操作器		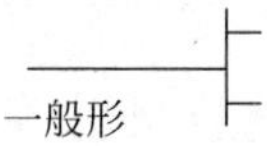 一般形  溶接 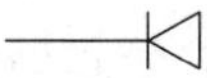 真空吸引		用途示例

2.3　机器人的技术参数

2.3.1　机器人主要技术参数

1. 自由度

自由度(degree of freedom)或称坐标轴数,是指描述物体运动所需要的独立坐标数。手指的开、合,以及手指关节的自由度一般不包括在内。

机器人的自由度表示机器人动作灵活的尺度,通常以轴的直线移动、摆动或旋转动作的数目来表示,手部的动作不包括在内。机器人的自由度越多,就越能接近人手的动作机能,通用性就越好;但是自由度越多,结构越复杂,对机器人的整体要求就越高,这是机器人设计中的一个矛盾。工业机器人一般多为4～6个自由度,7个以上的自由度是冗余自由度,是用来规避障碍物的。

2. 定位精度

定位精度(positioning accuracy)指机器人末端参考点实际到达的位置与所需要到达的理想位置之间的差距。机器人的精度主要依存于机械误差、控制算法误差与分辨率系统误差。机械误差主要产生于传动误差、关节间隙与连杆机构的挠性。传动误差是由轮齿误差、螺距误差等引起的;关节间隙是由关节处的轴承间隙、谐波齿隙等引起的;连杆机构的挠性随机器人位形、负载的变化而变化。

3. 工作范围

工作范围(working space)是指机器人手臂末端或手腕中心所能到达的所有点的集合,也叫作工作区域。因为末端操作器的形状和尺寸多种多样,为了真实地反映机器人的特征参数,一般工作范围是指不安装末端操作器的工作区域。工作范围的形状和大小十分重要,机器人在执行某项作业时可能会因为存在手部不能到达的作业死区而不能完成任务。

4. 最大工作速度

对于最大工作速度,有的厂家指工业机器人自由度上最大的稳定速度,有的厂家指手臂末端最大合成速度,通常欧洲技术参数中就有说明。工作速度越高,工作效率就越高。但是,工作速度越高就要花费更多的时间去升速或降速。

5. 承载能力

承载能力是指机器人在工作范围内的任何位置上所能承受的最大质量。承载能力不仅取决于负载的质量,而且与机器人运行的速度、加速度的大小和方向有关。为了安全起见,承载能力这一技术指标是指高速运行时的承载能力。承载能力不仅指负载,而且包括了机器人末端操作器的质量。

2.3.2 机器人的技术参数举例

1. 新松 SR6、SR10 系列工业机器人

新松公司 SR6、SR10 系列机型采用轻量式手臂设计,机器手臂稳重、牢靠。机械结构紧凑,机器人简洁、灵活、轻盈,同时具备极高的精确度,重复定位精度±0.06mm,性能稳定可靠,大幅优化占用空间,满足柔性化生产。防护等级 IP65,可以安全地应对恶劣的外部生产条件。该系列专为焊接、搬运、装配等低负载、高精度、高速度应用领域打造,特别适用于高度重复性的应用场合。

新松 SR6、SR10 系列工业机器人的运动范围如图 2-11 所示,其技术参数如表 2-5 所示。

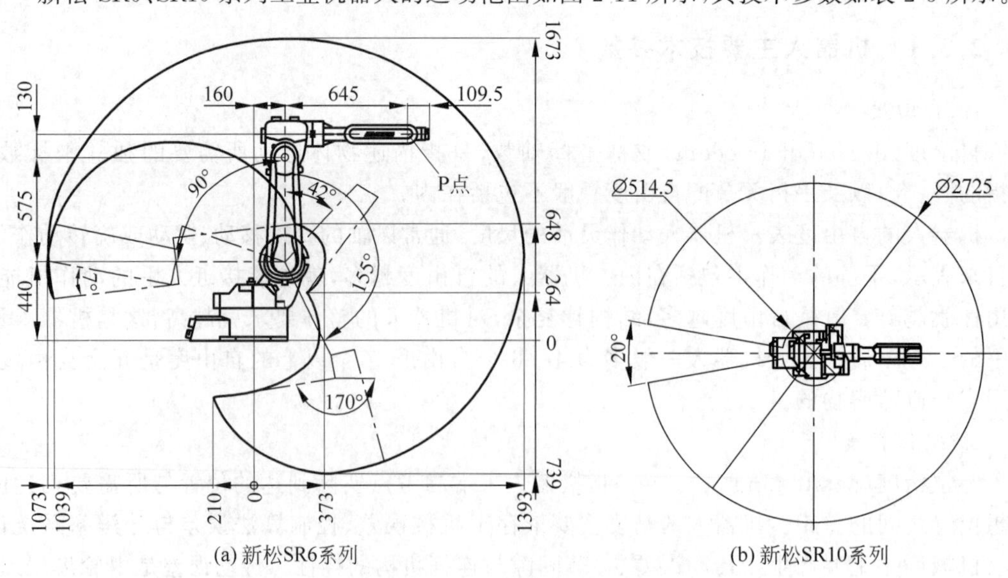

(a) 新松SR6系列
(b) 新松SR10系列

图 2-11 工业机器人的运动范围

表 2-5 新松 SR6、SR10 系列工业机器人的技术参数

结构形式		垂直关节机器人	
负载能力		6kg	10kg
重复定位精度		±0.06mm	±0.06mm
自由度		6	6
运动范围	1 轴	±170°	±170°
	2 轴	+90°～−155°	+90°～−155°
	3 轴	+190°～−170°	+190°～−170°
	4 轴	±180°	±180°
	5 轴	±135°	±135°
	6 轴	±360°	±360°
最大运动速度	1 轴	150°/s	125°/s
	2 轴	160°/s	150°/s
	3 轴	170°/s	150°/s
	4 轴	340°/s	300°/s
	5 轴	340°/s	300°/s
	6 轴	520°/s	400°/s
手腕允许力矩	4 轴	12N·m	15N·m
	5 轴	9.8N·m	12N·m
	6 轴	6N·m	6N·m
手腕允许惯量	4 轴	0.24kg·m^2	0.32kg·m^2
	5 轴	0.16kg·m^2	0.2kg·m^2
	6 轴	0.06kg·m^2	0.06kg·m^2
本体质量		150kg	160kg
电源容量		3.4kVA	3.4kVA
安装环境	温度	0°～45°	0°～45°
	湿度	最大 90%(无凝结)	最大 90%(无凝结)
	振动	小于 0.5g	小于 0.5g

2. 新松 SR50B、SR80B 工业机器人

新松 SR50B、SR80B 系列机型采用高刚性轻量机械结构，手臂修长，运动范围广，节约空间，可在狭小的场所进行作业。灵巧腕部与超强扭矩相结合，缩短了运动的作业时间，实现了多样性和灵活性的最大化。回转速度和所耗能量实现最优化设计，可以轻巧完成各类高密度动作。具有速度快、动作轻、性能可靠稳定的优点，满足柔性化生产。该机器人尤其适合中载高效的长距离搬运、装配、上下料、码垛、打磨等制造领域。

新松 SR50B、SR80B 工业机器人的运动范围如图 2-12 所示，技术参数如表 2-6 所示。

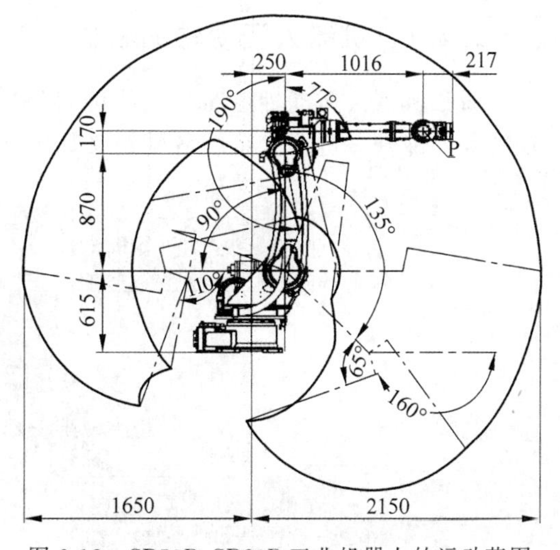

图 2-12 SR50B、SR80B 工业机器人的运动范围

表 2-6 新松 SR50B、SR80B 工业机器人的技术参数

型　　号		SR50B	SR80B
负载能力		50kg	80kg
重复定位精度		±0.1mm	±0.1mm
最大工作半径		2150mm	2150mm
运动范围	S	±180°	±180°
	L	+90°～-135°	+90°～-135°
	U	+280°～-160°	+280°～-160°
	R	±360°	±360°
	B	±125°	±125°
	T	±360°	±360°
最大运动速度	S	170°/s	170°/s
	L	170°/s	120°/s
	U	170°/s	120°/s
	R	250°/s	240°/s
	B	250°/s	240°/s
	T	350°/s	300°/s
手腕允许最大力矩	R	206N·m	294N·m
	B	206N·m	294N·m
	T	127N·m	147N·m
手腕允许最大惯量	R	13kg·m^2	28kg·m^2
	B	13kg·m^2	28kg·m^2
	T	5.5kg·m^2	11kg·m^2
本体质量		650kg	660kg
电源容量		5kVA	
防护等级(手腕)		IP67	
预留信号线(1 轴～3 轴)		32 芯,单芯线径 0.2mm^2	

2.4 机器人轴和坐标系

2.4.1 机器人运动轴的名称

通常机器人运动轴按照其功能可划分为机器人轴、基座轴和工装轴,其中基座轴和工装轴统称外部轴。机器人系统各轴定义如图 2-13 所示。

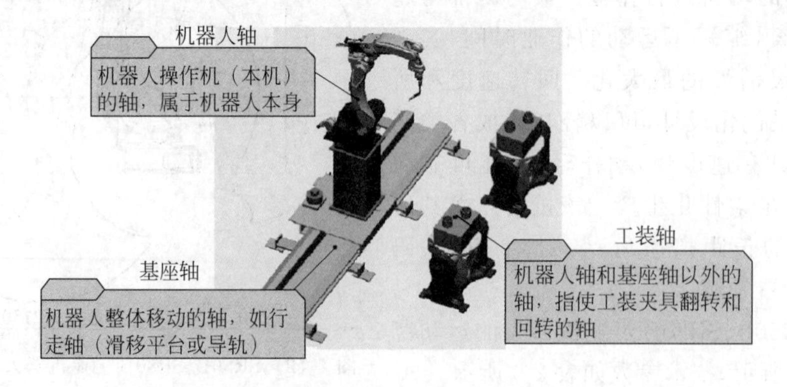

图 2-13 机器人系统中各轴的定义

机器人本体轴命名如图 2-14 所示，A1、A2 和 A3 三轴（轴 1、轴 2 和轴 3）称为基本轴或主轴，用以保证末端执行器达到工作空间的任意位置。A4、A5 和 A6 轴（轴 4、轴 5 和轴 6）称为腕部轴或次轴，用以实现末端执行器的任意空间姿态。

2.4.2 机器人坐标系

目前，大部分商用工业机器人系统中，均可使用关节坐标系、直角坐标系、工具坐标系和用户坐标系，而工具坐标系和用户坐标系同属于直角坐标系范畴。机器人坐标系的分类关系如图 2-15 所示。

图 2-14 机器人本体轴

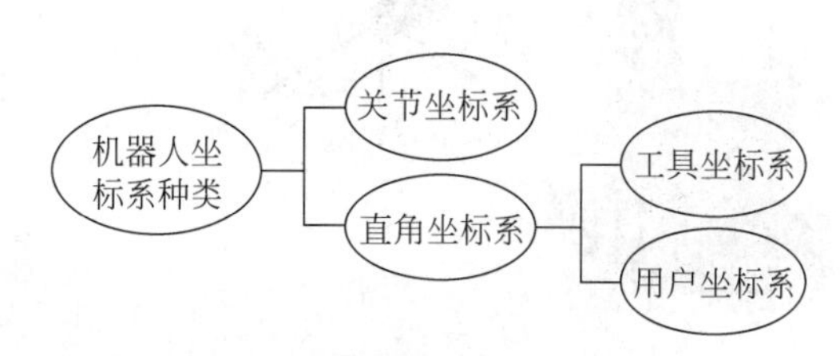

图 2-15 机器人坐标系分类关系

1. 关节坐标系

关节坐标系是以各轴机械零点为原点所建立的纯旋转的坐标系。在关节坐标系下，机器人各轴均可实现单独正向或反向运动。对大范围运动，且不要求 TCP（Tool Center Point）姿态的，可选择关节坐标系。机器人关节坐标系如图 2-16 所示。

2. 直角坐标系（世界坐标系、大地坐标系）

直角坐标系是世界坐标系，或者大地坐标系，也是空间笛卡儿坐标系统。世界坐标系是其他笛卡儿坐标系的参考坐标系统。在默认没有示教配置世界坐标系的情况下，世界坐标系到机器人运动学坐标系之间没有位置的偏置和姿态的变换，所以此时世界坐标系和机器人运动学坐标系重合。机器人工具末端在世界坐标系下可以沿坐标系 X 轴、Y 轴、Z 轴的移动运动，以及绕坐标系轴 X 轴、Y 轴、Z 轴的旋转运动。机器人直角坐标系如图 2-17 所示。

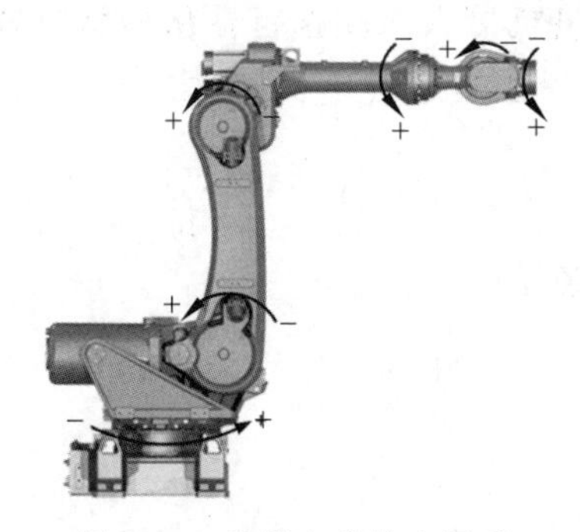

图 2-16 机器人关节坐标系

图 2-17 机器人直角坐标系

3. 工具坐标系

机器人工具坐标系的原点定义在 TCP,即机器人腕部法兰盘的中心点,并且假定工具的有效方向为 X 轴(有些机器人厂商将工具的有效方向定义为 Z 轴),而 Y 轴、Z 轴由右手法则确定。在进行相对于工件不改变工具姿态的平移操作时选用该坐标系最为适宜。机器人工具坐标系如图 2-18 所示。

4. 用户坐标系

可根据需要定义用户坐标系。当机器人配备多个工作台时,选择用户坐标系可使操作更为简单。在用户坐标系中,TCP 点将沿用户自定义的坐标轴方向运动。机器人用户坐标系如图 2-19 所示。

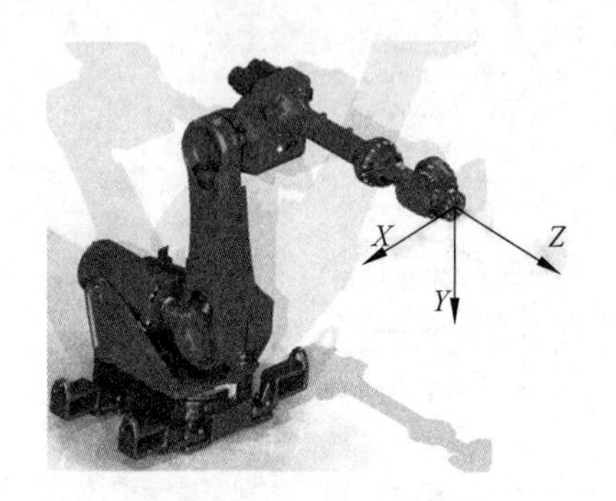

图 2-18 机器人工具坐标系

图 2-19 机器人用户坐标系

不同的机器人坐标系功能等同,即机器人在关节坐标系下完成的动作,同样可在直角坐标系下实现。机器人在关节坐标系下的动作是单轴运动,而在直角坐标系下则是多轴联动。除关节坐标系以外,其他坐标系均可实现控制点不变动作(只改变工具姿态而不改变 TCP 位置),在进行机器人 TCP 标定时经常用到。

2.5 机器人的运动学与动力学基础

通常,机器人为了完成操作任务,需要对其末端执行器的运动轨迹进行规划和控制,即将机器人的末端执行器从一个位置运动到另一个指定位置。从数学角度就是要实现机器人末端执行器位姿的坐标变化,如图 2-20 所示,将机器人末端执行器从初始位置(状态)变换到终点位置(状态)。机器人的坐标变换在物理上是通过电机(动力传动装置)实现的。

即实现机器人参数间的变换操作

$$V(t) \leftrightarrow \tau(t) \leftrightarrow \theta(t) \leftrightarrow X(t)$$

式中,$X(t)$为末端执行装置位置、姿态;

$\theta(t)$为关节角度;

$\tau(t)$为各传动电动机的力矩矢量;

$V(t)$为施加在电动机上的电流或电压。

例如,在一个如图 2-21 所示的 6 自由度系统中,如何利用变换矩阵 $\boldsymbol{T}$ 实现机器人从位置 1 变换到位置 2 中。

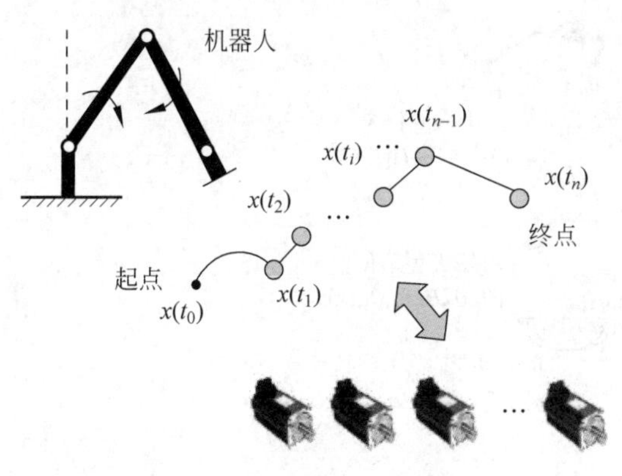

图 2-20　机器人坐标变换

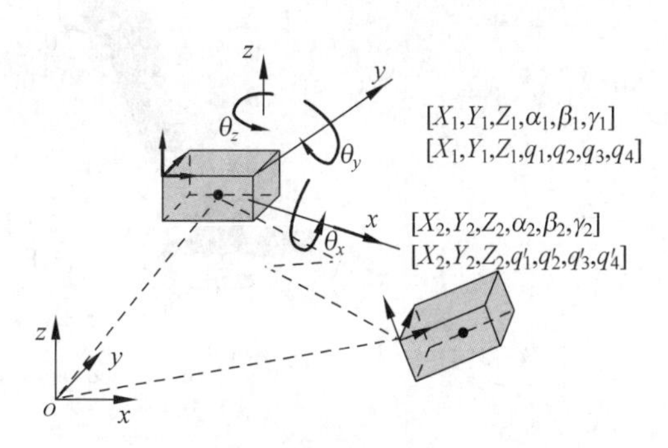

图 2-21　机器人系统变换关系

其中变换矩阵

$$\boldsymbol{T}=\begin{bmatrix}R & P\\0 & 1\end{bmatrix}=\begin{bmatrix}R_{11} & R_{12} & R_{13} & \Delta x\\R_{21} & R_{22} & R_{23} & \Delta y\\R_{31} & R_{32} & R_{33} & \Delta z\\0 & 0 & 0 & 1\end{bmatrix}$$

要实现上述变换，需要在相应的坐标系下完成，各坐标系间的关系如图 2-22 所示。同时要清楚机器人运动学与动力学的相关知识。

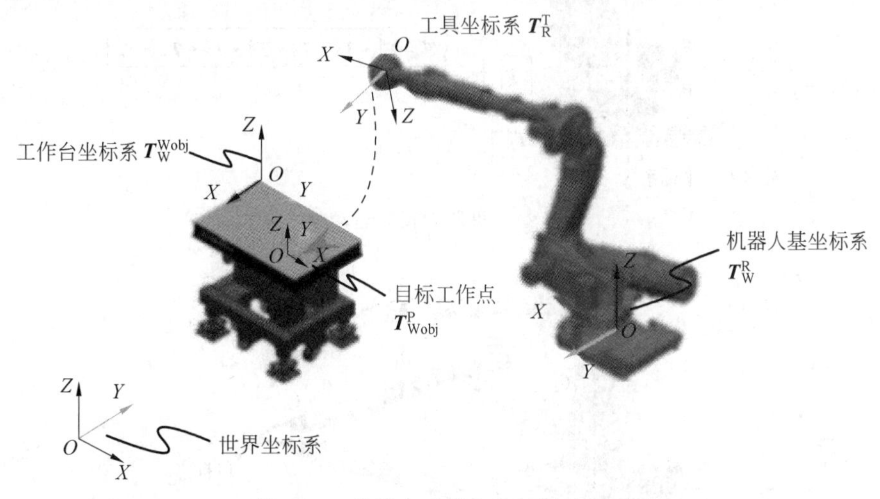

图 2-22　机器人系统各坐标间的关系

2.5.1　运动学

机器人运动学包括正向运动学和逆向运动学，正向运动学即给定机器人各关节变量，计算机器人末端的位置姿态（位姿）；逆向运动学即已知机器人末端的位姿，计算机器人对应位置的全部关节变量。机器人运动学如图 2-23 所示。

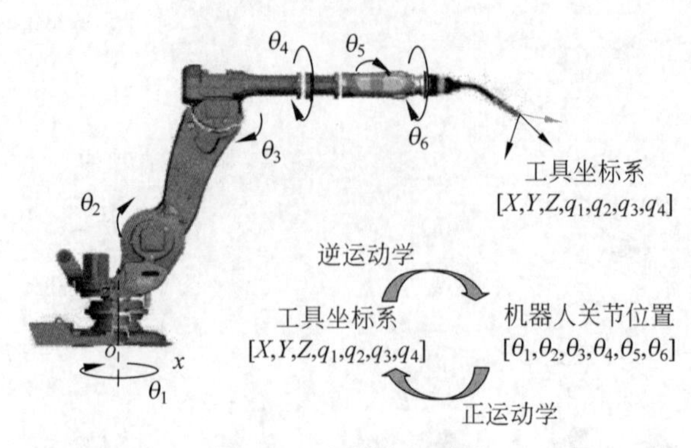

图 2-23 机器人运动学

当已知所有的关节变量时，可用正向运动学来确定机器人末端手的位姿，如图 2-24 所示。如果要使机器人末端手放在特定的点上并且具有特定的姿态，可用逆向运动学来计算出每一关节变量的值，如图 2-25 所示。

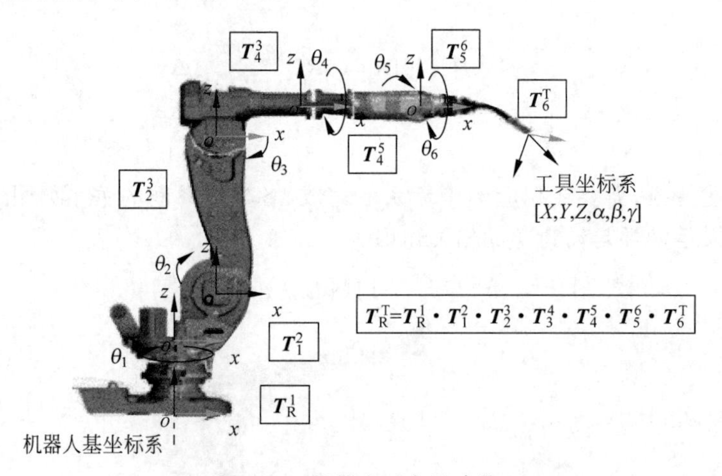

图 2-24 机器人正向运动学

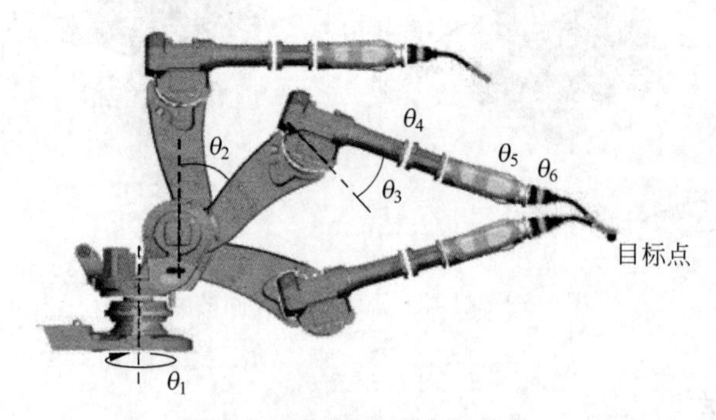

图 2-25 机器人逆向运动学

一般正向运动学的解是唯一和容易获得的，而逆向运动学往往有多个解并且分析更为复杂。如图 2-25 所示，到达同一个目标点，机器人各关节可以由多种不同的组合来实现。机器人逆运动分析是运动规划控制中的重要问题，但由于机器人逆运动问题的复杂性和多样性，无法建立通用的解析算法。逆运动学问题实际上是一个非线性超越方程组的求解问题，其中包括解的存在性、唯一性及求解的方法等一系复杂问题。

2.5.2 动力学

动力学主要解决动力学正问题和逆问题两类问题。

动力学正问题是根据各关节的驱动力（或力矩），求解机械手的运动（关节位移、速度和加速度），主要用于机械手的仿真。

动力学逆问题是已知机械手关节的位移、速度和加速度，求解所需要的关节的驱动力（或力矩），是实时控制的需要。

常用的方法：牛顿-欧拉（Newton-Euler）迭代方程和拉格朗日方程（Lagrange equation）。

机器人的动力学分析可以实现机器人各个关节之间的协同控制，如果仅采用运动学方法，虽然可以实现需要实现的功能，但相对于动力学控制更浪费能量，响应速度更慢；在一些要求高动态响应的场合，基本上都需要采用动力学分析才可以实现。一般而言，位置控制的带宽相对于转矩控制的带宽要低得多。其次，机器人的仿真和建模需要机器人的动力学模型，也只有通过动力学模型才可以更真实地模拟机器人的工作状况。例如，只有通过动力学分析，我们才可以确定机器人各个关节动态过程中的出力状况，进而确定每个关节所需要电机及驱动器性能；另外，对机器人做静力学分析可以知道结构的设计需求、电机的功率等实际上是不严格的，机器人静力学分析仅适用于稳态状况下的分析，并不适合动态过程的分析，只有通过动态过程的分析才可以确定机器人的结构要求、电机功率等。很多情况下，稳态情况（静力学）的计算结果如果直接应用于机器人的设计，往往会导致灾难性后果。最后，机器人的很多功能仅采用运动学分析根本无法完成，举例来说，我们希望机器人抓取一个杯子，那么此时，我们便需要控制机器人末段出力，使得末段出力不能太大从而导致杯子损坏，也不能太小从而导致抓取失败，而此时采用运动学分析仅可以控制位置，很明显此时运动学分析不能满足我们的需要。

2.5.3 机器人运动学与动力学在控制上的区别与联系

机器人控制从全局上可以将电机力矩作为输入，末端位置作为输出。

机器人的控制架构可以分为非集中控制（decentralized control）和集中控制（centralized control）。

非集中控制是目前最常见最简易的，各个电机作为独立的子系统来生成力矩控制律，电机之间的相互作用视为干扰量，但实际上是由于动力学产生的，可以不用显性考虑，所以动力学模型不是必要的，对于动态响应要求不高、机器人不是太庞大的情况下，不考虑动力学效果也不差。反之，可以考虑动力学作为前馈补偿。这种控制方法输入力矩的控制律实际上都交给底层伺服电机了，所以对上层控制来说实现起来较为简单。底层伺服算法一般是多阶 PID。

非集中控制的基本流程如下：

（1）从上层算法获得末端位置坐标点；

（2）通过逆运动学计算出各个关节所需要的位置，逆运动学存在多解，要考虑取舍；

（3）各个关节的驱动自己完成位置控制。

机器人非集中控制架构如图 2-26 所示。

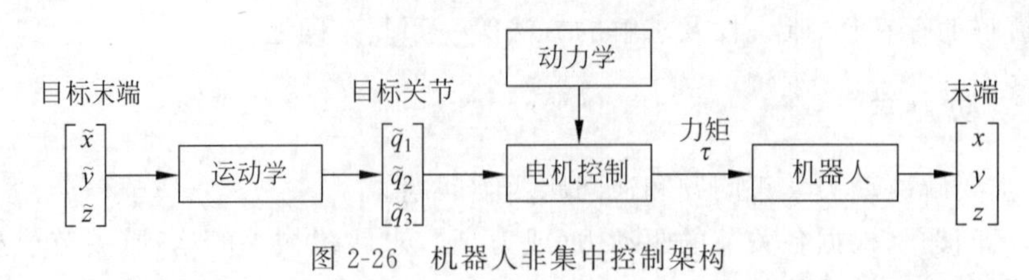

图 2-26 机器人非集中控制架构

运动学在这里扮演的角色是做一个从末端坐标到各个轴的坐标的几何映射。最后真正的运动控制是各个驱动器分布式完成的。简单来说，就是把机器人的控制问题转化成了电机的控制问题。

这里虽然没有对动力学显性建模，但实际上动力学是物理上客观存在的。由于动力学的客观作用，比如重力、惯性力，摩擦力等，电机之间会有相互作用。只是在没有考虑运动学的情况下，对这些没有信息的外力，就都视为干扰，让电机的控制器自行补偿。

在考虑动力学模型的情况下，我们将这个相互作用的力计算出来，作为一种前馈补偿，直接告诉电机现在应该用什么力，而不是完全靠电机自己去计算，在控制效果上会得到一定增强。而且模型并不需要太精确，伺服会补偿掉剩下的误差，鲁棒性很高。

而对于集中控制，动力学就是必要的了。相比之前动力学只是作为前馈而言，这里才可以说是真正意义上的动力学控制。这里是通过动力学模型，直接生成力矩控制力，将机器人系统作为一个整体来考虑，而不是分成子系统，所以才叫集中控制。机器人集中控制架构如图 2-27 所示。

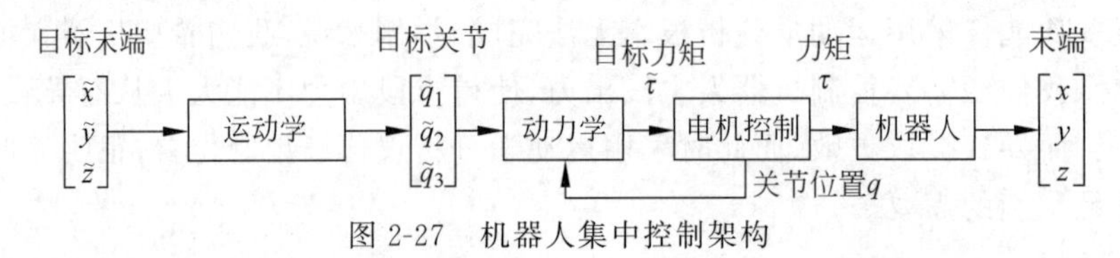

图 2-27 机器人集中控制架构

集中控制的基本流程如下：

(1) 从上层算法获得末端位置坐标点；

(2) 通过逆向运动学计算出各个关节所需要的目标位置；

(3) 根据动力学模型，设计控制规则，这里系统的输入（控制器输出）是力矩，一般来说可以有重力补偿 PD 控制、鲁棒控制、自适应控制、滑膜控制等；

(4) 各个电机仅仅通过电流环做力矩控制。

这样控制的优势在于对力有一定的控制作用，可以做柔顺控制、力控制，实现更多的功能。实际上应用得极少，至少在产品级的工业机器人方面，即使四大家族也无法实现集中控制。这里主要有以下几个因素：

(1) 摩擦力辨识极难，高速时摩擦力影响能达到 30%以上；

(2) 对反馈要求高，但是现有加速度传感器噪声往往过大。

总结：

(1) 运动学描述的是机器人末端和各个关节位置的几何关系。运动学一般是用来做轨迹规划，生成各关节的目标轨迹，再通过控制算法，使机器人追踪目标轨迹；而控制算法中为了实现更好的效果，需要考虑机器人动力学模型，并加入动力学补偿。

(2) 而动力学描述的是关节位置和力矩之间的力学关系。主要目的是通过动力学模型计算出工业机器人各关节进行目标运动时，各关节驱动器所应提供的力矩大小，并将这一力矩值用于机器人的控制。工业机器人是一个复杂的动力学系统，存在严重的非线性，关节力、力矩与关节运动参数间多为三角函数关系；存在严重的耦合关系，各关节的运动相互耦合，作用力、力矩也相互耦合。因此，要分析工业机器人的动力学特性，必须采用非线性系统的分析方法。

(3) 在非集中控制中，运动学和动力学都是为底层电机控制服务的，运动学提供目标量，动力学提供前馈或者不用。在集中控制中，动力学作为系统模型来设计控制律，运动学作为辅助计算机器人的几何关系。

(4) 运动学＋静力学＋(时域)动力学＋(频域)动力学＝动力学。

可以说，机器人的运动学求解，假设所有的物体都是刚体，只用几何模型就可以解决。

静力学则开始出现了力，出现了变形，出现了受力之后机器的各种强度、刚度等问题。

(时域) 动力学，是要考虑 $F=ma$ 造成的惯性，在低频通常 0.1s 分析周期或更慢，机器人的加减速都是需要时间的，电机也是，齿轮是有间隙的，轴都是缓慢加速的。

(频域) 动力学，是要考虑振动带来的效果，即使静态是稳定的，机器人也有可能振动失效，或者造成疲劳或磨损的失效。

以上每一层的难度，大概增加 3 倍，所以一个完整的动力学模型和分析过程，比一个完整的运动学模型和分析，工作量要高得多。

(5) 运动学简单，是基础；动力学复杂，是深入；二者的控制，最终都是以动力学为主，不考虑动力学的控制基本上没有应用价值。

第3章

机器人的组成与结构

本章主要介绍机器人的组成，包括机器人的机械结构、机器人的传感器系统、机器人的驱动系统、机器人控制系统等子系统，能够使读者了解机器人机械系统的总体组成，机器人传感器的选择与要求，工业机器人传感器分类，机器人的液压驱动系统、气压驱动和电气驱动系统，工业机器人控制系统的特点、组成及分类和机器人智能控制技术等。

3.1 机器人的组成

机器人的种类很多，不同结构和用途的机器人其组成当然也不完全一样。这里以工业机器人为例，介绍其组成。工业机器人由机械部分、传感部分、控制部分三大部分组成。这三大部分可分成驱动系统、机械结构系统、传感系统、机器人与环境交互系统、人机交互系统、控制系统六个子系统。工业机械臂的组成如图 3-1 所示。

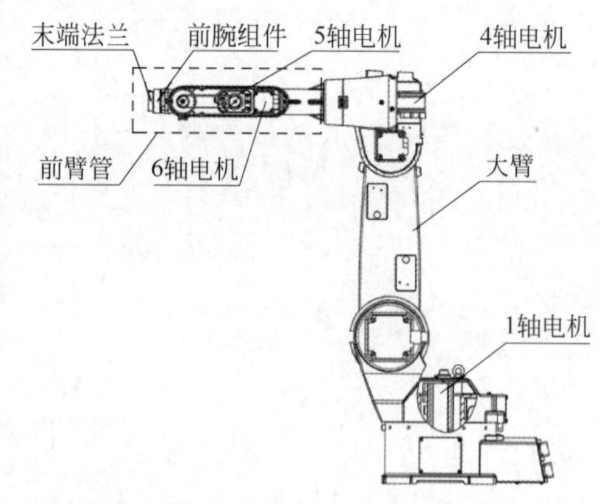

图 3-1 工业机械臂组成

3.1.1 驱动系统

要使机器人运行起来，需给各个关节即每个运动自由度安置传动装置，这就是驱动系统。工业机器人的驱动系统，按动力源分为液压、气动和电动三大类。根据需要也可由这三种基本类型组合成复合式的驱动系统。这三类基本驱动系统各有自己的特点。

3.1.2 机械结构系统

机器人的机械结构系统由机身、手臂、末端操作器三大件组成。每一大件都有若干自由度构成一个多自由度的机械系统。若机身具备行走机构便构成行走机器人。若机身不具备行走及旋转机构，则构成机器人臂。手臂一般由大臂、小臂和手腕组成。末端操作器是直接装在手腕上的一个重要部件，它可以是两手指或多手指的手爪，也可以是喷漆枪、焊枪等作业工具。

3.1.3 传感系统

传感系统由内部传感器模块和外部传感器模块组成，获取内部和外部环境状态中有意义的信息。智能传感器的使用提高了机器人的机动性的水准。人类的感受系统对感知外部世界信息是极其灵巧的。然而，对于一些特殊的信息，机器人比人类的感受系统更有效。

3.1.4 机器人与环境交互系统

机器人与环境交互系统是实现机器人与外部环境中的设备相互联系和协调的系统，机器人与外部设备集成为一个功能单元，如加工制造单元、焊接单元、装配单元等。当然，也可以是多台机器人、多台机床或设备、多个零件存储装置等集成为一个执行复杂任务的功能单元。

3.1.5 人机交互系统

人机交互系统(human-computer interaction system)是人与机器人进行联系和参与机器人控制的装置。人机交互技术是指通过计算机输入、输出设备，以有效的方式实现人与机器人对话的技术。它包括机器人通过输出或显示设备给人提供大量有关信息及提示请示等，人通过输入设备给机器人输入有关信息及提示等。归纳起来为两类：指令给定装置和信息显示装置。例如，计算机的标准终端、指令控制台、信息显示板、危险信号报警器等。人机交互技术是计算机用户界面设计中的重要内容之一，它与认知学、人机工程学、心理学等学科领域有密切的联系。

3.1.6 控制系统

控制系统的任务是根据机器人的作业指令程序以及从传感器反馈回来的信号，支配机器人的执行机构去完成规定的运动和功能。如果机器人不具备信息反馈特征，则为开环控制系统；具备信息反馈特征，则为闭环控制系统。根据控制原理可分为程序控制系统、适应性控制系统和人工智能控制系统。根据控制运动的形式可分为点位控制和连续轨迹控制。

3.2 机器人的机械结构

3.2.1 机器人的机身

机器人机械结构有三大部分：机身、手臂（包括手腕）、手部。机器人机身又称为立柱，是支撑手臂的部件，并能实现手臂的升降、回转或俯仰运动。机器人必须有一个便于安装的基础件，这就是机器人的机座。机座往往与机身做成一体。

机身的典型结构根据采用哪种自由度形式由机器人的总体设计决定。比如，圆柱坐标式机器人把回转与升降两个自由度归属于机身；球坐标式机器人把回转与俯仰两个自由度归属于机身；关节坐标式机器人把回转自由度归属于机身；直角坐标式机器人有时把升降 Z 轴或水平移动 X 轴的自由度归属于机身。一般如没有特殊说明，工业上机器人的机身指机座，机座是整个机器人的支持部分，要有一定的刚度和稳定性。若机座不具备行走功能，则构成固定式机器人；若机座具备移动机构，则构成移动式机器人。

1. 固定式基座

固定式机器人的机座一般用铆钉固定在地面或者工作台上，也有的固定在横梁上，如图 3-2 所示。

(a) 固定在地面

(b) 固定在工作台上

(c) 固定在横梁上

图 3-2　固定式机座

2. 移动式基座

移动式机座有的采用专门的行走装置，有的采用轨道、滚轮机构。其通常由驱动装置、传动机构、位置检测元件、传感器电缆及管路等组成，如图 3-3 所示。

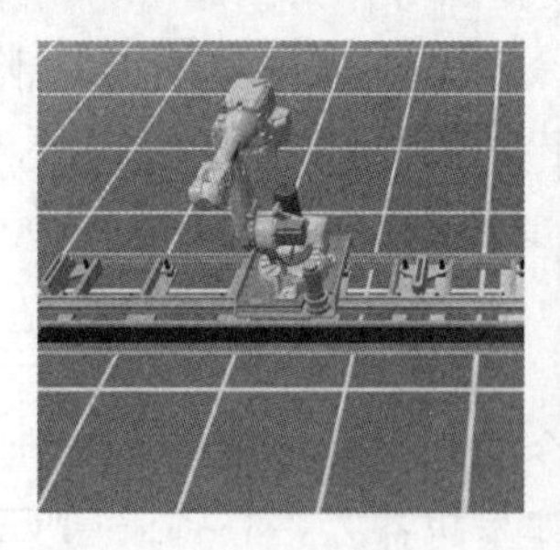

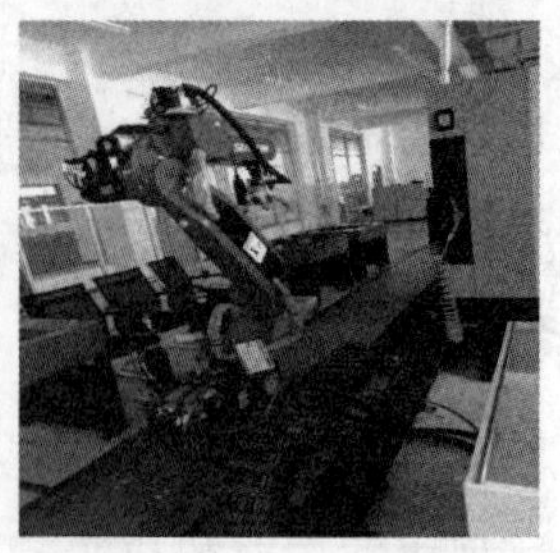

图 3-3　移动式机座

移动式机座一方面支撑机器人的机身、手臂和末端执行器，另一方面还根据作业任务的要求，带动机器人在更广阔的空间内运动。

机身设计要注意的问题：

（1）刚度和强度大，稳定性要好；

（2）运动灵活，导套不宜过短，避免卡死；

（3）驱动方式适宜；

（4）结构布局合理。

3.2.2 机器人的臂部

工业机器人臂部是用来支撑机器人腕部和手部的机构，并用来改变手部在空间中位置的部件。臂部的主要运动有伸缩、回转、横移、升降或俯仰。机器人臂部一般由大臂、小臂（或多臂）组成，用来支撑手腕和末端执行器，实现较大的运动范围。臂部的各种运动通常由驱动结构和各种传动结构来实现，总质量较大，受力一般比较复杂，在运动时，它直接承受手腕、末端执行器和工件的静、动载荷，尤其在高速运动时，将产生较大的惯性力（或惯性力矩），引起冲击，影响定位精度。工业机器人臂部拆装图如图3-4所示。

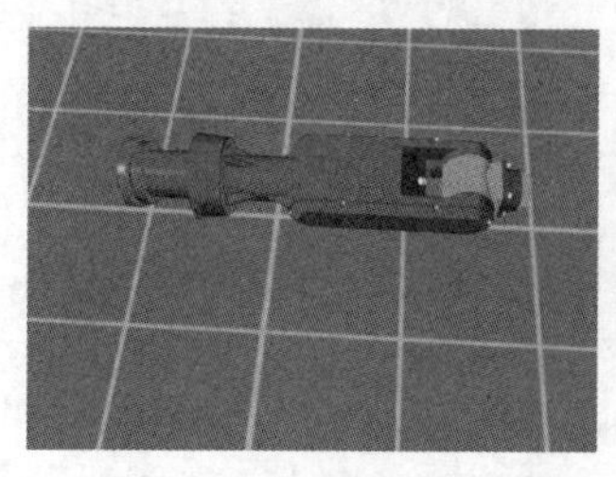
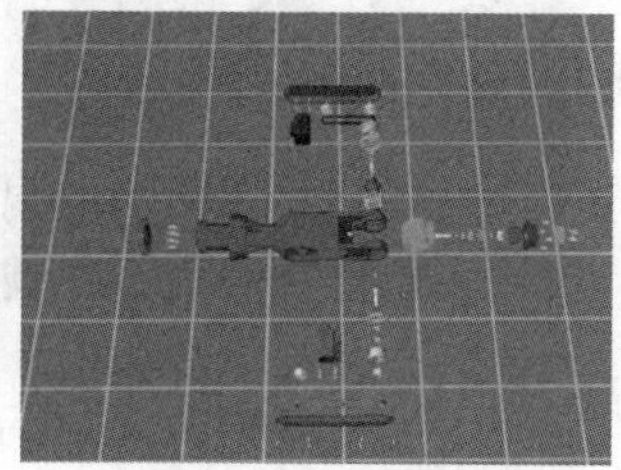

图3-4 机器人臂部拆装图

1. 机器人臂部设计特点

机器人臂部的结构、工作范围、灵活性、抓重大小（即臂力）和定位精度都直接影响机器人的工作性质，所以臂部的结构形式必须根据机器人的运动形式、抓取重量、动作自由度、运动精度等因素来确定。手臂的特征如下。

1）刚度要求高

为防止手臂在运动过程中产生过大的变形，手臂的断面形状要选择合理。工字形断面弯曲刚度一般比圆断面的大；空心管的弯曲刚度和扭转刚度要比实心轴的大得多，所以常用钢管来做臂杆及导向杆，用工字钢和槽钢来做支撑杆。为了提高手臂刚度，也可采用多重闭合的平行四边形的连杆机构代替单一的刚性构件的臂杆，如图3-5所示。

图3-5 空心管手臂及平行四边形结构手臂

2）导向性要好

为防止手臂在直线运动中沿运动轴线发生相对转动，可将导向装置设计成方形、花键等形式的臂杆。

3）重量要轻

为提高机器人的运动速度，要尽量减轻手臂运动部分的重量，以减小整个手臂对回转轴的转动惯量。可用特殊实用材料和几何学减轻手臂结构的重量，从而也减小了与之直接相关的重力和惯性载荷。由镁合金或铝合金构成的横截面恒定的冲压件，对于实现直线运动的结构来说非常方便。要求高加速度的机器人（喷涂机器人）可用碳和玻璃纤维合成物，使其轻量化。热塑性塑料提供了廉价的连杆结构，但它的负载能力会有所降低。一种机器人的臂部结构图如图 3-6 所示。

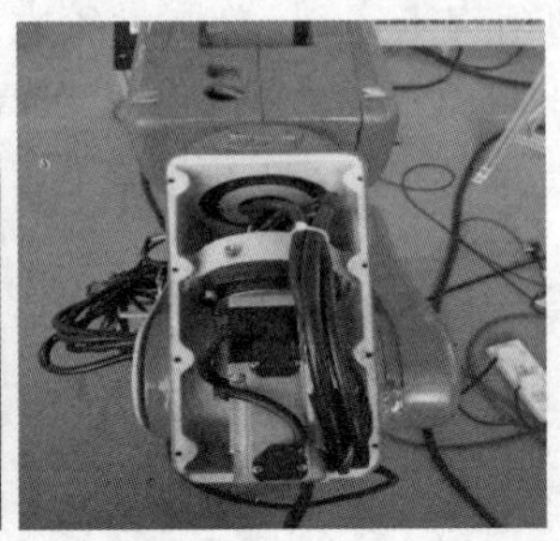

图 3-6 轻量化臂杆

4）运动平稳，定位精度高

手臂运动速度越高，惯性力引起的定位前的冲击也就越大，运动不平稳，定位精度也不高。因此，除了手臂设计上要求结构紧凑、重量较轻，同时也要采用一定形式的缓冲措施，例如采用弹簧与气缸作为臂部缓冲装置。

2. 手臂分类

1）按结构形式分

按结构形式分，手臂有单臂式、双臂式及悬挂式几种类型，如图 3-7 所示。

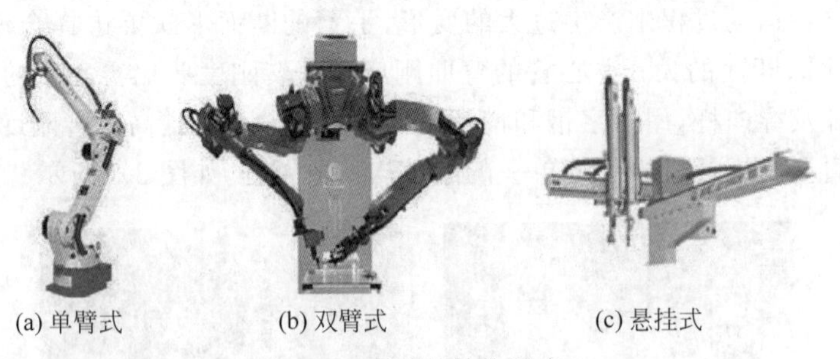

(a) 单臂式　(b) 双臂式　(c) 悬挂式

图 3-7 手臂的结构形式

2）按运动形式分

按运动形式分，手臂有移动型、旋转型和复合型等几种类型。移动型的手臂，可分为单极型和伸缩型。单极型手臂由一个可沿另外一个固定表面移动的表面组成，具有结构简单和高刚度的优点，如图 3-8 所示。伸缩型手臂本质上是由单极型关节嵌套或组合成的，具有连接紧凑、伸缩比大、惯性小的优点，如图3-9所示。旋转型手臂的运动形式有左右旋转与上下摆动等，如图3-10所示。复合型的手臂的组合形式有直线运动和旋转运动的组合、两个直线运动的组合和两个旋转运动的组合等。

图3-8　单极型手臂

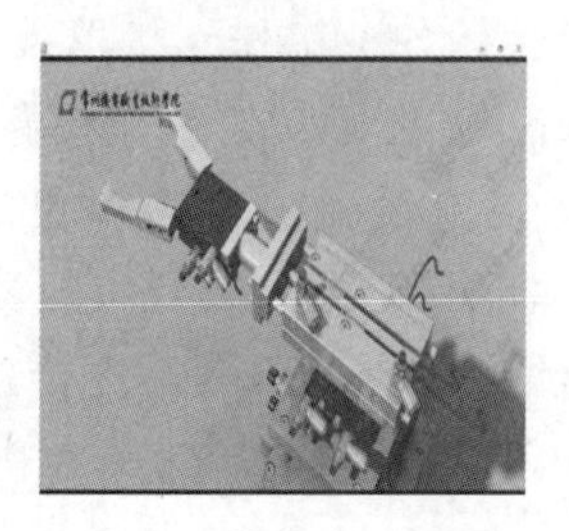

图3-9　伸缩型手臂图

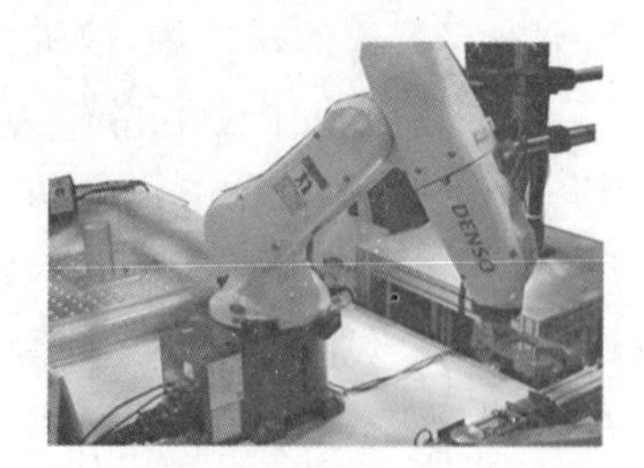

图3-10　旋转型手臂

3.2.3　机器人的手部

机器人的手部也叫末端执行器，相当于人的手，主要作用是夹持工件或让其按照规定的程序完成指定的工作。机器人手部应根据抓取对象和工作条件进行设计。除了其有足够的夹持力外，还要保持适当的精度，手指应能顺应被抓对象的形状。手爪自身的大小、形状、结构和自由度是机械结构设计的要点。要根据作业对象的大小、形状和位姿等几何条件，以及重量、硬度、表面材质等物理条件来综合考虑。同时还要考虑机器人抓手与被抓物体接触后产生的约束和自由度等问题。智能手爪部应该装有相应的传感器(触觉或力传感器等)，能感知手爪与物体的接触状态、物体表面状况和夹持力大小等。因此，手部设计的主要研究方向是柔性化、标准化、智能化。

工业机器人的手部直接安装于手腕。有了手部，工业机器人才能搬运物品，装卸材料，组装零件，进行焊接、喷漆等，在处理高温、有毒产品时，它比人手更能适应工作。手部关乎机器人的柔性，关乎工作质量的好坏。有的末端执行器类似人手，有的则是进行某种作业的专用工具，如焊枪、油漆喷头与吸盘等。

根据用途不同，工业机器人手部分为手爪和工具。

1. 机器人手爪

机器人手爪具有一定的通用性，主要功能是抓住工件、握持工件、释放工件。它是直接与工件接触的部件。末端执行器松开和夹紧工件，就是通过手指的张开与闭合实现的。机器人的末端执行器一般有2根手指，也有的有3根或多根手指，其结构形式常取决于被夹持工件的形状和特性。各种形式的机器人手爪如图3-11所示。

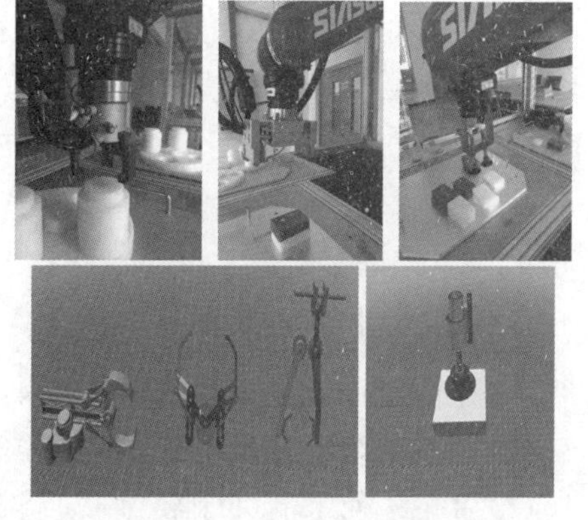

图3-11　机器人的手爪

2. 机器人手部工具

机器人手部工具是机器人直接用于抓取和握紧(或吸附)专用工具(如喷枪、扳手、焊具、喷头等)进行操作的部件。工业机器人是一种通用性很强的自动化设备，配上各种专用的末端执行器后，就能完成各种任务。如在通用机器人上安装焊枪就能使其成为一台焊接机器人，安装吸附式末端执行器则使其成为一台搬运机器人。目前有许多由专用电动、气动工具改型而成的操作器，如装配机、焊枪、电磨头、电铣头、抛光头、激光切割机等。它们形成了一整套的专用末端执行器供用户选用，使机器人能胜任各种工作。机器人末端执行器如图 3-12 所示。

某些机器人的作业任务较为集中，需要更换一定量的末端执行器，又不必配备数量较多的末端执行器库，此时可以在机器人手腕上设置一个多工位的换接装置，如图 3-13 所示。在按钮开关装配工位上，机器人要依次装配开关外壳、复位弹簧、按钮等几种零件，采用多工位换接装置，可以从几个供料位依次抓取几种零件，然后逐个进行装配，这样既可以节省几台专用机器人，也可以避免通用机器人频繁换接操作，节省装配作业时间。

(a) 绘图机器人

(b) 焊接机器人

图 3-12 机器人末端执行器

图 3-13 机器人多工具手部

3.2.4 机器人的腕部

工业机器人腕部是机器人臂部与手部的连接部件，起支承手部和改变手部姿态的作用。为了使手部能处于空间任意方向，要求腕部能实现对空间三个坐标轴 X、Y、Z 的转动，即具有偏转、俯仰和回转三个自由度，如图 3-14 所示。通常也把手腕的偏转叫作 Yaw，用 Y 表示；把手腕的俯仰叫作 Pitch，用 P 表示；把手腕的回转叫作 Roll，用 R 表示。当手腕具有俯仰、偏转和回转运动能力时，可简称为 RPY 运动。

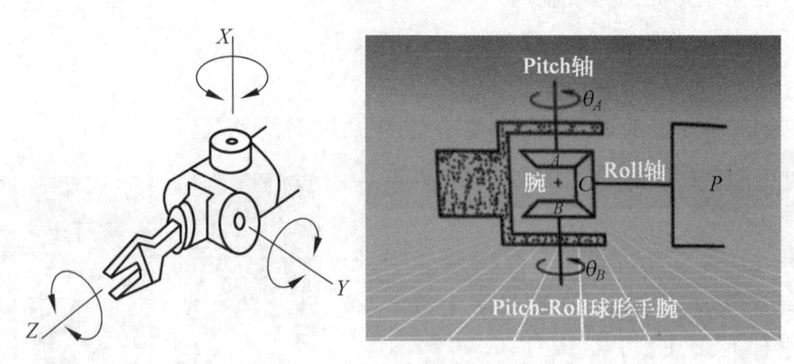

图 3-14 机器人腕部的 RPY 运动

1. 手腕运动形式

手腕回转产生的效果有 3 种。

(1) 臂转：绕小臂轴线方向的旋转称为臂转；

(2) 手转：使末端执行器(手部)绕自身轴线方向的旋转称为手转；

(3) 腕摆：使末端执行器相对于手臂进行摆动。

图 3-15(a)所示的腕部关节配置为臂转、腕摆、手转结构，图 3-15(b)所示为臂转、双腕摆、手转结构。

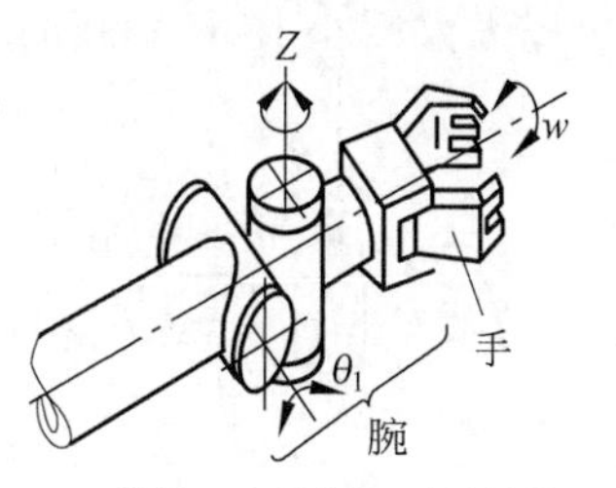

(a) 臂转、腕摆、手转结构 (b) 臂转、双腕摆、手转结构

图 3-15 手腕关节配置图

有些手腕为满足使用要求，还可以直线移动。

2. 手腕自由度

手腕自由度的选用与机器人的通用性、加工工艺要求、工件放置方位和定位精度等许多因素有关。根据使用要求，一般手腕设有回转或再增加一个上下摆动即可满足工作的要求。若有特殊要求，可增加手腕左右摆动或沿 Y 轴方向的横向移动，也有的专用机器人没有手腕的运动。按自由度数目来分，手腕可分为单自由度、二自由度和三自由度。

1) 单自由度手腕

该类手腕只有一个自由度，可分为翻转手腕、折曲手腕与移动手腕。

(1) 翻转(Roll)手腕，简称 R 手腕，该手腕关节的 Z 轴与手臂纵轴线构成共轴线形式，这种 R 手腕旋转角度大，可达 360°以上。

(2) 折曲(Bend)手腕，简称 B 手腕，该手腕关节的 X 轴、Y 轴与手臂纵轴相垂直。这种 B 手腕因为结构上受到干涉，所以旋转角度小，大大限制了方向角。

(3) 移动手腕，简称 T 手腕，该手腕关节做直线移动。

2) 二自由度手腕

二自由度手腕可以由一个 R 关节和一个 B 关节组成 BR 手腕，如图 3-16(a)所示，也可以由两个 B 关节组成 BB 手腕，如图 3-16(b)所示。但是，不能有如图 3-16(c)所示的两个共轴线的 R 关节组成 RR 手腕，因为它实际只构成了单自由度手腕。

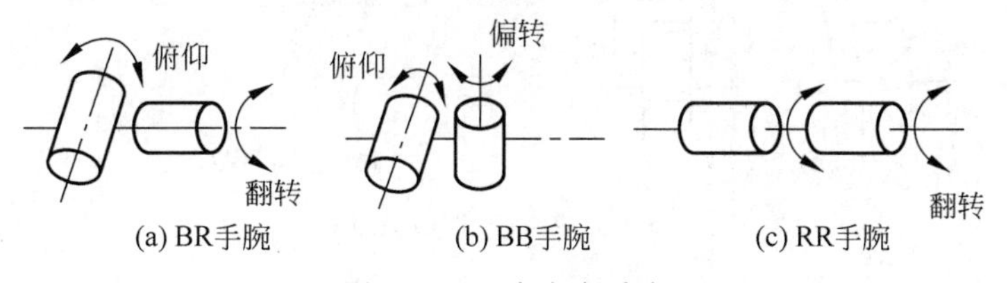

(a) BR手腕 (b) BB手腕 (c) RR手腕

图 3-16 二自由度手腕

3) 三自由度手腕

三自由度手腕由 B 关节和 R 关节组合而成，组合的方式多种多样，图 3-17(a)所示为 BBR 手腕，可进行 RPY 运动。图 3-17(b)所示为一个 B 关节和两个 R 关节组成的 BRR 手腕，为了不使自由度退化，使末端执行器获得 RPY 运动，第一个 R 关节必须如图配置。

图 3-17(c)所示为 3 个 R 关节组成的 RRR 手腕,它也可以实现手部 RPY 运动。图 3-17(d)所示为 BRB 手腕,很明显,它已经退化为二自由度手腕。此外,B 关节和 R 关节排列的次序不同,会产生不同形式的三自由度手腕。为了使手腕结构紧凑,通常把两个 B 关节安装在一个十字接头上,这可以大大减小 BBR 手腕的纵向尺寸。

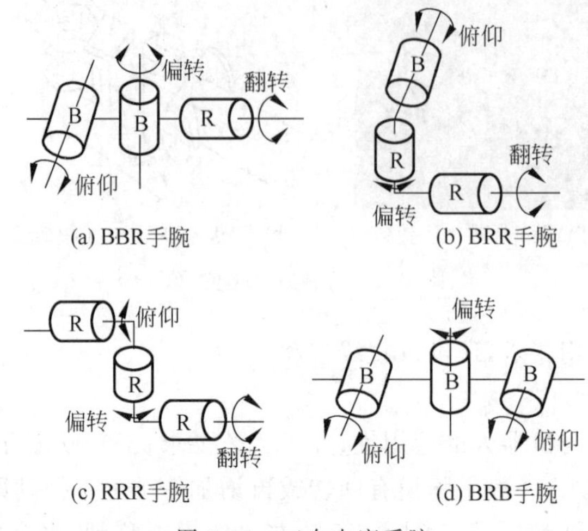

图 3-17　三自由度手腕

3. 柔顺手腕结构

在用机器人进行的精密装配作业中,被装配零件之间的配合精度相当高,由于被装配零件的不一致性或工件的定位夹具和机器人手爪的定位精度无法满足装配要求时,会导致装配困难,因此提出了装配动作的柔顺性要求。其动作过程如图 3-18(a)所示,在插入装配中工件局部被卡住时,将会受到阻力,促使柔顺手腕起作用,手爪产生一个微小的修正量,使工件能顺利插入。图 3-18(b)所示是采用板弹簧作为柔性元件组成的柔顺手腕,在基座上通过板弹簧 1、板弹簧 2 连接框架,框架另两个侧面上通过板弹簧 3、板弹簧 4 连接平板和轴。装配时通过 4 块板弹簧的变形实现柔顺装配。

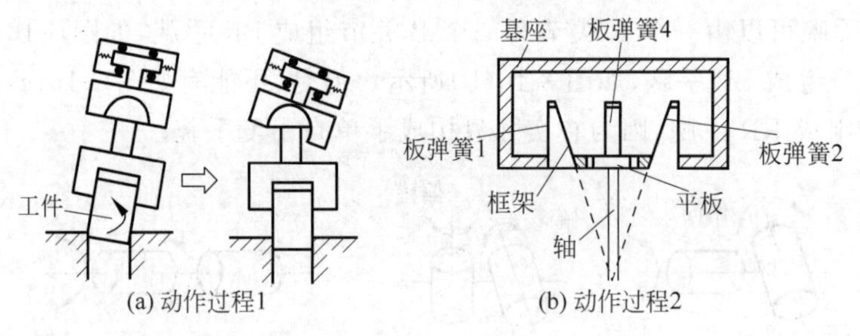

图 3-18　柔顺手腕动作过程

3.2.5　机器人的行走机构

机器人的行走机构可分成固定式和行走式两种。一般的机器人多为固定式,但随着海洋科学、原子能工业及宇宙空间事业的发展,移动机器人、自动行走机器人的应用也越来越多。行走机构是行走机器人的重要执行部件,它由行走的驱动装置、传动机构、位置检测元件、传感器、电缆及管路等组成。它一方面支承机器人的机身、手臂，另一方面还根据工作任务的要求，带动机器人在广阔的空间内运动。

行走机构按其行走运动轨迹，可分为固定轨迹式和无固定轨迹式。固定轨迹式行走机构主要用于工业机器人。无固定轨迹式的行走方式，按其行走机构的结构特点，可分为轮式、履带式和步行式。它们在行走过程中，前两者与地面为连续接触，后者为间断接触。前两者的形态为运行车式，后者则为人类(或动物)的腿脚式。运行车式的行走机构用得比较多，多用于野外作业，技术比较成熟。步行式行走机构正在发展和完善中。

1. 固定轨迹式行走机构

固定轨迹式行走机构主要用于工业机器人，如横梁式移动机器人。其机身设计成横梁式，用于悬挂手臂部件，这是工厂中常见的一种配置形式。这类机器人的运动形式大多为直移式，它具有占地面积小、能有效地利用空间、直观等优点。一般情况下，横梁可安装在厂房原有建筑的柱梁或有关设备上，也可专门从地面架设，如图 3-19 所示。图 3-20 是新松 AGV 小车，沿地面粘贴的导引磁条的固定路线行走。

图 3-19　横梁式移动机器人

图 3-20　沿固定轨迹移动的机器人

2. 无固定轨迹式行走机构

无固定轨迹式行走机构，按其结构特点可分为轮式行走机构、履带式行走机构和关节式行走机构。在行走过程中，前两者与地面连续接触，其形态为运行车式，多用于野外、较大型作业场所，应用得较多也较成熟，分别如图 3-21(a)和图 3-21(b)所示；后者与地面为间断接触，类似人类(或动物)的腿脚式行走，该机构正在发展和完善中，如图 3-21(c)所示。

(a) 轮式

(b) 履带式

(c) 关节式

图 3-21　无固定轨迹式行走机构

行走机构设计应注意的问题：

(1) 平稳性。平稳性是行走机构设计首先要考虑的问题，不但要求在行走时保持平衡，而且在静止时也要保持平衡。

(2) 灵活性，行走机构要求其具有人的一些智能，比如变向、转向、越障等。

3.3 机器人的传感器系统

3.3.1 机器人的传感器技术概述

人类具有五种感觉(视觉、听觉、触觉、嗅觉、味觉),机器人需要通过传感器得到这些感觉信息。目前机器人只具有视觉、听觉和触觉,这些感觉是通过相应传感器得到的。为了使机器人更好地完成各项工作任务,需要给机器人装备各种感觉系统。由于技术上的原因,早期的工业机器人大部分都不具备对外界的感觉能力,它们无法代替人工去完成那些靠自我感觉才能完成的工作,极大地限制了机器人的应用范围。因此,为机器人研制和装备各种各样的感觉系统已成为人们越来越迫切的要求。

传感器是按一定规律实现信号检测并将被测量(物理的、化学的和生物的信息)通过变换器变换为另一种物理量(通常是电压或电流)。它既能把非电量变换为电量,也能实现电量之间或非电量之间的相互转换。总而言之,一切获取信息的仪表器件都可称为传感器。

国际上,传感技术被列为六大核心技术(计算机、激光、通信、半导体、超导和传感)之一,传感技术也是现代信息技术的三大基础(传感技术、通信技术、计算机技术)之一。传感器一般由敏感元件、转换元件、基本转换电路 3 部分组成,如图 3-22 所示。

被测对象 → 敏感元件 → 转换元件 → 基本转换电路 → 电信号

图 3-22　传感器的组成

敏感元件是能直接感受被测量,并以确定关系输出某一物理量的元件,如弹性敏感元件可将力转换为位移或应变;转换元件可将敏感元件输出的非电物理量转换成电量;基本转换电路将由转换元件产生的电量转换成便于测量的电信号,如电压、电流、功率等。

传感器可以按不同的方式进行分类,例如,按被测物理量、按传感器的工作原理、按传感器转换能量的情况、按传感器的工作机理、按传感器输出信号的形式(模拟信号、数字信号)等分类。

按机器人用传感器功能可分为检测内部状态信息的内部信息传感器以及检测外部对象和外部环境状态的外部信息传感器。内部信息传感器包括检测位置、速度、力、力矩、温度以及异常变化的传感器。外部信息传感器包括视觉传感器、触觉传感器、力觉传感器、接近觉传感器、角度觉(平衡觉)传感器等。具有多种外部传感器是先进机器人的重要标志。

3.3.2 机器人传感器的选择与要求

据有关资料统计,目前已有近 10 万种传感器面市。但并不是所有的传感器均能用于机器人,因为机器人用传感器的要求比较严格,且机器人的控制系统是由计算机控制的,传感器的输出信号必须是电信号才能适用。机器人用传感器的选择包括三个方面:①传感器类型的选择;②传感器性能指标的选择;③传感器物理特征的选择。

1. 传感器类型的选择

1）从机器人对传感器的需要来选择

尽管过去大多数机器人并没有对外界的感觉能力，它们也能完成各种各样的任务，但由于缺乏感觉能力，确实已经影响了它们所完成任务的数量和质量。如果这些机器人具备了感觉能力，它们不但能够更好地完成这些任务，而且能够完成更多更重要的任务。

为了说明机器人对传感器的需要，可以把机器人和人类进行工作的情况加以比较。人类具有相当强的对外感觉能力，尽管有时人的动作并不十分准确，但是人可以依靠自己的感觉反馈来调整或补偿自己动作的误差，从而能够完成各种简单的或复杂的工作任务。由此可见，感觉能力能够补偿动作精度的不足。另一方面，人们的工作对象有时是很复杂的，例如，当人抓取一个物体时，该物体的大小和软硬程度不可能是绝对相等的，有时甚至差别比较大。但人能依靠自己的感觉能力用恰当的夹持力抓起这个物体并且不损坏它，所以有感觉能力才能适应工作对象的复杂性，才能有效地完成工作任务。过去，由于机器人没有感觉能力，唯一的办法就是提高它的动作精度并限制工作对象不能很复杂。但是，动作精度的提高受到了各方面的限制，不可能无限制地提高；工作对象有时也是很难限制的。所以，要使机器人完成更多的任务或者工作得更好，使机器人具有感觉能力是十分必要的。

机器人也和人一样，必须收集周围环境的大量信息，才能更有效地工作。在捡拾物体时，它们需要知道该物体是否已经被捡起，否则下一步的工作就无法进行。当机器人手臂在空间运动时，它必须避开各种障碍物，并以一定的速度接近工作对象。机器人所要处理的工作对象有的质量很大，有的容易破碎，或者有时湿度很高，所有这些特征和环境情况一样，都要机器人进行识别并通过计算机处理确定相应的对策，使机器人更好地完成工作任务。

以机器人弧焊加工为例。机器人弧焊是在被焊接件上沿需要的路线把被焊接件连接在一起。假如机器人没有感觉能力，不能自行观察焊接，那么只能在机器人预先编程时精确地输入焊接位置进行焊接。在这种情况下，实际工作中焊接不允许有误差，机器人的运行轨迹也不允许有误差，否则焊缝就会出现误焊。这样必然对机器人和被焊接工件提出很高的要求，这些要求有时是很难达到的。为此，人们开始在弧焊机器人上装备感觉系统，例如较先进的焊接自动跟踪系统。一旦机器人偏离实际工件的焊缝，焊缝自动跟踪系统将反馈偏离信息，机器人允许焊接的工件及其焊缝存在一定的误差，机器人的运动轨迹精度也不需要太高。由此可见，采用机器人感觉系统将有助于降低机器人的工作精度要求，并提高其工作适应能力和扩大其应用范围。

机器人需要的最重要的感觉能力可以分为以下几类。

（1）简单触觉：确定工作对象是否存在。

（2）复杂触觉：确定工作对象是否存在以及其形状和尺寸等。

（3）简单力觉：沿一个方向测量力。

（4）复合力觉：沿一个以上方向测量力。

（5）接近觉：对工作对象的非接触探测等。

（6）简单视觉：孔、边、拐角等的检测。

（7）复合视觉：识别工作对象的形状等。

除了上述能力以外，机器人有时还需要具有温度、湿度、压力、滑动量、化学性质等的感觉能力。

2）机器人对传感器的一般要求

（1）精度高，重复性好。机器人传感器的精度直接影响机器人的工作质量。用于检测和控制机器人运动的传感器是控制机器人定位精度的基础。机器人是否能够准确无误地正常工作，往往取决于传感器的测量精度。

（2）稳定性好，可靠性高。机器人传感器的稳定性和可靠性是保证机器人能够长期稳定可靠地工作的必要条件。机器人经常是在无人照管的条件下代替人工操作的，万一它在工作中出现故障，轻则影响生产的正常进行，重则造成严重的事故。

（3）抗干扰能力强。机器人传感器的工作环境往往比较恶劣，机器人传感器应当能够承受强电磁干扰、强振动，并能够在一定的高温、高压、重污染环境中正常工作。

（4）重量轻，体积小，安装方便可靠。对于安装在机器人手臂等运动部件上的传感器，重量要轻，否则会加大运动部件的惯性，影响机器人的运动性能。对于工作空间受到某种限制的机器人，体积和安装方向的要求也是必不可少的。

（5）价格便宜。

3）从加工任务的要求来选择

在现代工业中，机器人被用于执行各种加工任务。其中比较常见的加工任务有物料搬运、装配、喷漆、焊接、检验等。不同加工任务对机器人提出了不同的要求。

目前，多数搬运机器人尚不具备感觉能力，它们只能在指定的位置上拾取确定的零件。另外，在机器人拾取零件之前，除了需要给机器人定位以外，还需要采取各种辅助设备或工艺措施，把被拾取的工件准确定位和定向，这就使得加工工序或设备更加复杂。如果搬运机器人具有感觉能力，就会改善这种状况。搬运机器人所需要的感觉能力有视觉、触觉和力觉等。视觉系统主要用于被拾取工件的粗定位，使机器人能够根据要求寻找应该拾取的零件，并把该零件的大致位置告诉机器人。触觉传感器的作用包括3个方面：感知被拾取零件的存在；确定该零件的准确位置；确定该零件的方向。触觉传感器有助于机器人更加可靠地拾取零件。力觉传感器主要用于控制搬运机器人的夹持力，防止机器人手爪部损坏被加工的零件。

装配机器人对传感器的要求类似于搬运机器人，它也需要视觉、触觉和力觉等感觉能力。通常，装配机器人对工作位置的要求更高。现在，越来越多的机器人正在进入装配工作领域，其主要任务是装配一些销、轴、螺钉和螺栓等。为了使被装配的零件对准对应的装配位置，以前常用的方法是提高装配表面的位置精度和机器人的定位精度。由于各方面因素对提高精度有严格的限制，这种方法往往很难实现。现在开始依靠机器人的感觉能力解决这个问题，即采用机器人视觉系统、触觉和力觉传感器来控制机器人装配操作。装配机器人在进行装配工作时，首先运用视觉系统选择合适的装配零件，机器人感觉系统能够自动校正装配位置。

4）从机器人控制的要求来选择

机器人控制需要采用传感器检测机器人的运动位置、速度、加速度。除了较简单的开环控制机器人外，多数机器人都采用了位置传感器作为闭环控制中的反馈元件。机器人根据位置传感器反馈的位置信息，对机器人的运动误差进行补偿。不少机器人还装备有速度传感器和加速度传感器。加速度传感器可以检测机器人构件受到的惯性力，使控制能够补偿惯性力引起的变形误差。速度检测用于预测机器人的运动时间，计算和控制由离心力引起的变形误差。

5）从辅助工作的要求来选择

工业机器人在从事某些辅助工作时也要求有一定的视觉能力。这些辅助工作包括产品的检验和工件的准备等。

机器人在外观检验中的应用日益增多。机器人在这方面的主要用途有检查毛刺、裂缝孔洞的存在，确定表面粗糙度和装饰质量，检查装配体的完成以及确定装配精度等。在外观检验中，机器人主要需要视觉能力。有时也需要其他类型的传感器。

在目前的工厂里，人们总是习惯于把各种零件分类，并分放在各个料盘中，这样零件的运输比较方便。在工件进行加工或装配以前，需要用机器人把它们从料盘中拣出来，这就要求机器人能够在料盘中寻找和识别需要捡拾的零件，并对它们定位和定向。所以，要求从事辅助工作的机器人具有一定的视觉能力。另外，机器人抓取零件时，还需要在手爪上安装传感器，以便检测手爪是否接触到所需抓取的零件。在机器人放置零件时，检测零件是否放置到位。

6）从安全方面的要求来选择

从安全方面考虑，机器人对传感器的要求包括以下两个方面。

（1）为了使机器人安全地工作而不受损坏，机器人的各个构件都不能超过其受力极限。

人类在工作时，总是利用自己的感觉反馈，控制使用的肌肉力量不超过骨骼和肌腱的承受能力。同样，为了机器人的安全，也需要监测其各个连杆和各个构件的受力，这就需要采用各种力传感器。现在多数机器人是采用加大构件尺寸的办法来避免其自身损坏的。如果采用力监测控制的方法，就能大大改善机器人的运动性能和工作能力，并减小构件尺寸和减少材料的消耗。机器人自我保护的另一个问题是要防止机器人和周围物体的碰撞，这就要求采用各种触觉传感器。有些工业机器人已经采用触觉导线加缓冲器的方法来防止碰撞的发生。一旦机器人的触觉导线与周围物体接触，立刻向控制系统发出报警信号，在碰撞发生以前，使机器人停止运动。防止机器人与周围物体碰撞也可以采用接近觉传感器。

（2）从保护机器人使用者的安全出发，也要考虑对机器人传感器的要求。

工业环境中的任何自动化设备都必须装有安全传感器，以保护操作者和附近的其他人，这是劳动安全条例所规定的。要检测人的存在可以使用防干扰传感器，它能够自动关闭工作设备或者向接近者发出警告。有时并不需要完全停止机器人的工作，在有人靠近时，可以暂时限制机器人的运动速度。在对机器人进行示教时，操作者需要站在机器人旁边和机器人一起工作，这时操作者必须按下安全开关，机器人才能工作。即使在这种情况下，也应当尽可能设法保护操作者的安全。例如，可以采用设置安全区域的办法限制机器人不能超出特定的工作区域。另外，在任何情况下都需要安排一定的传感器，检测控制系统是否正常工作，以防止由于控制系统失灵而造成意外事故。

2. 传感器性能指标的选择

结构型传感器和物理型传感器：利用运动定律、电磁定律以及气体压力、体积、温度等物理量间的关系制成的传感器都属于结构型传感器。这种传感器的特点是传感器原理明确，不易受环境影响，且传感器的性能受其结构材料的影响不大，但是结构比较复杂。常用的结构型传感器有电子开关、电容式传感器、电感式传感器、测速码盘等。物理型传感器是利用物质本身的某种客观性质制成的传感器。这类传感器的性能受材料性质和使用环境的影响较大。物理型传感器的优点是结构简单、灵敏度高。光电传感器、压电传感器、压阻传感器、电阻应变传感器等都是机器人常用的物理型传感器。

接触型传感器和非接触型传感器：接触型传感器在正常工作时需要和被检测对象接触，如开关、探针和触点等。非接触型传感器则必须与被测对象保持一段距离，通过某种中间传递介质进行工作。磁场、光波、声波、红外线、X射线等是常见的中间传递介质。接触型传感器主要是将被测量对象的机械运动量转变成为电量输出，在实际使用中，经常需要把这些输出电量转换成为计算机所要求的数字信号，然后输入计算机进行分析计算，实现对机器人的感觉反馈控制。接触型传感器常见的工作方式有电子开关的关闭、电位器触点的移动、压电材料的电压变化等。接触型传感器工作比较稳定可靠，受周围环境的干扰较小。对电磁信号或声波信号进行检测是非接触型传感器的主要工作方式。磁场、电场、可见光、红外线、紫外线和X射线都属于电磁现象。检测这些电磁波的存在状态及其变化情况，就是非接触型传感器工作的根本原理。声波传感器则是靠发射某种频率的声波信号，检测周围物体的反射回波和声波的传播时间，以获得某种感觉能力。由于非接触型传感器不与被测物体接触，所以它不会影响被测物体的状态，这是非接触型传感器的主要优点。在选择机器人传感器时，最重要的是确定机器人需要传感器做些什么事情，达到什么样的性能要求。根据机器人对传感器的工作类型要求，选择传感器的类型。根据这些工作要求和机器人需要某种传感器达到的性能要求，选择具体的传感器。传感器的主要性能指标如下。

1）灵敏度

灵敏度指传感器的输出信号达到稳态时，输出信号变化与传感器输入信号变化的比值。若输出和输入具有相同的量纲，则传感器的灵敏度也称为放大倍数。假如传感器的输出和输入呈线性关系，其灵敏度可表示为

$$s=\Delta y/\Delta x$$

式中，s 为传感器的灵敏度；

Δy 为传感器输出信号的增量；

Δx 为传感器输入信号的增量。

假设传感器的输出与输入呈非线性关系，则其灵敏度就是该曲线的导数。传感器输出量的量纲和输入量的量纲不一定相同。一般来说，传感器的灵敏度越大越好，这样可以使传感器的输出信号精确度更高、线性程度更好。但是过高的灵敏度有时会导致传感器的输出稳定性下降，所以应该根据机器人的要求选择大小适中的传感器灵敏度。

2）线性度

线性度指衡量传感器的输出信号和输入信号之比值是否保持为常数的指标。机器人控制系统应该采用线性度较高的传感器。假设传感器的输出信号为 y，输入信号为 x，则 y 与 x 的关系可表示为

$$y=bx$$

若 b 为常数，或者近似为常数，则传感器的线性度较高；如果 b 是一个变化较大的量，则传感器的线性度较差。实际上，只有在少数情况下，传感器的输出和输入才呈线性关系。在大多数情况下，b 都是 x 的函数，即

$$b=f(x)=a_0+a_1x_1+a_2x_2+\cdots+a_nx_n$$

如果传感器的输入量变化不太大，且 $a_1,a_2,\cdots,a_n$ 都远小于 a_0，那么可以取 $b_0=a_0$。

3）测量范围

测量范围指传感器被测量的最大允许值和最小允许值之差。一般要求传感器的测量范围必须覆盖机器人有关被测量的工作范围。如果无法达到这一要求，可以设法选用某种转换装置。但是，这样会引入某种误差，传感器的测量精度将受到一定影响。

4）精度

精度指传感器的测量输出值与实际被测值之间的误差。应该根据机器人的工作精度要求，选择合适的传感器精度。假如传感器的精度不能满足检测机器人工作精度的要求，机器人则不可能完成预定的工作任务。但是如果对传感器的精度要求过高，不但制造比较困难，而且成本也较高。应注意传感器精度的适用条件和测试方法。所谓适用条件应当包括机器人所有可能的工作条件，例如不同温度、湿度，不同的运动速度、加速度以及在可能范围内的各种负载作用等。用于检测传感器精度的测试仪器必须具有高一级的精度，精度的测试也要考虑到最坏的工作条件。

5）重复性

重复性指传感器在其输入信号按同一方向进行全量程连续多次测量时，其相应测试结果的变化程度。测试结果的变化越小，传感器的测量误差就越小，重复性越好。对于多数传感器来说，重复性指标都优于精度指标。这些传感器的精度不一定很高，但是只要它的温度、湿度、受力条件和其他使用参数不变，传感器的测量结果也没有多大变化。同样，传感器重复性也应当考虑适用条件和测试方法的问题。对于示教再现型机器人，传感器的重复性是至关重要的，它直接关系到机器人能否准确地再现其示教轨迹。

6）分辨率

分辨率指传感器在整个测量范围内所能辨别的被测量的最小变化量，或者所能辨别的不同被测量的个数。如果它辨别的被测量最小变化量越小，或被测量个数越多，则它的分辨率越高；反之，分辨率越低。无论是示教再现型机器人，还是可编程型机器人，都对传感器的分辨率有一定的要求。传感器的分辨率直接影响机器人的可控程度和控制质量。一般需要根据机器人的工作任务规定传感器分辨率的最低限度要求。

7）响应时间

响应时间是一个动态特性指标，指传感器的输入信号变化以后，其输出信号变化到一个稳态值所需要的时间。在某些传感器中，输出信号在到达某一稳定值输出之前会发生短时间的振荡。传感器输出信号的振荡，对于机器人的控制来说是非常不利的，它有时会造成一个虚设位置，影响机器人的控制精度和工作精度，所以总是希望传感器的响应时间越短越好。响应时间的计算应当以输入信号开始变化的时刻为始点，以输出信号达到稳态值的时刻为终点。事实上，还需要规定一个稳定值范围，只要输出信号的变化不再超出该范围，即可认为它已经达到了稳态值。对于具体的机器人传感器应规定响应时间的允许上限。

8）可靠性

对于所有机器人来说，可靠性是十分重要的。由于一个复杂的机器人系统通常是由上百个元件组成的，所以每个元件的可靠性要求就应当更高。必须对机器人传感器进行例行试验和老化试验，凡是不能经受工作环境考验的传感器都必须尽早剔除，否则将给机器人可靠的工作留下隐患。可靠性的要求还应当考虑维修的难易程度。对于安装在机器人内部不易更换的传感器，应当提出更高的可靠性要求。

3. 传感器物理特征的选择

1) 尺寸和质量

尺寸和质量是机器人传感器的重要物理参数。机器人传感器通常需要装在机器人手臂上或手腕上，与机器人手臂一起运动，它也是机器人手臂驱动器负载的一部分。所以，它的尺寸和质量将直接影响机器人的运动性能和工作性能。假如传感器的尺寸和质量过大，有时会使机器人的结构尺寸增大，重量和惯量也随之增大，使机器人的运动加速度受到限制，运动灵活性降低；由于机器人总的惯量增大，使机器人更难控制，很难达到所需要的运动精度。因此，减小机器人传感器的尺寸和质量是传感器设计、选用的主要要求之一。

2) 输出形式

传感器的输出形式可以是某种机械运动，也可以是电压和电流，还可以是压力、液面高度或厚度等。传感器的输出形式一般是由传感器本身的工作原理所决定的。由于目前机器人的控制大多是由计算机完成的，传感器的输出信号通过计算机分析处理，一般希望传感器的输出最好是计算机可以直接接受的数字式电压信号，所以应该优先选用这一输出形式的传感器。

3) 可插接性

传感器的可插接性不但影响传感器使用的方便程度，而且影响机器人结构的复杂程度。如果传感器没有通用外插口，或者需要采用特殊的电压或电流供电，在使用时不可避免地需要增加一些辅助性设备和工件，机器人系统的成本就会因此而提高。另外，传感器输出信号的大小和形式也应当尽可能地和其他相邻设备的要求相匹配。

3.3.3 工业机器人传感器分类

机器人传感器按功能可分为两大类：内部状态传感器和外部状态传感器。内部状态传感器用于检测一些变量，例如臂关节位置，以便完成机器人控制。而外部状态传感器则用于检测外部一些变量，例如距离、接近程度和接触。这些外部传感器，用于机器人引导以及物体识别和处理。

内部状态传感器是用于测量机器人自身状态参数的功能元件，具体检测的对象有关节的线位移、角位移等几何量，速度、角速度、加速度等运动量，还有电动机扭矩等物理量。它常被用于控制系统中，是当今机器人反馈控制中不可缺少的元件。该类传感器安装在机器人中，用来感知机器人自身的状态，以调整和控制机器人的行动。

外部状态传感器用于测量与机器人作业有关的外部信息，这些外部信息通常与目标识别、作业安全等有关。检测机器人所处环境（如距离物体有多远等）及状况（如抓取物体是否滑落等）都要使用外部状态传感器。外部状态传感器可获取机器人周围环境、目标物的状态特征等相关信息，使机器人和环境发生交互作用，从而使机器人对环境有自校正和自适应能力。根据机器人是否与被测对象接触，外部状态传感器可分为接触传感器和非接触传感器，常用的外部状态传感器有力觉传感器、触觉传感器、接近觉传感器、视觉传感器等。一些特殊领域应用的机器人还可能需要具有温度、湿度、压力、滑动量、化学性质等感觉能力的传感器。传统的工业机器人仅采用内部状态传感器，用于对机器人运动、位置及姿态进行精确控制。外部状态传感器使得机器人对外部环境具有一定程度的适应能力，从而表现出一定程度的智能性。机器人传感器的分类如图 3-23 所示。

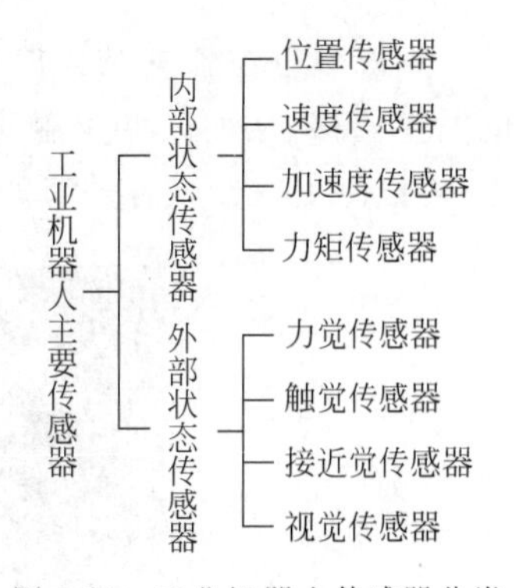

图 3-23　工业机器人传感器分类

给工业机器人装备什么样的传感器,对这些传感器有什么要求,这是设计机器人感觉系统时遇到的首要问题。选择机器人传感器应当完全取决于机器人的工作需要和应用特点。因此要根据检测对象、具体的使用环境选择合适的传感器,并采取适当的措施,减小环境因素产生的影响。

1. 机器人的内部状态传感器

内部传感器中,位置传感器和速度传感器也被称作伺服传感器,是当今机器人反馈控制中不可缺少的元件。现已有多种传感器大量生产,但倾斜角传感器、方位角传感器及振动传感器等用作机器人内传感器的时间不长,其性能尚需进一步改进。下面分别介绍检测上述各种物理量的内部状态传感器。

1) 规定位置规定角度的检测

检测预先规定的位置或角度,可以用 ON/OFF 两个状态值。这种方法用于检测机器人的起始原点、越限位置,或者确定位置。

(1) 微型开关。规定的位移量或力作用到微型开关的可动部分时,开关的电气接点断开或接通。限位开关通常装在盒里,以防外力的作用和水、油、尘埃的侵蚀。它的检测精度为±1mm 左右。

(2) 光电开关。光电开关(光电传感器)是光电接近开关的简称,光电开关及其原理图如图 3-24 所示。它利用被检测物对光束的遮挡或反射,把光强度的变化转换成电信号的变化,从而检测物体的有无。一般情况下,光电开关由 3 部分构成:发送器、接收器和检测电路。光电开关是由 LED 光源和光电二极管或光电三极管等光敏元件,相隔一定距离而构成的透光式开关(图 3-24)。当光由基准位置的遮光片通过光源和光敏元件的缝隙时,根据光是否能照射到光敏元件上,从而起到开关的作用。

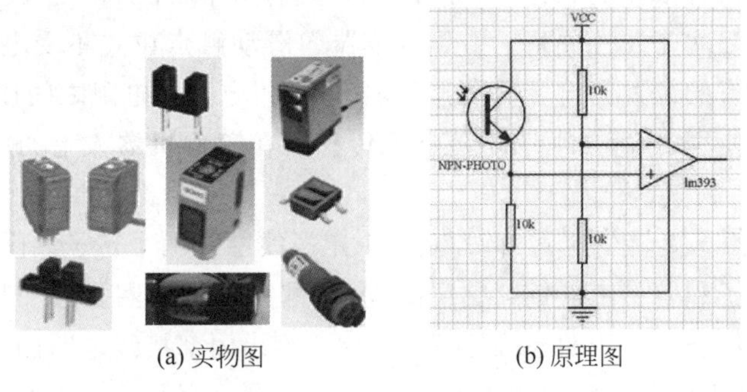

(a) 实物图　　(b) 原理图

图 3-24　光电开关及其原理图

2) 位置、角度测量

测量机器人关节线位移和角位移的传感器是机器人位置反馈控制中必不可少的元件。

(1) 电位器。电位器式传感器一般由电阻元件、骨架及电刷等组成。根据滑动触头的运动方式,电位器式传感器分为直线型和旋转型。

直线型电位器的结构原理如图 3-25 所示，当测量轴发生直线位移时，与其相连的触头也发生位移，从而改变了触头与滑线电阻端的电阻值和输出电压值，根据输出电压值的变化，可以测出机器人各关节的位置和位移量。

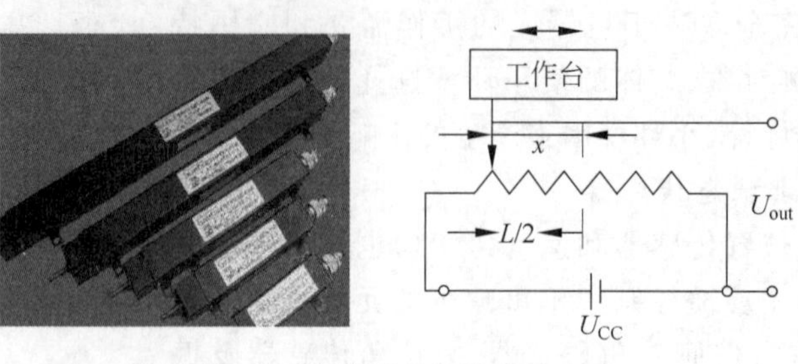

图 3-25 直线型电位器及原理图

旋转型电位器有单圈电位器和多圈电位器两种。前者的测量范围小于 360°，对分辨率也有限制，后者有更大的工作范围及更高的分辨率。单圈旋转型电位器如图 3-26 所示，电阻元件为圆弧状，滑动触头在电阻元件上做圆周运动。当滑动触头旋转了 θ 角时，触头与滑线电阻端的电阻值和输出电压值也发生了变化。

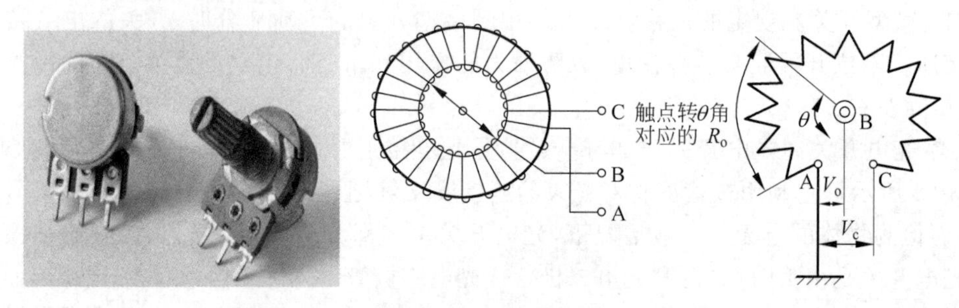

图 3-26 单圈旋转型电位器及其工作原理

电位器式传感器有很多优点，除了价格低廉、结构简单、性能稳定、使用方便外，它的位移量与输出电压量之间是线性关系。由于电位器的滑动触点位置不受电源影响，故其即使断电也不会丢失原有的位置信息。但是其分辨率不高，电刷和电阻之间接触容易磨损，影响电位器的可靠性及使用寿命。因此，电位器式传感器在工业机器人上的应用逐渐被光电编码器取代。

(2) 旋转变压器。旋转变压器由铁芯、两个定子线圈和两个转子线圈组成，是测量旋转角度的传感器。定子和转子由硅钢片叠层制成，在槽里绕上线圈。定子和转子分别由互相垂直的两相绕组构成。为了说明检测原理，图 3-27 给出内部接线电路图。当定子绕组通过交流电流时，转子绕组中便有感应电动势产生，且随着转子的转角 θ 变化。旋转变压器的原理如图 3-27 所示。

使用时将旋转变压器的转子与工业机器人的关节轴连接，测出转子感应电动势的相位就可以确定关节轴的角位移了。旋转变压器具有耐冲击、耐高温、耐油污、高可靠、长寿命等优点；其缺点是输出为调制的模拟信号，输出信号解算较复杂。

(3) 光电编码器。光电编码器在工业机器人中的应用非常广泛，其分辨率完全能满足技术要求。它是一种通过光电转换将输出轴上的直线位移或角度变化转换成脉冲或数字量

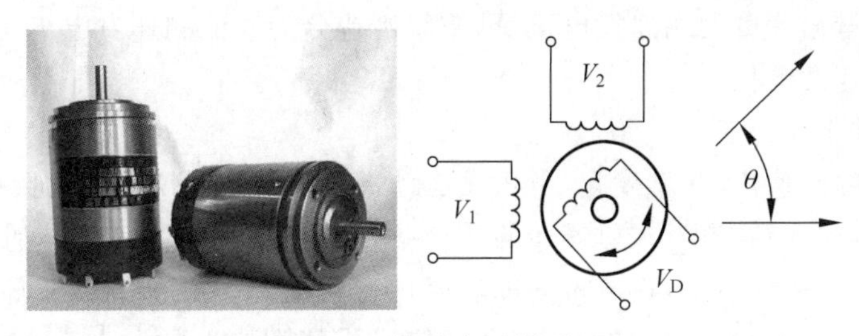

图 3-27　旋转变压器原理

的传感器，属于非接触式传感器。光电编码器主要由码盘、检测光栅和光电检测装置(光源、光敏器件、信号转换电路)、机械部件等组成，如图 3-28 所示。

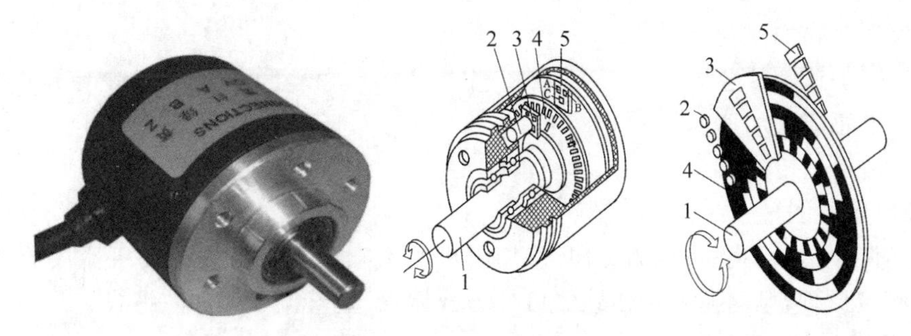

图 3-28　光电编码器结构图

1—转轴；2—LED；3—检测光栅；4—码盘；5—光敏器件

码盘上有透光区与不透光区。光线透过码盘的透光区，使光敏元件导通，产生电流，输出端电压为高电平。若光线照射到码盘的不透光区，则光敏元件不导通，输出电压为低电平，如图 3-29 所示。根据码盘上透光区域与不透光区域分布的不同，光电编码器又可分为绝对式和相对式(增量式)，如图 3-30 所示。

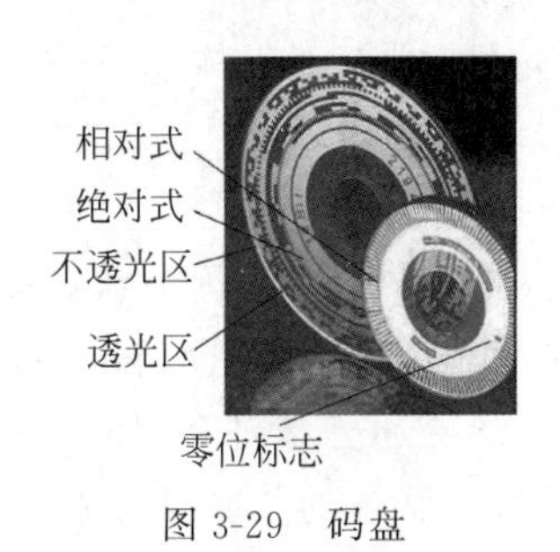

图 3-29　码盘

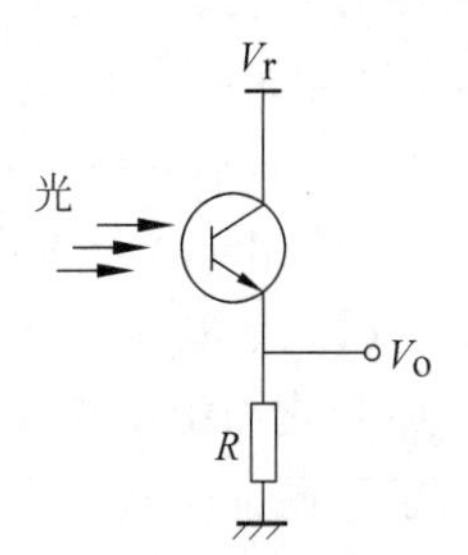

图 3-30　光电编码器工作原理

3）速度、角速度测量

速度、角速度测量是驱动器反馈控制必不可少的环节。有时也利用位移传感器测量速度及检测单位采样时间位移量，然后用 D/A 转换器变成模拟电压。下面介绍测量角速度的测速发电机。

测速发电机或称为转速表传感器，恒定磁场中的线圈发生位移，线圈两端的感应电压 E 与线圈内磁通 Φ 的变化速率成正比，输出电压为

$$E = \mathrm{d}\Phi / \mathrm{d}t$$

根据这个原理测量角速度的测速发电机,可按其构造分为直流测速发电机、交流测速发电机和感应式交流测速发电机。

4) 加速度测量

随着机器人的高速化、高精度化,由机械运动部分刚性不足所引起的振动问题开始受到重视,为了解决振动问题,有时在机器人的运动手臂等位置安装加速度传感器,测量振动加速度,并把它反馈到驱动器上,将测得的加速度进行数值积分并加到反馈环节中,以改善机器人的性能。从测量振动的目的出发,加速度传感器日趋受到重视。

机器人的动作是三维的,而且活动范围很广,因此可在连杆等部位直接安装接触式传感器。虽然机器人的振动频率仅数十赫兹,但由于共振特性容易改变,所以要求传感器具有低频高灵敏度的特性。这些加速度传感器包括:

(1) 应变片式加速度传感器;

(2) 伺服加速度传感器;

(3) 压电感应式加速度传感器;

(4) 其他类型传感器。

5) 倾斜角的测量

倾斜角测量传感器测量重力方向,应用于机械手末端执行器或移动机器人的姿态控制中。根据测量原理,倾斜角测量传感器可分为液体式、垂直振子式和陀螺式。

6) 方位角测量

在非规划路径上移动的自主导引车(AGV),为了实现姿态控制,除了测量倾斜角之外,还要时刻了解自身的位置。虽然可通过安装在各驱动器上测量(角)位移的内传感器累计计算路径,但由于存在累计误差等问题,因此还需要辅之以其他传感器。

方位角传感器能测量运动物体的方位变化(偏转角),今后将在大范围活动的机器人中广泛使用。方位角传感器包括陀螺仪和地磁传感器。

(1) 陀螺仪。陀螺仪按构造可分为内部带旋转体的传统陀螺和内部不带旋转体的新型陀螺,检测单轴偏转角可用传统的速率陀螺、速率积分陀螺,或新型气体速率陀螺、光陀螺等。陀螺转速达 24000r/min 后,通常便能自行保持其转轴方向固定,以这个方向不变的转轴为基准,万向支架的相对转角可用同步器测出。

(2) 地磁传感器。地磁传感器是一类利用被测物体在地磁场中的运动状态不同,通过感应地磁场的分布变化而指示被测物体的姿态和运动角度等信息的测量装置。由于被测设备在地磁场中处于不同的位置状态,地磁场在不同方向上的磁通分布是不同的,地磁传感器就是通过检测三个轴线上磁场强度的变化而指示被测设备的状态的。

2. 机器人的外部状态传感器

1) 触觉传感器

触觉是接触、冲击、压迫等机械刺激感觉的综合,触觉可以用来进行机器人抓取,利用触觉可进一步感知物体的形状、软硬等物理性质。一般把检测感知和外部直接接触而产生的接触觉、压力、触觉及接近觉的传感器称为机器人触觉传感器。

(1) 接触觉。接触觉是通过与对象物体彼此接触而产生的,所以最好使用手指表面高密度分布触觉传感器阵列,它柔软易变形,可增大接触面积,并且有一定的强度,便于抓握。接触觉传感器可检测机器人是否接触目标或环境,用于寻找物体或感知碰撞,如图 3-31 所示。

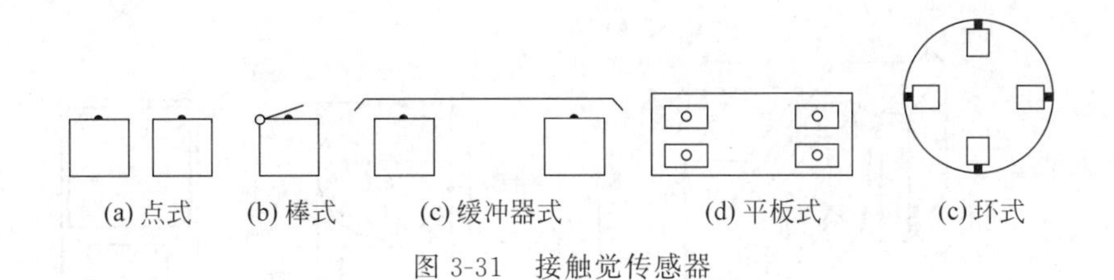

图 3-31　接触觉传感器

接触觉传感器主要有如下几种：

① 机械式传感器：利用触点的接触、断开获取信息，通常采用微动开关来识别物体的二维轮廓，由于结构关系无法高密度列阵。

② 弹性式传感器：这类传感器都由弹性元件、导电触点和绝缘体构成。如采用导电性石墨化碳纤维、氨基甲酸乙酯泡沫、印制电路板和金属触点构成的传感器，碳纤维被压后与金属触点接触，开关导通。也可由弹性海绵、导电橡胶和金属触点构成，导电橡胶受压后，海绵变形，导电橡胶和金属触点接触，开关导通。也可由金属和铍青铜构成，被绝缘体覆盖的青铜箔片被压后与金属接触，触点闭合。

③ 光纤式传感器：这种传感器包括由一束光纤构成的光缆和一个可变形的反射表面。光通过光纤束投射到可变形的反射材料上，反射光按相反方向通过光纤束返回。如果反射表面是平的，则通过每条光纤所返回的光的强度是相同的。如果反射表面因与物体接触受力而变形，则反射的光强度不同。用高速光扫描技术进行处理，即可得到反射表面的受力情况。

(2) 接近觉。接近觉传感器一般使用非接触式测量元件，如霍尔效应传感器、电磁式接近开关和光学接近传感器。接近觉是指机器人能感觉到距离几毫米到十几厘米远的对象物或障碍物，能检测出物体的距离、相对角等。

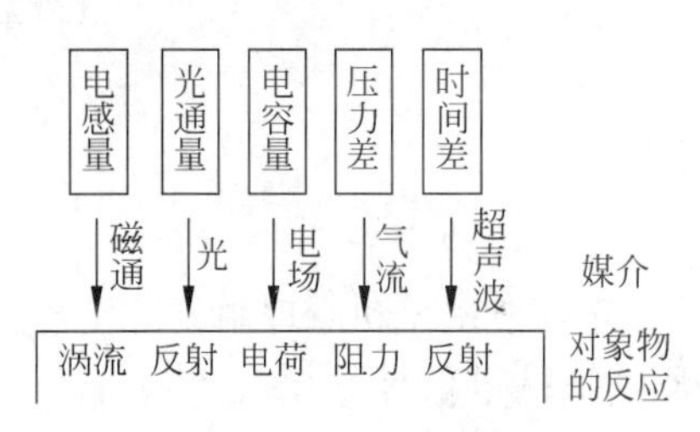

图 3-32　接近觉传感器

接近觉传感器可分为 5 种：电容式、电感式（感应电流式）、光电式（反射或透射式）、超声波式和距离传感器，如图 3-32 所示。

接近觉传感器由发光二极管和光敏晶体管组成。发光二极管发出的光经过反射被光敏晶体管接收，接收到的光强和传感器与目标的距离有关，输出信号是距离的函数。红外信号被调制成某一特定频率，可大大提高信噪比。

(3) 滑觉。机器人在抓取不知属性的物体时，其自身应能确定最佳握紧力的给定值。当握紧力不够时，要检测被握紧物体的滑动，利用该检测信号，在不损害物体的前提下，考虑最可靠的夹持方法，实现此功能的传感器称为滑觉传感器。

可以用力觉来控制握力，则滑觉用来检测滑动，修正设定的握力以防止滑动。早期基于位移的专用滑动传感器用于检测移动元件的运动，比如夹持器表面的滚轮或针状物。滑觉传感器有滚轮式、球式和振动式。物体在传感器表面上滑动时，和滚轮或球相接触，把滑动变成转动。滑动物体引起滚轮的转动，可用磁铁和静止的磁头进行检测。滚轮式滑觉传感器如图 3-33 所示。

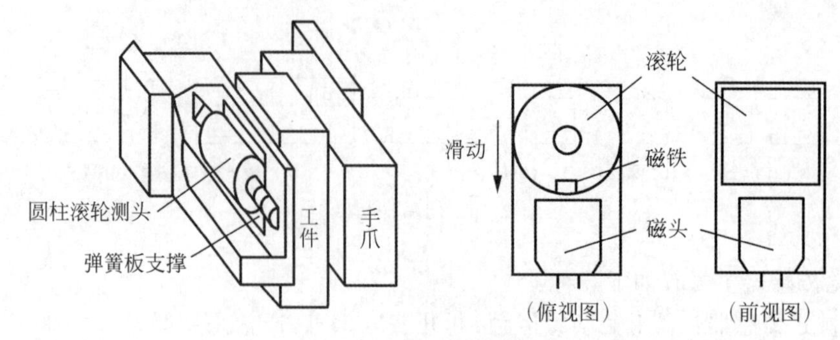

图 3-33 滚轮式滑觉传感器

也可用球代替滚轮,图 3-34 所示为球式滑觉传感器的典型结构。它由一个金属球和触针组成,金属球表面分成许多个相间排列的导电(图 3-34 中球面黑色部分)和绝缘小格(图 3-34 中球面白色部分)。触针头很细,每次只能触及一格。当工件滑动时,金属球也随之转动,在触针上输出脉冲信号,脉冲信号的频率反映了滑移速度,个数对应滑移的距离。

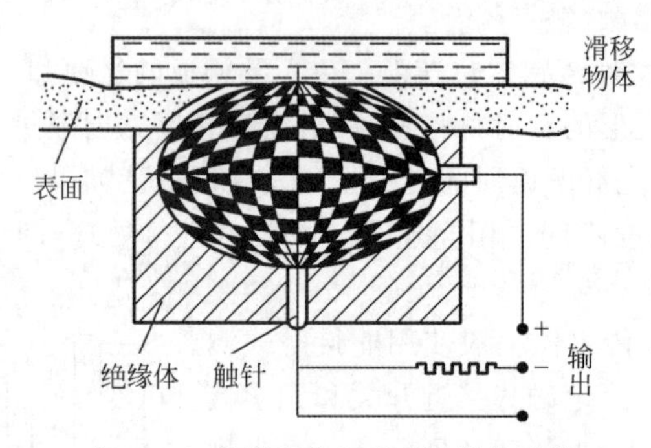

图 3-34 机器人专用球式滑觉传感器

还可根据振动原理制成滑觉传感器。钢球指针与被抓物体接触,若工件滑动,则指针振动,线圈输出信号,如图 3-35 所示。

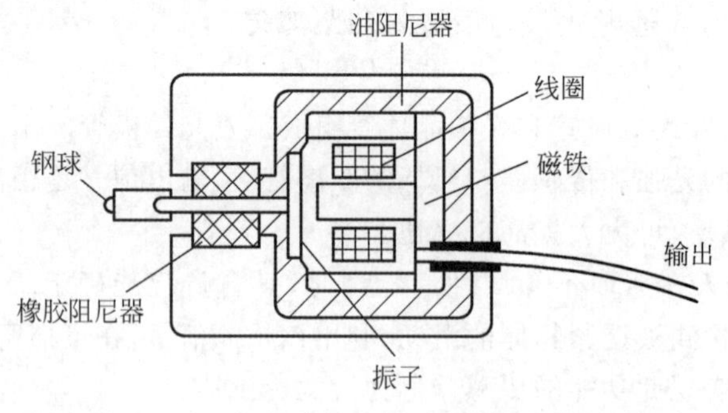

图 3-35 基于振动的机器人专用滑觉传感器

最新的方法是使用一个热传感器和一个热源,当被抓的物体开始滑动时,先前传感器下温暖的表面移开了,导致传感器下方表面的温度下降,如图 3-36 所示。

2) 力觉传感器

力觉是指对机器人的四肢和关节等在运动中所受力的感知。通常用于控制与被测物体

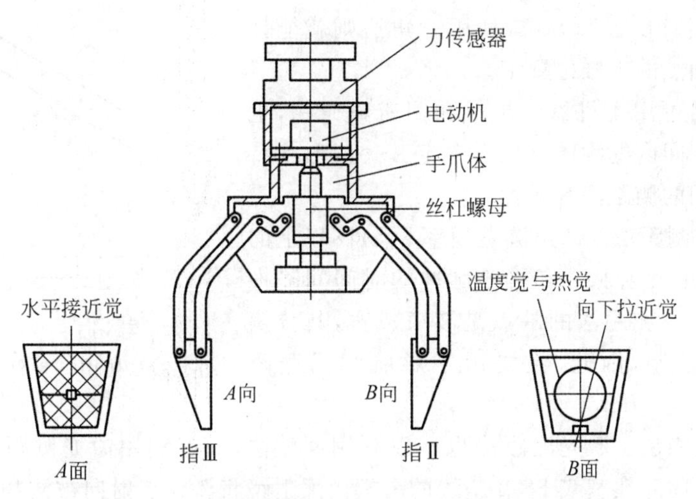

图 3-36　装有多种传感器(力、温度、接近)的机械手爪

自重和相关的力,或举起或移动物体。力觉在旋紧螺母、轴与孔的嵌入等装配工作中也有广泛应用。比如,使用压力传感器衡量载荷,由已知的负载与结构变形之间的关系,建立连杆变形的模型,增加刚性机器人的定位精度。

力觉主要包括腕力觉、关节力觉和支座力觉等。根据被测对象的负载,可以把力传感器分为测力传感器(单轴力传感器)、力矩表(单轴力矩传感器)、手指传感器(检测机器人手指作用力的超小型单轴力传感器)和六轴力觉传感器。

力觉传感器根据力的检测方式不同,可以分为:

(1) 检测应变或应力的应变片式,应变片力觉传感器被机器人广泛采用;

(2) 利用压电效应的压电元件式;

(3) 用位移计测量负载产生的位移的差动变压器、电容位移计式。

对于一般的力控制作业,需要 6 个力分量来提供完整的接触力信息,即 3 个平移力分量和 3 个力矩。通常,力/扭矩传感器安装在机器人腕部。在这种情况中,通常假设安装在传感器与环境之间的工具(末端执行器)的重量和惯性是可以忽略的,或者是可以从力/扭矩测量中适当地补偿。但也有例外情况,比如力传感器可以安装在机器人手的指尖上,外部的力和扭矩也可以通过关节扭矩传感器对轴扭矩的测量来估计。

在选用力传感器时,首先要注意额定值;其次在机器人通常的力控制中,力的精度意义不大,重要的是分辨率。在机器人上实际安装使用力觉传感器时,一定要事先检查操作区域,清除障碍物。这对实验者的人身安全、对保证机器人及外围设备不受损害具有重要意义。

3) 距离传感器

距离传感器是一种从自身的位置获取周围世界三维结构的设备。通常它测量的是距离物体最近表面的深度。这些测量可以是穿过扫描平面的单个点,也可以是一幅在每个像素都具有深度信息的图像。距离信息可以使机器人合理地确定相对于该距离传感器的实际周围环境,从而允许机器人更有效地寻找导航路径,避开障碍物、抓取物体或在工业零件上操作。这里主要介绍基于激光的三角测量距离传感器,测距原理如图 3-37 所示,当一束激光从 A 点位置投射到被观测物表面,产生的光点被位于另一个位置的传感器接收到。已知激光和传感器的相对位置和方位，使用三角法则就能计算被照射的表面点的三维位置了。

距离传感器可用于机器人导航和回避障碍物，也可用于机器人空间内的物体定位及确定其一般形状特征。目前最常用的测距法有两种。

(1) 超声波测距法。超声波是频率 20kHz 以上的机械振动波，利用发射脉冲和接收脉冲的时间间隔推算出距离。超声波测距法的缺点是波束较宽，其分辨力受到严重的限制，因此，主要用于导航和回避障碍物。

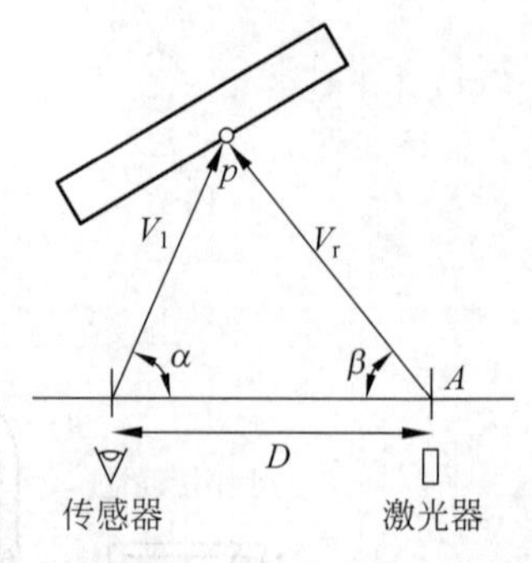

图 3-37 使用一个激光点的三角测量法

(2) 激光测距法。激光测距法也可以利用回波法，或者利用激光测距仪，其工作原理为：氦氖激光器固定在基线上，在基线的一端由反射镜将激光点射向被测物体，反射镜固定在电动机轴上，电动机连续旋转，使激光点稳定地对被测目标扫描。由 CCD(电荷耦合器件)摄像机接受反射光，采用图像处理的方法检测出激光点图像，并根据位置坐标及摄像机光学特点计算出激光反射角。利用三角测距原理即可算出反射点的位置。

4) 视觉传感器

人工视觉系统中，相当于眼睛视觉细胞的光电转换器件有光电二极管、光电三极管和 CCD 图像传感器等。过去使用的管球形光电转换器件，由于工作电压高、耗电量多、体积大等缺点，随着半导体技术的发展，它们逐渐被固态器件所取代。机器人视觉系统一般需要处理三维图像，这不仅需要了解物体的大小、形状，还要知道物体之间的关系。因此视觉系统的硬件组成中还包括距离测定器，如图 3-38 所示。

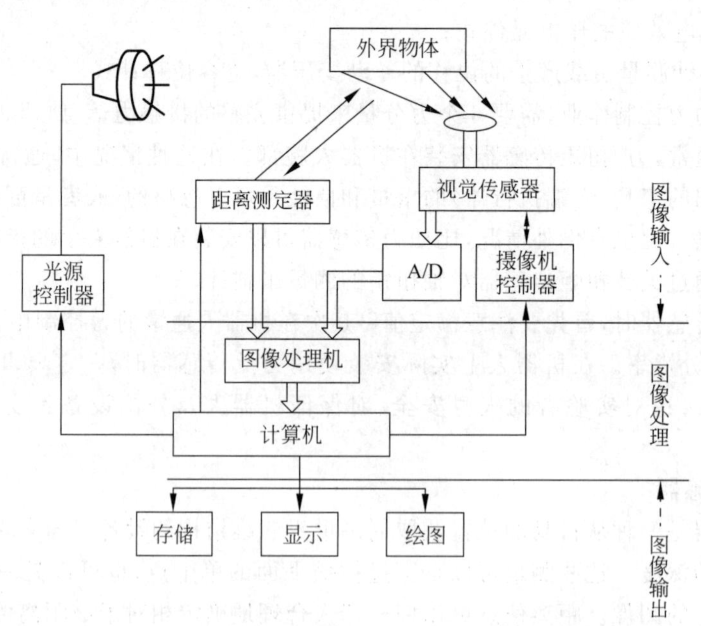

图 3-38 机器人视觉系统组成

在机器人腕部配置视觉传感器,可用于对异形零件进行非接触式测量,这种测量方法除了能完成常规的空间几何形状、形体相对位置的检测外,如果配上超声、激光、X射线探测装置,还可进行零件内部的缺陷探伤、表面涂层、厚度测量等作业。机器人腕部具有视觉系统的非接触式测量系统如图3-39所示。

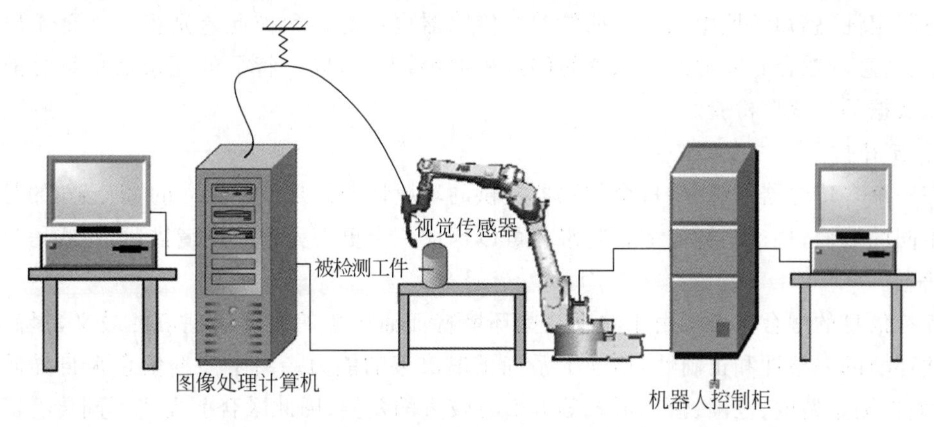

图3-39 具有视觉系统的机器人进行非接触式测量

图3-40为具有自主控制功能的智能机器人,可以用来完成按图装配产品的作业。两个视觉传感器作为机器人的眼睛,一个用于观察装配图纸,并通过计算机来理解图中零件的立体形状及装配关系;另一个用于从实际工作环境中识别出装配所需的零件,并对其形状、位置和姿态等进行识别。

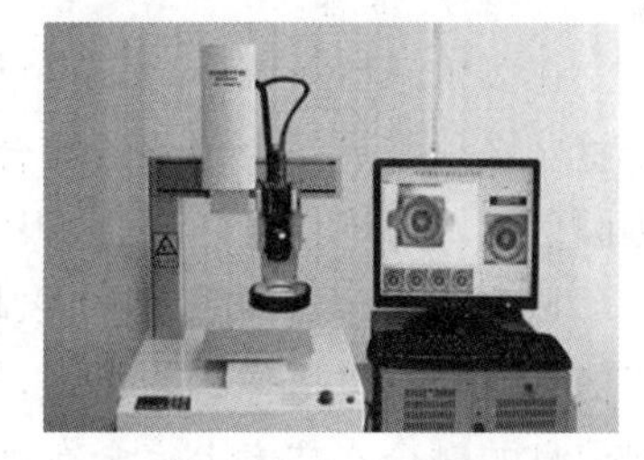

图3-40 带视觉的装配机器人

5)其他外传感器

除以上介绍的机器人外部传感器外,还可根据机器人特殊用途安装听觉传感器、味觉传感器及电磁波传感器,这些机器人主要用于科学研究、海洋资源探测或食品分析、救火等特殊用途。这些传感器多数尚处于开发阶段,有待更进一步完善,以丰富机器人专用功能。

3.3.4 多传感器信息融合技术

机器人系统中使用的传感器种类和数量越来越多,每种传感器都有一定的使用条件和感知范围,并且又能给出环境或对象的部分或整个侧面的信息,为了有效地利用这些传感器信息,需要采用某种形式对传感器信息进行综合、融合处理,不同类型信息的多种形式的处理系统就是传感器融合。传感器的融合技术涉及神经网络、知识工程、模糊理论等信息、检测、控制领域的新理论和新方法。

机器人外部传感器采集到的信息是多种多样的,为使这些信息能得以统一协调地利用,对信息进行分类是必要的。为使信息分类与多传感器信息融合的形式相对应,将其分为以下三类:冗余信息、互补信息和协同信息。

1. 冗余信息

冗余信息是由多个独立传感器提供的关于环境信息中同一特征的多个信息。也可以是某一传感器在一段时间内多次测量得到的信息,这些传感器一般是同质的。由于系统必须根据这些信息形成一个统一的描述,所以这些信息又称为竞争信息。冗余信息可用来提高系统的容错能力及可靠性。

冗余信息的融合可以减少测量噪声等引起的不确定性,提高整个系统的精度。由于环境的不确定性,感知环境中同一特征的两个传感器也可能得到彼此差别很大甚至矛盾的信息,冗余信息的融合必须解决传感器间的这种冲突,所以,同一特征的冗余信息融合前要进行传感数据的一致性检验。

2. 互补信息

在一个多传感器系统中,每个传感器提供的环境特征都是彼此独立的,即感知的是环境各个不同的侧面,将这些特征综合起来就可以构成一个更为完整的环境描述,这些信息称为互补信息。

互补信息的融合减少了由于缺少某些环境特征而产生的对环境理解的歧义,提高了系统描述环境的完整性和正确性,增强了系统正确决策的能力。由于互补信息来自异质传感器,它们在测量精度、范围、输出形式等方面有较大的差异,因此融合前先将不同传感器的信息抽象为同一种表达形式就显得尤为重要。这一问题涉及不同传感器统一模型的建立。

3. 协同信息

在多传感器系统中,当一个传感器信息的获得必须依赖于另一个传感器的信息,或一个传感器必须与另一个传感器配合工作才能获得所需信息时,这两个传感器提供的信息称为协同信息。协同信息的融合,很大程度上与各传感器使用的时间或顺序有关。如在一个配备了超声波传感器的系统中,以超声波测距获得远处目标物体的距离信息,然后根据这一距离信息自动调整摄像机的焦距,使之与物体对焦,从而获得监测环境中物体的清晰图像。协同信息的融合在技术上完全有别于前两种信息的融合。

目前,要使多传感器信息融合体系化尚有困难,而且缺乏理论依据。多传感器信息融合的理想目标应是人类的感觉、识别、控制体系,但由于对后者尚无一个明确的工程学的阐述,所以机器人传感器融合体系要具备什么样的功能尚是一个模糊的概念。相信随着机器人智能水平的提高,多传感器信息融合理论和技术将会逐步完善和系统化。

3.4 机器人的驱动系统

3.4.1 概述

工业机器人驱动装置是带动臂部到达指定位置的动力源。通常动力是直接或经电缆、齿轮箱或其他方法送至臂部。工业机器人驱动系统常用的驱动方式主要有液压驱动、气压驱动和电气驱动三种基本类型,根据需要也可将这三种类型组合成为复合式的驱动系统。近年来,随着特种用途机器人如微型机器人等的出现,动力来自压电效应、超声波、化学反应的驱动系统相继出现,把这类驱动系统归类为特种驱动系统,本书不做介绍。

在选用机器人的驱动方式时,首先必须了解各种驱动方式的特点,并结合具体情况确定最佳的驱动方案。

1. 液压驱动的特点

液压驱动所使用的压力为0.5～14MPa。

1) 优点

(1) 驱动力或驱动力矩大,即功率质量比大。

(2) 可以把工作液压缸直接做成关节的一部分,故结构简单紧凑,刚度好。

(3) 由于液体的不可压缩性,因此定位精度比气压驱动高,并可实现任意位置的停止。

(4) 液压驱动调速比较简单,能在很大调整范围内实现无级调速。

(5) 液压驱动平稳,且系统的固有频率较高,可以实现频繁而平稳的变速与换向。

(6) 使用安全阀,可简单而有效地防止过载现象发生。

(7) 有良好的润滑性能,寿命长。

2) 缺点

(1) 油液容易泄漏,影响工作的稳定性与定位精度,易造成环境的污染。

(2) 油液黏度随温度变化,不但影响工作性能,而且在高温与低温条件下很难应用。如果有必要,需要采取油温管理措施。

(3) 油液中容易混入气泡及水分等,使系统刚性降低,速度响应特性及定位相应变差。

(4) 需配备压力源及复杂的管路系统,因而成本较高。

(5) 易燃烧。

液压驱动方式具有动力大、力(或力矩)与惯量比大、快速响应高、易于实现直接驱动等特点。大多用于要求输出力较大的场合,适于在承载能力大、惯量大以及在防焊环境中工作的机器人中应用。效率比电动驱动系统低,在低压驱动条件下比气压驱动速度低。

2. 气压驱动的特点

气压驱动在工业机器人中用得较多。使用的压力通常为0.4～0.6MPa。

1) 优点

(1) 快速性好。这是因为压缩空气的黏性小。

(3) 废气可直接排入大气,不会造成污染,所以比液压驱动干净。

(4) 通过调节气量可实现无级变速。

(5) 由于空气的可压缩性,气压驱动系统具有缓冲作用。

(6) 结构简单,易于保养,成本低。

2) 缺点

(1) 由于工作压力低,所以功率质量比小,装置体积大。

(2) 基于气体的可压缩性,气压驱动很难保证较高的定位精度。

(3) 使用后的压缩空气向大气排放时,会产生噪声。

(4) 因压缩空气含冷凝水,使得气压系统易锈蚀。在低温下由于冷凝水结冰,有可能启动困难。

气压驱动具有速度快、系统结构简单、维修方便、价格低等特点。大多用于输出力小于300N,但要求运动速度快的场合,也适于在易燃、易爆和灰尘大的场合工作,适于在中、小负荷的机器人中采用。

3. 电气驱动的特点

电气驱动是利用各种电动机产生的力和力矩直接或经过机械传动机构去驱动执行机

构,以获得机器人的各种运动。电气驱动可分为普通电机驱动、直流伺服电机驱动、交流伺服电机驱动、步进电机驱动等。

1) 普通电机驱动

在一些定位精度要求不高的机器人中,可采用交流异步电机或直流电机进行驱动。直流电机能够实现无级调速,但直流电源价格较高。另外,由于普通电机转子的转动惯量较大,反应灵敏性没有同功率的液压马达及交、直流伺服电机快。

2) 直流伺服电机驱动

直流伺服电机可分有刷和无刷两种。其优点是因其转子的转动惯量小,动态特性好。它的体积小、出力大、效率高、启动力矩大,速度可以任意选择,电枢和磁场都可以控制,可以在很宽的速度范围内保持高的效率。有刷直流伺服电机的缺点是因电机的机械接触点的连接易产生电火花,在易燃介质下容易引起事故,并且电刷的摩擦、磨损带来了维护和寿命的问题。

为了降低电机转子的惯性、提高响应速度,在直流伺服电机中发展了微型电动机和印刷线路电动机。这些电动机采用平滑型电枢结构,具有电气时间常数小的优点。

直流伺服电机因上述优点而在工业机器人中广泛应用。

3) 交流伺服电机驱动

近年来,交流伺服电机在机器人驱动系统中已大量应用。其优点是:除轴承外无机械接触点外,还无有刷直流伺服电机因电刷接触产生电火花的缺点,可在有易燃介质环境中使用,例如在喷漆机器人中应用。此外,交流伺服电机坚固,维护方便,控制比较容易,回路绝缘简单,漂移小。其缺点是:比直流伺服电机效率低,平衡时励磁线圈有电力消耗,重量比同等驱动力的其他类电机大。交流伺服电机驱动由于有上述优点,其在机器人中的应用将会越来越广泛。

4) 步进电机驱动

步进电机又称为脉冲电机,是数字控制系统中常用的一种执行元件。它能将脉冲电信号变换成相应的角位移或直线位移。电机转动的步数与脉冲数成对应关系,在电机的负载能力范围内,此关系不因电机电压、负载大小、环境条件的波动而变化,因此步进电机可以在很宽的范围内通过改变脉冲频率来调速,能快速启动、反转与制动。

步进电机的输入脉冲速度增高,相应输出力矩减少,因而在大负载场合需采用电液式步进电机。步进电机一般采用开环控制,因此结构简单,位置与速度容易控制,响应速度快,力矩比较大,可以直接用数字信号控制。但是由于步进电机控制系统大多采用全开环控制方式,没有误差校正能力,其精度较差,负载过大或振动冲击过大时会造成失步现象,难以保证精度。

上述三种驱动方式各有优缺点,而一般在工业领域里工业机器人机械手的要求,大多应选用气压传动作为机械手的驱动系统。

除了上述驱动方式之外,近年来国外在一些平面关节型装配机器人中开始采用直接驱动方式,它不需要机械减速装置而由电机直接驱动机器人关节。它消除了机械减速装置引起的误差,具有精度高和速度高的特点,但是直接驱动装置的技术难度较高,目前应用还不普遍。

3.4.2 液压驱动系统

液压驱动以高压油作为工作介质。驱动机构可以是闭环或者是开环的，其实现的运动可以是直线的或者是旋转的。用伺服阀控制的液压缸的简化原理图如图 3-41 所示。

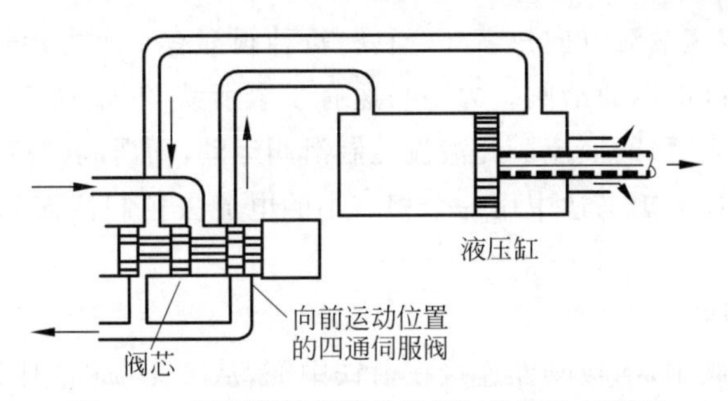

图 3-41 用伺服阀控制的液压缸的简化原理图

1. 直线液压缸

用电磁阀控制的直线液压缸是最简单和最便宜的开环液压驱动装置。在直线液压缸的操作中，通过受控节流口调节流量，可以在达到运动终点时实现减速，使停止过程得到控制。

大直径液压缸不仅本身造价高，且需配备昂贵的电液伺服阀，但能得到较大的出力，工作压力通常达到 14MPa。无论是直线液压缸或旋转液压马达，它们的工作原理都是基于高压油对活塞或对叶片的作用。在开环系统中，阀是由电磁铁打开和控制的；在闭环系统中，则是用电液伺服阀或手动阀来控制的。最初出现的 Unimate 机器人就是用液压驱动的。

2. 旋转执行元件

图 3-42 所示是一种旋转式执行元件。它的壳体由铝合金制成，转子是钢制的。密封圈和防尘圈是用来防止油的外泄和保护轴承。在电液阀的控制下，液压油经进油口进入，并作用于固定在转子上的叶片上，使转子转动。隔板用来防止液压油短路。通过两个小间隙齿轮带动的电位器和一个解算器给出转子的位置信息。电位器给出粗略值，而精确位置由解算器测定。这样，解算器的高精度和小量程就由低精度和大量程的电位器予以补救。当然，整个精度不会超过驱动电位器和与解算器的齿轮精度。

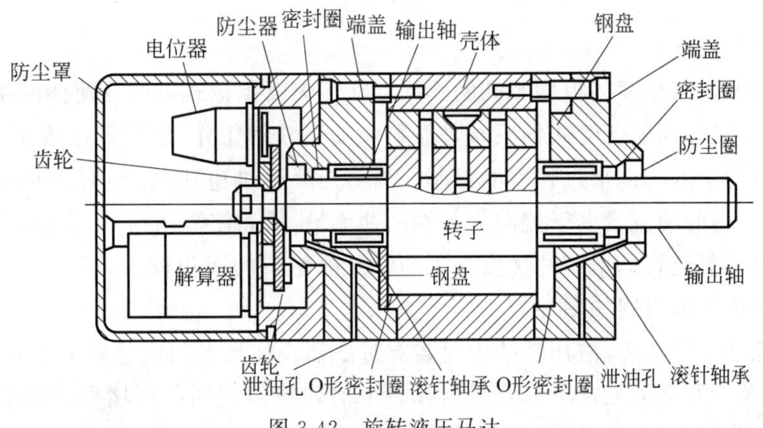

图 3-42 旋转液压马达

3. 电液伺服阀

电液伺服阀主要有两种类型：喷嘴挡板伺服阀和射流管伺服阀。

大多数工业机器人使用喷嘴挡板伺服阀，但比较便宜的射流管伺服阀也已得到应用，因为它比喷嘴挡板伺服阀具有较高的可靠性和效率。

在这两种阀中，改变液流方向只需几毫秒。每种阀都有 1 个力矩马达、1 个前级液压放大器和 1 个作为第二级的四通滑阀。力矩马达有 1 个衔铁，它带动 1 个挡板阀或 1 个射流管组件，以控制流向第二级的液流。此液流控制滑阀运动，而滑阀则控制流向液压缸或液压马达的大流量液流。在力矩马达中用一个相当小的电流去控制油流，从而移动滑阀去控制大的流量。

1）喷嘴挡板伺服阀

在喷嘴挡板伺服阀中，挡板刚性连接在衔铁中部，从 2 个喷嘴中间穿过，在喷嘴与挡板间形成 2 个可变节流口。电流信号产生磁场，它带动衔铁和挡板，开大一侧的节流口而关小另一侧的节流口。这样就在滑阀两端建立起不同的油压，从而使滑阀移动。由于滑阀的移动压弯了抵抗它运动的反馈弹簧，当油压差产生的力等于弹簧力时，滑阀即停止运动。滑阀的移动打开了主活塞的油路，从而按所需的方向驱动主活塞运动。图 3-43 所示为喷嘴挡板伺服阀。

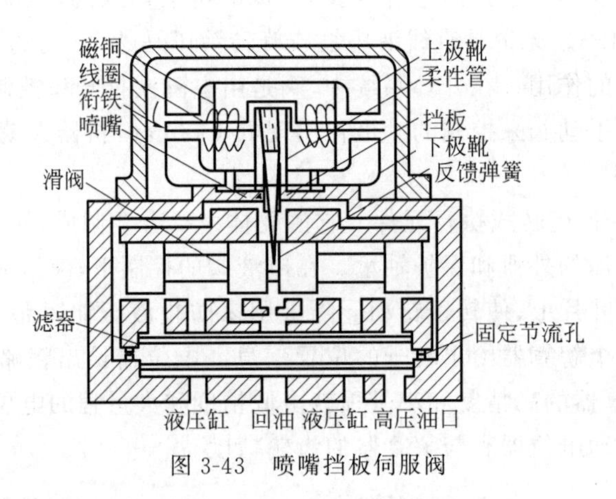

图 3-43　喷嘴挡板伺服阀

2）射流管伺服阀

射流管伺服阀与喷嘴挡板伺服阀的不同点在于喷嘴挡板式以改变流体回路上通过的阻抗来进行力的控制，而射流管式伺服阀是靠射流喷嘴喷射工作液，将压力变成动能，控制两个接受器获得能量的比例来进行力的控制。当力矩马达加电时，它使衔铁和射流管组件偏转，流向滑阀一端的油流量多于流向另一端的油流量，从而使滑阀移动，否则，流向两边的液流量基本相等。射流管伺服阀的优点在于油流量控制口的面积较大，不容易被油液中的脏物所堵塞。射流管伺服阀如图 3-44 所示。

为了清除油中的杂质，液压系统中要装有过滤器。如果在制造过程中粗心，会从焊点或从油缸、管道及活塞活动处掉下来直径为几微米的颗粒而使伺服阀堵塞。为了减少伺服阀堵塞的潜在危险，需要对油进行过滤和经常清洗滤油器。

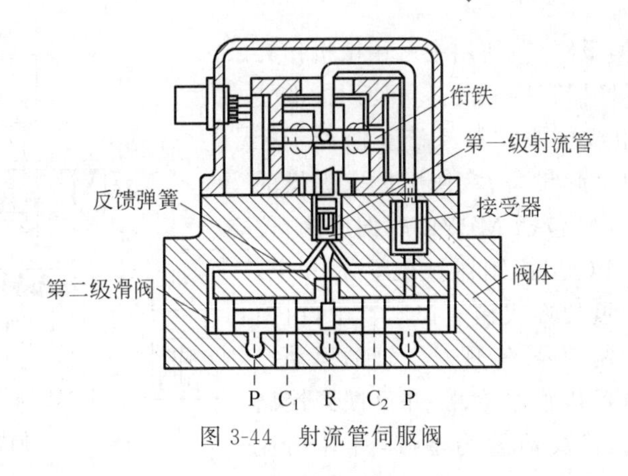

图 3-44　射流管伺服阀

3.4.3 气压驱动系统

在所有的驱动方式中，气压驱动是最简单的，在工业上应用很广。气动执行元件既有直线气缸，也有旋转气动马达。有不少机器人制造厂用气动系统制造了很灵巧的机器人。在原理上，它们很像液压驱动，但某些细节差别很大。它的工作介质是高压空气。气动控制阀简单、便宜，而且工作压力也低得多。

多数气动驱动用来完成挡块间的运动。由于空气的可压缩性，实现精确的位置和速度控制是比较困难的。即使将高压空气施加到活塞的两端，活塞和负载的惯性仍会使活塞继续运动，直到它碰到机械挡块，或者空气压力最终与惯性力平衡为止。但用机械挡块实现点位操作中的精确定位时，0.12mm 的精度还是可以很容易达到的。

气动系统的动力源由高质量的空气压缩机提供，这个气源可经过一个公用的多路接头为所有的气动模块所共享。安装在多路接头上的电磁阀控制通向各个气动元件的气流量。电磁阀的控制一般由可编程控制器完成，这类控制器通常是用微处理器来编程，以等效于继电器系统。

比例控制阀加上电子控制技术组成的气动比例控制系统，可满足各种各样的控制要求。比例控制系统基本构成如图 3-45 所示。图中的执行元件可以是气缸或气马达、容器和喷嘴等将空气的压力能转化为机械能的元件。比例控制阀作为系统的电-气压转换的接口元件，实现对执行元件供给气压能量的控制。控制器作为人机的接口，起着向比例控制阀发出控制量指令的作用。它可以是单片机、微机及专用控制器等。比例控制阀的精度较高，即使不用各种传感器构成负反馈系统，也能得到十分理想的控制效果，但不能抑制被控对象参数变化和外部干扰带来的影响。对于控制精度要求更高的应用场合，必须使用各种传感器构成负反馈，来进一步提高系统的控制精度。

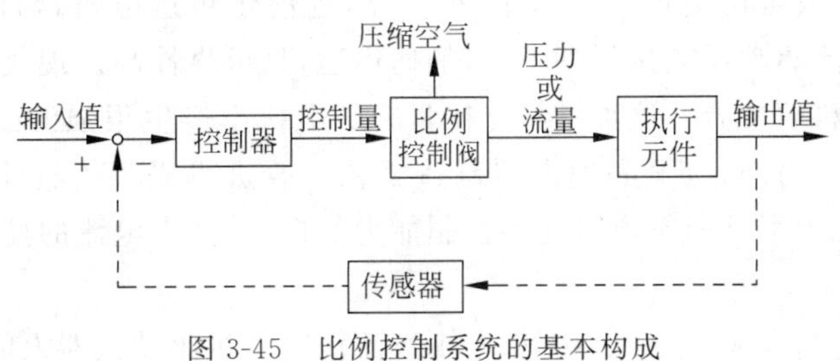

图 3-45　比例控制系统的基本构成

对于 MPYE 型伺服阀,在使用中可用微机作为控制器,通过 D/A 转换器直接驱动。可使用标准气缸和位置传感器来组成伺服控制系统。但对于控制性能要求较高的自动化设备,宜使用厂家提供的伺服控制系统(图 3-46),包括 MPYE 型伺服阀、位置传感器内藏气缸、SPC 型控制器。在图 3-46 中,目标值以程序或模拟量的方式输入控制器中,由控制器向伺服阀发出控制信号,实现对气缸的运动控制。气缸的位移由位置传感器检测,并反馈到控制器。控制器以气缸位移反馈量为基础,计算出速度、加速度反馈量。再根据运行条件(负载质量、缸径、行程及伺服阀尺寸等),自动计算出控制信号的最优值,并作用于伺服控制阀,从而实现闭环控制。控制器与微机相连接后,使用厂家提供的系统管理软件,可实现程序管理、条件设定、远距离操作、动特性分析等多项功能。控制器也可与可编程控器相连接,从而实现与其他系统的顺序动作、多轴运行等功能。

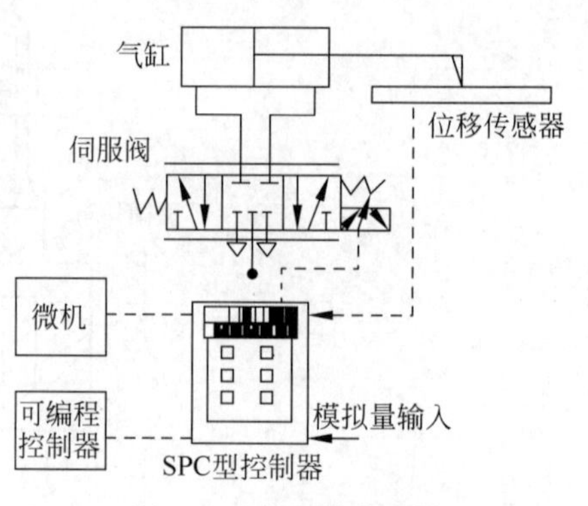

图 3-46 伺服控制系统

主要根据被控对象的类型和应用场合来选择比例阀的类型。被控对象的类型不同,对控制精度、响应速度、流量等性能指标要求也不同。控制精度和响应速度是一对矛盾,两者不可同时兼顾。对于已定的控制系统,以最重要的性能指标为依据,来确定比例阀的类型。然后考虑设备的运行环境,如污染、振动、安装空间及安装姿态等方面的要求,最终选择出合适类型的比例阀。

3.4.4 电气驱动系统

1. 直流电动机驱动

直流电动机是工业机器人中应用最广泛的电动机之一,它在一个方向连续旋转,或在相反的方向连续转动,运动连续且平滑,且本身没有位置控制能力。

正因为直流电动机的转动是连续且平滑的,因此要实现精确的位置控制,必须加入某种形式的位置反馈,构成闭环伺服系统。有时,机器人的运动还有速度要求,所以还要加入速度反馈。一般直流电动机与位置反馈、速度反馈形成一个整体,即通常所说的直流伺服电机。由于采用闭环伺服控制,所以能实现平滑的控制和产生大的力矩。

直流电动机可利用继电器开关或采用功率放大器来实现驱动控制。功率放大器利用电子开关来改变流向电枢的电流方向以改变转向,对直流电动机的磁场或电枢电流都可进行控制。

目前,直流电动机可达到很大的力矩/重量比,远高于步进电机,与液压驱动不相上下(大功率除外)。直流驱动还能达到高精度,加速迅速,且可靠性高。现代直流电动机的发展得益于稀土磁性材料的发展。这种材料能在紧凑的电机上产生很强的磁场,从而改善了直流电机的启动特性。另外,电刷和换向器制造工艺的改进也提高了直流电动机的可靠性。此外,还有一个重要因素是固态电路功率控制能力的提高,使大电流的控制得以实现而且费用不高。

由于以上原因,当今大部分机器人都采用直流伺服电机驱动机器人的各个关节。因此,机器人关节的驱动部分设计包括伺服电机的选定和传动比的确定。

2. 步进电动机驱动

对于小型机器人或点位式控制机器人而言，其位置精度和负载力矩较小，有时可采用步进电机驱动。这种电机能在电脉冲控制下以很小的步距增量运动。计算机的打印机和磁盘驱动器常用步进电机实现打印头和磁头的定位。在小型机器人上，有时也用步进电机作为主驱动电机。可以用编码器或电位器提供精确的位置反馈，所以步进电机也可用于闭环控制。尽管与其他电机一样，步进电机有一个定子(或永久磁铁)和一个转子，但它的转子上有多个齿槽，如图 3-47(b)所示。转子在由定子产生的磁场中旋转，并带动负载。通常定子位于转子外部，有很多对磁极，每个磁极根据通电方向不同可形成 N 极或 S 极。步进电机的转子和定子接线图如图 3-47(a)所示。

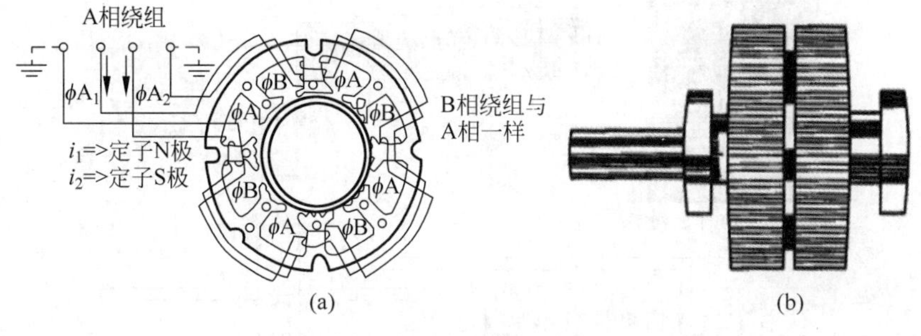

图 3-47　步进电机结构

围绕电枢的定子磁极对电枢形成一个个步距，通过一个个脉冲送入定子绕组，改变定子绕组磁场的极性，从而提供了步进电机转子运动的动力。由于步进电机动作准确可靠，所以位移只要按给定的步数就可实现。但对同样的功率输出来说，步进电机的尺寸要远远大于直流电动机。沿步进电机转子长度方向布置有两组磁极。每组磁极就好像是一个齿轮，两组齿在周围方向互相错开半个齿距。一组齿是转子的 N 极，另一组是 S 极。事实上这是一个多齿或多极的磁铁。在转子上有奇数对磁极，而在定子上有偶数对绕组磁极，所以它们永远不能同时对准。

每种步进电机都有规定的每转步数。尽管在适当的驱动条件下转子可以转半步，但力矩要下降。当把驱动电流加在定于某一选定绕组上时，转子的 N 极就要和定子的 S 极对准。改变定子的极性，就会迫使转子从一稳定位置转到另一个稳定位置。当加到定子绕组上的电流极性改变时，就使转子上的永久磁铁移动一步，每一步都是一次独立的运动。改变相序就可以改变转子的转动方向。步进电机的步进角很精确，其范围大致为 0.75°～3°。当电磁铁磁极迅速变化时，步进电机几乎以连续的速度运动。然而，即使用最平滑的驱动器，始终还是有单步效应存在。

改变加到定子上电流的相序，可以使步进电机在任何方向旋转。多数步进电机设计成两相、三相或四相形式。常采用的脉冲序列有两种：在单相单拍驱动中，每次只在定子的一相中通电；在双相驱动中，将脉冲同时加到定子的两相绕组中。双相驱动能提供较大的力矩，但结构要复杂一些。将这两种方式混合使用，能实现半步驱动，从而获得比较平滑的响应。

3.5 机器人控制系统

机器人系统通常分为机构本体和控制系统两大部分。控制系统的作用是根据用户的指令对机构本体进行操作和控制，完成作业的各种动作。控制器系统性能在很大程度上决定了机器人的性能。一个良好的控制器要有灵活、方便的操作方式，多种形式的运动控制方式和安全可靠性。构成机器人控制系统的要素主要有计算机硬件系统及控制软件、控制器、输入/输出设备、驱动器、传感器系统。采用四轴运动控制器组成的控制系统如图 3-48 所示。

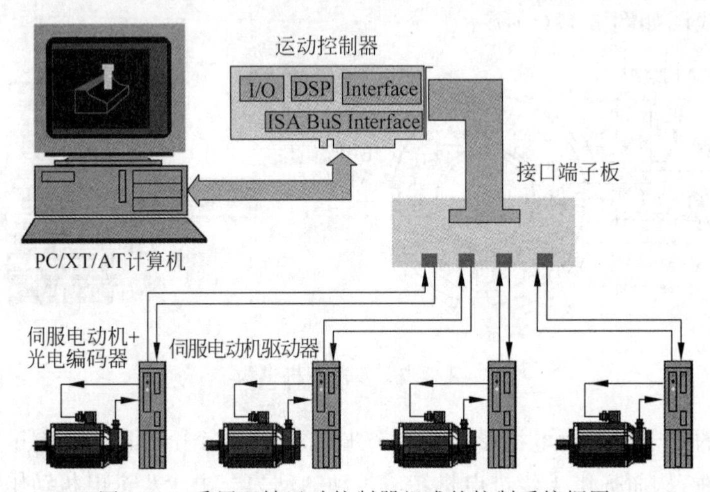

图 3-48　采用四轴运动控制器组成的控制系统框图

3.5.1 机器人控制系统的基本原理

为了使机器人能够按照要求去完成特定的作业任务，需要以下四个过程：

1. 示教过程

通过计算机可以接受的方式，告诉机器人去做什么，给机器人下达作业命令。

2. 计算与控制

负责整个机器人系统的管理、信息获取及处理、控制策略的制定，作业轨迹的规划等任务，这是机器人控制系统的核心部分。

3. 伺服驱动

根据不同的控制算法，将机器人控制策略转化为驱动信号、驱动伺服电机等驱动部分，实现机器人的高速、高精度运动，从而完成指定的作业。

4. 传感与检测

通过传感器的反馈，保证机器人正确地完成指定作业，同时也将各种姿态信息反馈到机器人控制系统中，以便实时监控整个系统的运动情况。

3.5.2 机器人控制系统的特点

工业机器人控制系统是以机器人的单轴或多轴运动协调为目的的控制系统，其控制结

构要比一般自动机械的控制复杂得多。与一般伺服系统或过程控制系统相比,工业机器人控制系统有如下特点:

(1) 传统的自动机械是以自身的动作为重点,而工业机器人的控制系统更着重本体与操作对象的相互关系。无论以多么高的精度控制手臂,机器人必须能夹持并操作物体到达目的位置。

(2) 工业机器人的控制与机构运动学及动力学密切相关。机器人手足的状态可以在各种坐标下描述,且能根据需要选择不同的基准坐标系,并做适当的坐标变换,经常需要求解运动学中的正、逆问题。除此之外,还要考虑惯性、外力(包括重力)及哥氏力、向心力的影响。

(3) 即便一个简单的工业机器人,至少也有3～5个自由度。每个自由度一般包含一个伺服机构,它们必须协调起来,组成一个多变量控制系统。

(4) 描述机器人状态和运动的数学模型是一个非线性模型,随着状态的不同和外力的变化,其参数也在变化。各变量之间还存在耦合。因此,不仅要利用位置闭环,还要利用速度甚至加速度闭环。系统中经常使用重力补偿、解算和基于传感信息的控制器最优PID控制等方法。

3.5.3 机器人控制系统的组成及分类

1. 机器人控制系统的组成

工业机器人的控制系统一般分为上、下两个控制层次:上级为组织级,其任务是将期望的任务转化成为运动轨迹或适当的操作,并随时检测机器人各部分的运动及工作情况,处理意外事件;下级为实时控制级,它根据机器人动力学特性及机器人当前运动情况,综合出适当的控制命令,驱动机器人机构完成指定的运动和操作。工业机器人控制系统主要包括硬件和软件两部分。硬件主要有传感装置、控制装置和关节伺服驱动部分。软件主要指控制软件,包括运动轨迹规划算法和关节伺服控制算法等动作程序。一个完整的工业机器人控制系统包括以下几个部分:

(1) 控制计算机:是控制系统的调度指挥机构。

(2) 示教盒:用来示教机器人的工作轨迹和参数设定,以及一些人机相互操作,拥有独立的CPU以及存储单元,与主计算机之间实现信息交互。

(3) 操作面板:由各种操作按键、状态指示灯构成,只完成基本功能操作。

(4) 硬盘和存储机器人工作程序的外部存储器。

(5) 数字和模拟量的输入和输出:各种状态和控制命令的输入和输出。

(6) 打印机接口:记录需要输出的各种信息。

(7) 传感器接口:用于信息的自动检测,实现机器人柔顺控制。

(8) 轴控制器:一般包括各关节的伺服控制器,完成机器人各关节位置、速度和加速度控制。

(9) 辅助设备控制:主要用于和机器人配合的辅助设备控制。

(10) 通信接口:主要实现机器人和其他设备的信息交换。不同类型的控制系统,其组成情况也不相同。图3-49所示为机器人控制系统结构框图,图3-50是工业机器人控制系统组成图。

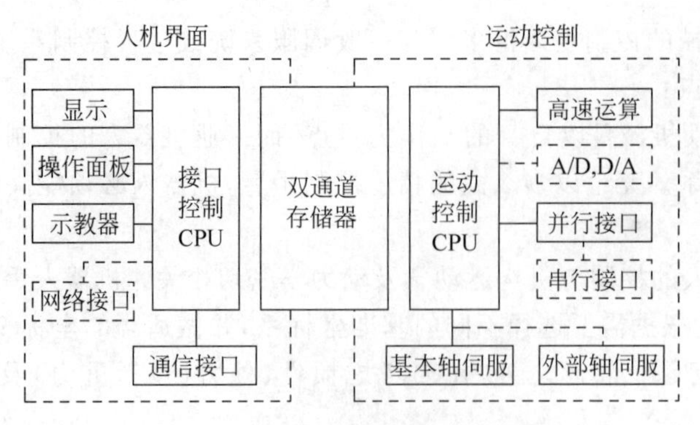

图 3-49 机器人控制系统结构框图

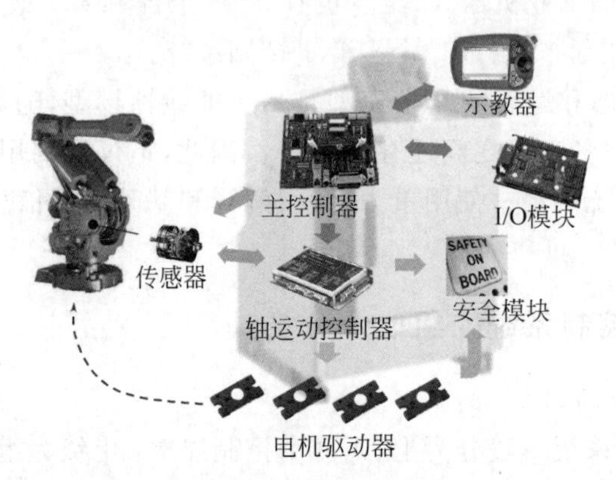

图 3-50 工业机器人控制系统组成图

2. 机器人控制系统的分类

工业机器人控制系统的分类没有统一的标准。按照运动坐标控制的方式，可以分为关节空间运动控制和直角坐标空间运动控制；按照控制系统对工作环境变化的适应度，可以分为程序控制系统、适应性控制系统和人工智能控制系统；按照同时控制机器人的数目，可以分为单控制系统和群控制系统。除此之外，通常按照运动控制方式，可以分为位置控制、速度控制和力控制。

机器人运动控制架构如图 3-51 所示，在此基础上可以实现不同的控制方式。

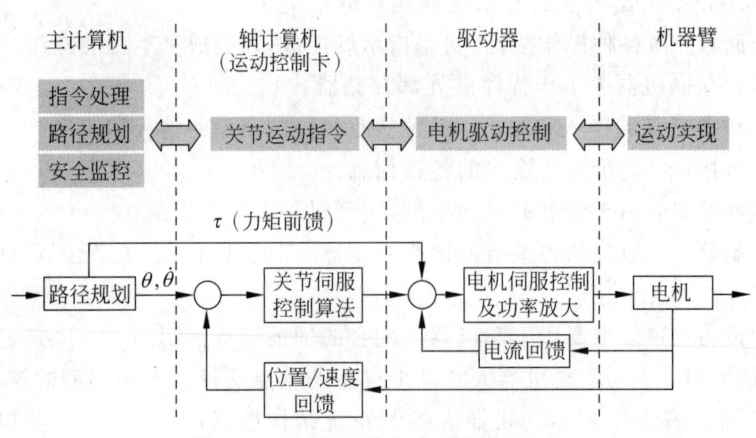

图 3-51 工业机器人运动控制架构图

3. 机器人的控制

1) 机器人的位置控制数学模型

在讨论机器人位置控制时，首先有必要了解机器人位置控制模型。图 3-52 所示为简单机械系统的控制问题。质量为 m 的物体作单自由度运动，假设物体运动时除了受到弹簧力作用外，还受到与速度成正比的摩擦阻力的作用。若取坐标系原点位于系统平衡的位置，则该系统的运动方程为

$$m\ddot{x}+b\dot{x}+kx=0 \tag{3.1}$$

其解依赖于初始条件，如初始位置和初始速度。一般情况下，上述方程表示的二阶系统的响应并不理想，难以达到临界阻尼状态。如果在系统上增加一个驱动器，利用驱动器在 x 方向为物体施加任意大小的力 f，如图 3-53 所示，则此时系统的运动方程为

$$m\ddot{x}+b\dot{x}+kx=f \tag{3.2}$$

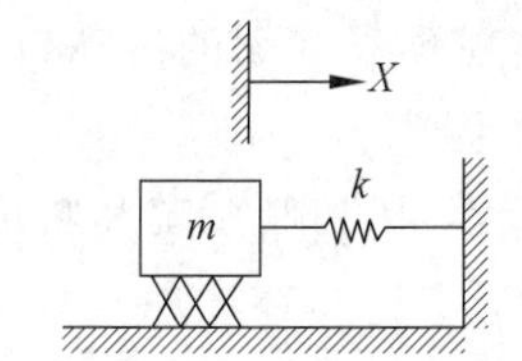

图 3-52 质量-弹簧-阻尼系统

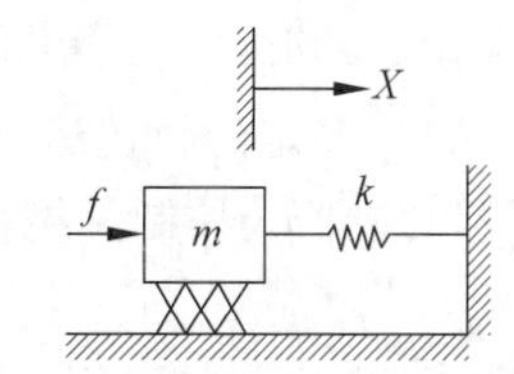

图 3-53 带驱动器的质量-弹簧-阻尼系统

因此，位置控制问题就是建立一个合适的控制器，使物体在驱动力 f 的作用下，即使系统存在随机干扰力，也能使物体始终维持在预期位置上。

(1) 定点位置控制。如果能利用传感器检测出物体的位置和运动速度，并且假设控制系统能利用这些信息，则可按下述的控制规律计算驱动器应该施加于物体上的力，即

$$f=k_{\mathrm{p}}x-k_{\mathrm{v}}\dot{x} \tag{3.3}$$

式中，k_{p}，k_{v}——控制系统的位置和速度增益(简称控制增益)。

实际上，驱动器采用式(3.3)的控制规律，加力作用在图 3-53 所示的系统上，就形成了实际的闭环系统。此时，系统的运动方程为

$$m\ddot{x}+b'+k'x=0 \tag{3.4}$$

式中，$b'=b+k_{\mathrm{v}}$，$k'=k+k_{\mathrm{p}}$。

由式(3.4)可以看出，适当地选择控制系统的增益 k_{p} 和 k_{v}，可以得到所希望的任意二阶系统的品质，抑制干扰力，并使物体保持在预定的位置上。通常，系统具有指定的刚度 k'，这时所选的增益应使系统具有临界阻尼，即

$$b'=2\sqrt{mk'} \tag{3.5}$$

这种控制系统称为位置调节系统，它能够控制物体保持在一个固定的位置上，并具有抗干扰能力。

(2) 轨迹跟踪位置控制。在工业机器人的控制中，不仅要求受控物体定位在固定位置，而且要求它能跟踪指定的目标轨迹，即控制物体沿一条由时间函数 $x_{\mathrm{d}}(t)$ 所给定的轨迹运动。假设给定轨迹 $x_{\mathrm{d}}(t)$ 充分光滑，存在一阶和二阶导数 $\dot{x}_{\mathrm{d}}(t)$、$\ddot{x}_{\mathrm{d}}(t)$，并且利用轨迹规划器可产生全部时间 t 内的 x_{d}、$\dot{x}_{\mathrm{d}}$、$\ddot{x}_{\mathrm{d}}$。由于某一时刻物体的实际位置 $x(t)$、速度 $\dot{x}(t)$ 可以

由位置传感器和速度传感器分别测得，这样，伺服误差 $e=x_{\mathrm{d}}-x$，即目标轨迹与实际轨迹之差也可以计算得到。因此，轨迹跟踪的位置控制规律可选为

$$f=\ddot{x}_{\mathrm{d}}+k_{\mathrm{v}}\dot{e}+k_{\mathrm{p}}e \tag{3.6}$$

显然，将上述控制规律与无阻尼、无刚度的单位质量系统运动方程 $f=m\ddot{x}+\ddot{x}$ 联立可得到

$$\ddot{x}=\ddot{x}_{\mathrm{d}}+k_{\mathrm{v}}\dot{e}+k_{\mathrm{p}}e \tag{3.7}$$

即得到系统运动的误差方程为

$$\ddot{e}+k_{\mathrm{v}}\dot{e}+k_{\mathrm{p}}e=0 \tag{3.8}$$

由于选择了恰当的控制规律式(3.6)，因此导出了系统误差空间的二阶微分方程式(3.8)。通过选择恰当的 k_{p} 和 k_{v}，可以很容易地确定系统对于误差的抑制特性。当 $k_{\mathrm{v}}^{2}=4k_{\mathrm{p}}$ 时，可以使这个二阶系统处于临界阻尼状态，没有超调，使误差得到最快的抑制。

2）机器人的位置控制

工业机器人位置控制的目的是要使机器人各关节实现预先规划的运动，最终保证工业机器人终端(手爪)沿预定的轨迹运行。

图 3-54 所示的机器人控制系统方框图表示了机器人本身、控制系统和轨迹规划器之间的关系。

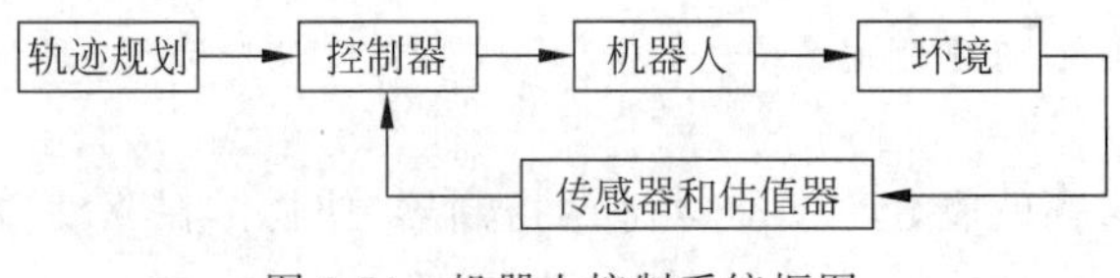

图 3-54　机器人控制系统框图

机器人位置控制的目的就是要使机器人的各关节或末端执行器的位姿能够以理想的动态品质跟踪给定轨迹或稳定在指定的位姿上。设计控制系统的主要目标是系统的稳定性和动态品质的性能指标。

工业机器人接受控制系统发出的关节驱动力矩矢量 τ、安装于机器人各关节上的传感器测出关节位置矢量 $\boldsymbol{q}$ 和关节速度矢量 $\dot{\boldsymbol{q}}$，再反馈到控制器上，这样就由反馈控制构成了机器人的闭环控制系统，不同形式的控制结构如图 3-55、图 3-56 所示。设计这样的控制系统，其中心问题是保证所得到的闭环系统能满足一定的性能指标要求，其最基本的准则是系统的稳定性。所谓系统是稳定的，是指它在实现所规划的路径轨迹时，即使在一定的干扰作用下，其误差仍然保持在很小的范围之内。

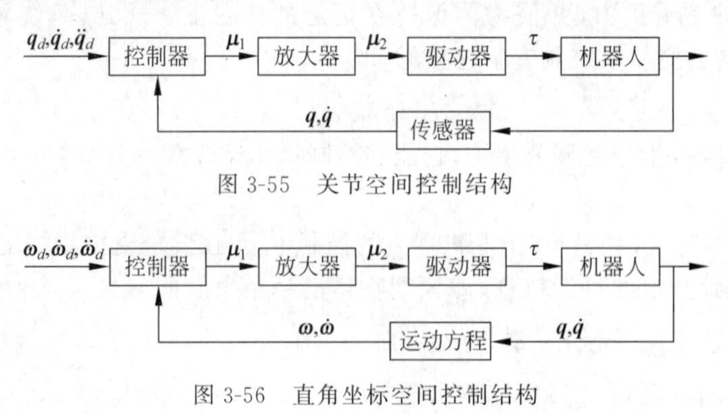

图 3-55　关节空间控制结构

图 3-56　直角坐标空间控制结构

图 3-55 中，$\boldsymbol{q}_{\mathrm{d}}=[q_{\mathrm{d1}} \quad q_{\mathrm{d2}} \quad \cdots \quad q_{\mathrm{d}n}]^{\mathrm{T}}$ 是期望的关节位置矢量；$\dot{\boldsymbol{q}}_{\mathrm{d}}$ 和$\ddot{\boldsymbol{q}}_{\mathrm{d}}$ 是期望的关节速度矢量和加速度矢量；$\boldsymbol{q}$ 和$\dot{\boldsymbol{q}}$ 是实际的关节位置矢量和速度矢量；$\boldsymbol{\tau}=[\tau_1 \quad \tau_2 \quad \cdots \quad \tau_n]^{\mathrm{T}}$ 是关节驱动力矩矢量；$\boldsymbol{\mu}_1$ 和$\boldsymbol{\mu}_2$ 是相应的控制矢量。

图 3-56 中，$\boldsymbol{\omega}_{\mathrm{d}}=[\boldsymbol{p}_{\mathrm{d}}^{\mathrm{T}} \quad \boldsymbol{\phi}_{\mathrm{d}}^{\mathrm{T}}]^{\mathrm{T}}$ 是期望的工具位姿，其中，$\boldsymbol{p}_{\mathrm{d}}=[x_{\mathrm{d}} \quad y_{\mathrm{d}} \quad z_{\mathrm{d}}]$ 表示期望的工具位置；$\boldsymbol{\phi}_{\mathrm{d}}$ 表示期望的工具姿态；$\dot{\boldsymbol{\omega}}_{\mathrm{d}}=[\boldsymbol{v}_{\mathrm{d}}^{\mathrm{T}} \quad \boldsymbol{\omega}_{\mathrm{d}}^{\mathrm{T}}]^{\mathrm{T}}$，其中$\boldsymbol{v}_{\mathrm{d}}=[v_{\mathrm{d}x} \quad v_{\mathrm{d}y} \quad v_{\mathrm{d}z}]$是期望的工具线速度；$\boldsymbol{\omega}_{\mathrm{d}}=[\omega_{\mathrm{d}x} \quad \omega_{\mathrm{d}y} \quad \omega_{\mathrm{d}z}]^{\mathrm{T}}$ 是期望的工具角速度；而 $\ddot{\omega}_{\mathrm{d}}$ 是期望的工具加速度；ω 和 $\dot{\omega}$ 是表示实际工具的位姿和速度。

运行中的工业机器人一般采用图 3-55 所示的控制结构。该控制结构期望轨迹是关节的位置、速度和加速度，因而易于实现关节的伺服控制。但在实际应用中通常采用直角坐标系来规定作业路径、运动方向和速度，而不用关节坐标。这时为了跟踪期望的直角轨迹、速度和加速度，需要先将机器人末端的期望轨迹经过逆运动学计算变换为在关节空间表示的期望轨迹，再进行关节位置控制，如图 3-57 所示。

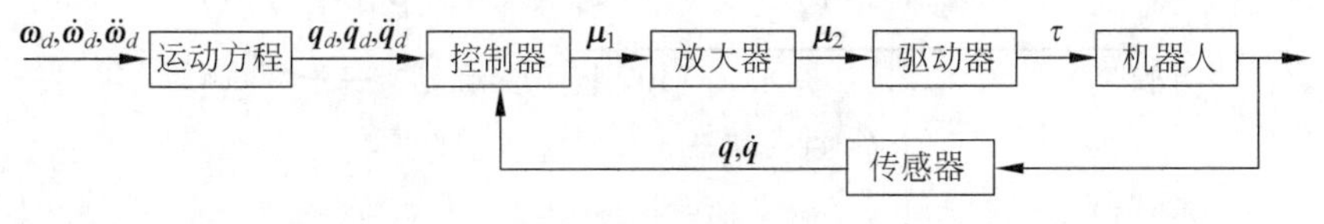

图 3-57　复合控制结构

力矩前馈控制的控制系统结构图如图 3-58 所示，此种结构能够提高系统伺服控制的响应，但对控制器计算工作量要求高，并且机器人动力学的模型的精度直接影响最终的控制精度。

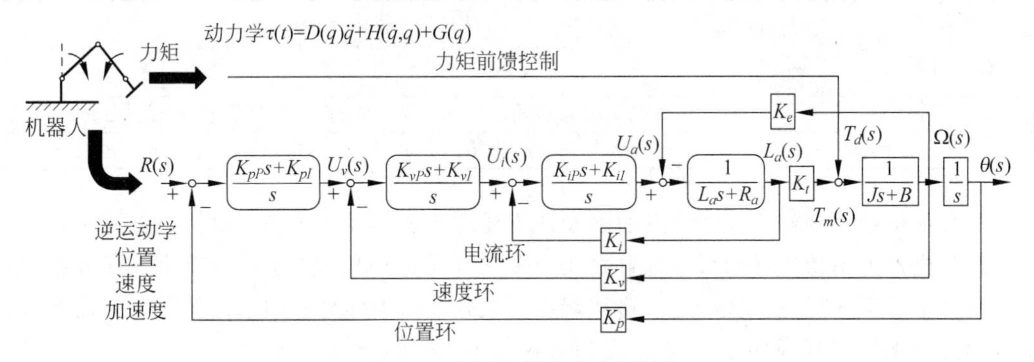

图 3-58　力矩前馈复合控制结构

3）机器人的运动轨迹控制

机器人的轨迹指机器人在运动过程中的位移、速度和加速度。路径是机器人位姿的一定序列，而不考虑机器人位姿参数随时间变化的因素。

机器人的运动轨迹类型分为点到点轨迹和连续轨迹，如图 3-59 所示；连续轨迹可以分为直线轨迹和圆弧轨迹，如图 3-60 所示。连续轨迹对轨迹上的每个点的位置都有严格要求，而点到点轨迹只对起始点和终点有严格要求，其他位置没有要求。直线轨迹是机器人末端执行器保持姿态不变，并以一定的速度沿着直线运动；圆弧轨迹是机器人末端执行器保持姿态或者改变姿态，并沿圆弧轨迹运动。

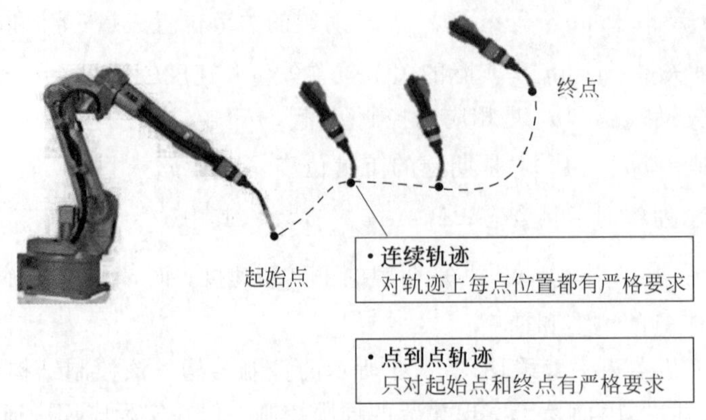

图 3-59　机器人轨迹类型

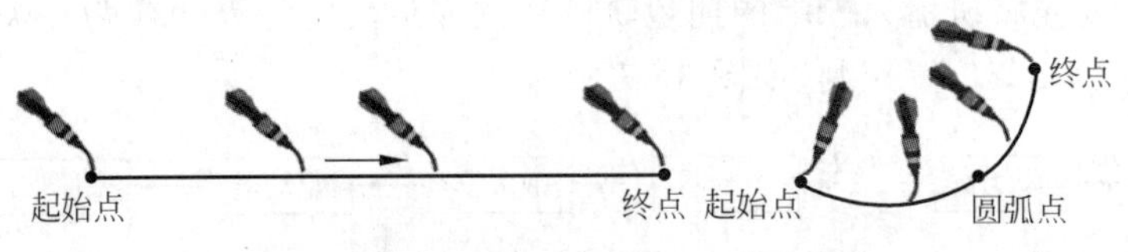

图 3-60　机器人连续轨迹分类

在编制机器人工作程序时，了解在其路径上有无障碍（障碍约束）以及它是否必须沿特定路径运动。把障碍约束和路径约束组合起来，形成四种可能的控制方式，如表 3-1 所示。机械手由初始点（位置和姿态）运动到终止点，经过的空间曲线称为路径。

表 3-1　机械手控制方式

障碍约束 / 路径约束	障碍约束	
	有	无
有	离线无碰撞路径规划加在路径跟踪	离线路径规划加在路径跟踪
无	位置控制加在障碍检测和避障	位置控制

要实现机器人从初始点到终点的路径就需要应用轨迹规划知识。机器人轨迹规划方法一般是在机器人初始位置和目标位置之间用多项式函数插值或逼近给定的路径（多项式拟合），并产生一系列“控制设定点”。路径端点一般是在笛卡儿坐标中给出的。如果需要某些位置的关节坐标，则可调用运动学逆问题求解程序，进行必要的转换。

机器人轨迹规划主要考虑的是程序设计更容易、缩短运动周期时间、不存在奇异点。基于多项式拟合的轨迹规划最为常用，因为模型简单，计算量较少，但是需要设定速度、加速度限制以及力矩限制，避免电机、齿轮箱或是结构件超载。一些先进的运动轨迹规划方法有考虑动力学限制及加速度限制的运动规划、节拍时间最短的运动规划、最低能耗的运动规划等。

在给定的两端点之间，常有多条可能的轨迹。例如，可以要求机械手沿连接端点的直线运动（直线轨迹），也可以要求它沿一条光滑的圆弧轨迹运动，在两端点处满足位置和姿态约束（关节变量插值轨迹）。

而轨迹控制就是控制机器人手端沿着一定的目标轨迹运动。因此，目标轨迹的给定方法和如何控制机器人手臂使之高精度地跟踪目标轨迹的方法是轨迹控制的两个主要内容。给定目标轨迹的方式有示教再现方式和数控方式两种。

（1）示教再现方式。示教再现方式是在机器人工作之前，让机器人手部沿着目标轨迹移动，同时将位置及速度等数据存入机器人控制计算机中。在机器人工作时再现所示教的动作，使手部沿着目标轨迹运动。示教时使机器人手臂运动的方法有两种：一种是用示教盒上的控制按钮发出各种运动指令；另一种是操作者直接用手抓住机器人手部，使其手端按目标轨迹运动。轨迹记忆再现的方式有点位控制和连续路径控制。点位控制主要用于点焊作业、更换刀具或其他工具等情况。连续路径控制主要用于弧焊、喷漆等作业。点位控制中重要的是示教点处的位置和姿态，点与点之间的路径一般不重要，但在给机器人编制工作程序时，要求指出对点与点之间路径的情况，比如是直线、圆弧还是任意的。连续路径控制按示教的方式又分两种：一种是在连续路径上示教许多点，使机器人按这些点运动时，基本上能使实际路径与目标路径相吻合；另一种是在示教点之间用直线或圆弧线插补。

（2）数控方式。数控方式与数控机床的控制方式一样，是把目标轨迹用数值数据的形式给出，这些数据是根据工作任务的需要设置的。

无论是采用示教再现方式还是用数控方式，都需要生成点与点之间的目标轨迹。此种目标轨迹要根据不同的情况要求生成，但是也要遵循一些共同的原则。例如，生成的目标轨迹应是实际上能实现的平滑的轨迹；要保证位置、速度及加速度的连续性。保证手端轨迹、速度及加速度的连续性，是通过各关节变量的连续性实现的。

设手端在点 r_0 和 r_f 间运动，对应的关节变量为 $\boldsymbol{q}_0$ 和 $\boldsymbol{q}_f$，它们可通过运动学逆问题算法求出。为了说明轨迹生成过程，把关节向量中的任意一个关节变量 $\boldsymbol{q}_f$ 记为 $\boldsymbol{\varepsilon}$，其初始值和终止值分别为

$$\boldsymbol{\varepsilon}(0)=\boldsymbol{\varepsilon}_0 \qquad \boldsymbol{\varepsilon}(t_f)=\boldsymbol{\varepsilon}_f \tag{3.9}$$

把这两时刻的速度和加速度作为边界条件，表示为

$$\dot{\boldsymbol{\varepsilon}}=\dot{\boldsymbol{\varepsilon}}_0 \qquad \dot{\boldsymbol{\varepsilon}}(t_f)=\dot{\boldsymbol{\varepsilon}}_f \tag{3.10}$$

$$\ddot{\boldsymbol{\varepsilon}}(0)=\ddot{\boldsymbol{\varepsilon}}_0 \qquad \boldsymbol{\varepsilon}(t_f)=\ddot{\boldsymbol{\varepsilon}}_f \tag{3.11}$$

满足这些条件的平滑函数虽然有许多，但其中时间的多项式是最简单的。能同时满足条件式(3.9)～式(3.11)的多项式最低次数是5，所以设

$$\varepsilon(t)=a_0+a_1t+a_2t^2+a_3t^3+a_4t^4+a_5t^5$$

其中的待定系数可求出如下结果：

$$a_0=\varepsilon_0,a_1=\dot{\varepsilon}_0,a_2=\frac{1}{2}\ddot{\varepsilon}_0,a_3=\frac{1}{2t_f^3}[\varepsilon_f-20\varepsilon_0-(8\dot{\varepsilon}_f+12\dot{\varepsilon}_f)t_f-(3\ddot{\varepsilon}_f-\ddot{\varepsilon}_f)t_f^2]$$

$$a_4=\frac{1}{2t_f^5}[30\varepsilon_0-30\varepsilon_f+(14\dot{\varepsilon}_0+16\dot{\varepsilon}_f)t_f+(3\ddot{\varepsilon}_0-2\ddot{\varepsilon}_f)t_f^2]$$

$$a_5=\frac{1}{2t_f^5}[12\varepsilon_f-12\varepsilon_0-(6\dot{\varepsilon}_f+6\dot{\varepsilon}_0)t_f-(\ddot{\varepsilon}_0-\ddot{\varepsilon}_f)t_f^2]$$

当 $\ddot{\varepsilon}_0=\ddot{\varepsilon}_f=0$，$\varepsilon_0$、$\varepsilon_f$、$\dot{\varepsilon}_0$ 和 $\dot{\varepsilon}_f$ 满足如下关系：

$$\varepsilon_f-\varepsilon_0=\frac{1}{2}(\dot{\varepsilon}_0+\dot{\varepsilon}_f)t_f \tag{3.12}$$

当 $a_5=0$ 时，$\varepsilon(t)$ 变为四次多项式。将此四次多项式和直线插补结合起来，可给出多种轨迹。由于机器人手端的位移、速度及加速度与关节变量间不是线性关系，通过生成平滑的关节轨迹不能保证生成平滑的手端路径，因此有必要首先直接生成手端的平滑路径，然后根据运动学逆问题求解关节位移、速度及加速度变化规律。

如果用 r_0 和 r_f 分别表示开始点和终止点手端位姿，要生成这两点间手端的平滑路径。由于手部的某一位姿要用 6 个坐标来描述，其中 3 个表示位置，另 3 个表示姿态。分别把这 6 个坐标变量用 $\zeta(t)$ 表示，用上述生成关节平滑轨迹的方法分别生成这些坐标变量，然后再用机器人正运动学计算出各关节的运动规律。

4）机器人的视觉引导伺服控制

机器人视觉伺服系统是机器视觉和机器人控制的有机结合。目前机器人视觉伺服主要有两种方式：

（1）基于位置控制的动态 look and move 系统。

基于位置控制的动态 look and move 系统主要由图像处理模块计算出摄像机应具有的速度或位置增量，反馈至机器人关节控制器，其控制系统结构图如图 3-61 所示。

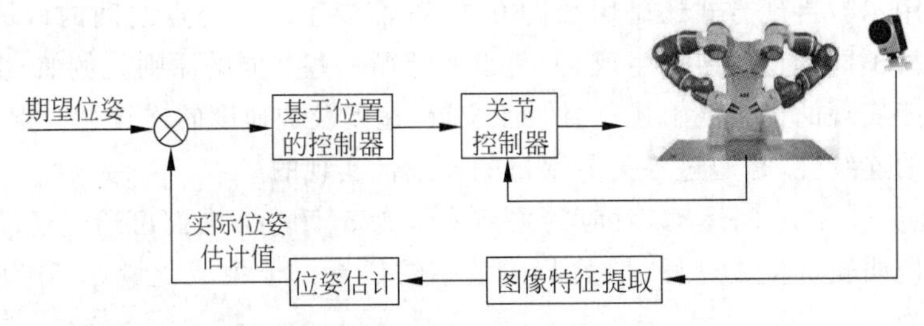

图 3-61　基于位置控制的动态 look and move 系统结构图

（2）基于图像控制的直接伺服控制系统。

基于图像控制的直接伺服控制系统主要由图像处理模块直接计算机器人手臂各关节运动的控制量，其控制系统结构图如图 3-62 所示。

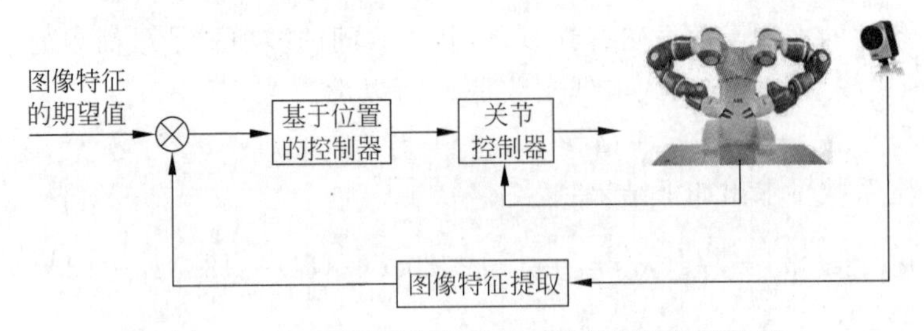

图 3-62　基于图像控制的直接伺服控制系统结构图

这种控制方法，关键的问题是如何建立反映图像差异变化与机器人手臂位姿速度变化之间关系的图像雅可比矩阵。

目前，工业机器人视觉伺服控制存在的主要难点是以下几个方面：需要高精度手眼标定；在实际工业环境下快速、鲁棒地获取图像特征；高效、具有高带宽的机器人控制器开放接口；视觉伺服控制策略与理论。

3.5.4　智能控制技术

1. 机器人智能控制概述

智能机器人的控制技术是一个包含智能控制技术、电子电路技术、计算机技术、多传感器信息融合技术、先进制造技术、网络技术等内容相当广泛的多学科交叉的研究领域，本书只就机器人智能控制技术的部分新近研究成果进行简单整理和介绍。

当今机器人已经深入到人类生活的方方面面。机器人应用领域的广泛性和机器人种类的多样性，深刻反映出机器人控制综合利用了机器人学和自动化领域的最新技术。人类生活对高度智能化机器人的需求，使得基于经典优化方法的控制策略已经远远不能满足智能机器人技术发展的需要。寻找具有柔顺性和智能性的控制策略，已成为智能机器人研究迫切需要解决的问题之一。

1966 年 J. M. 门德尔(MeMdel)首先主张将人工智能用于飞船控制系统的设计。1971 年著名学者博京逊(K. S. FU)从发展学习控制的角度首次正式提出智能控制这个新兴的学科领域。在他的《学习控制系统和智能控制系统：人工智能与自动控制的交叉》一文中，列举了以下三种智能控制系统的例子。

1) 人作为控制器的控制系统

由于人具有识别、决策和控制等功能，因此对于不同的控制任务及不同的对象和环境情况，他具有自学习、自适应和自组织的功能，他能自动采用不同的控制策略以适应不同的情况。

2) 人-机结合作为控制器的控制系统

在这样的系统中，机器(主要是计算机)完成那些连续进行并需要快速计算的常规控制任务，人则主要完成任务分配、决策、监控等任务。

3) 无人参与的自主控制系统

最典型的例子是自主机器人。这时的自主式控制器需要完成问题求解和规划、环境建模、传感信息分析和低层的反馈控制等。

G. N. 萨里迪斯(Saridis)对智能控制的发展做出了重要的贡献。他在 1977 年出版了《随机系统的自组织控制》一书，同年发表了一篇综述文章《走向智能控制的实现》，在这两篇著作中，他从控制理论发展的观点出发，论述了从通常的反馈控制到最优控制、随机控制，再到自适应控制、自学习控制、自组织控制，并最终向智能控制这个更高阶段发展的过程。他首次提出了分层递进的智能控制结构形式，整个控制结构由上往下分为三个层次，即组织级、协调级和执行级，其控制精度由下往上逐级递减，智能程度由下往上逐级增加。

目前，神经元网络的研究受到了越来越多的用户关注和重视，其在控制中的应用就是一个主要方面。由于神经元网络在许多方面试图模拟人脑的功能，因此神经元控制并不依赖于精确的数学模型，而显示出具有自适应和自学习的功能。神经元网络在机器人中的应用研究已经取得了很多成果，显示出了广泛的应用前景。

在智能控制的发展过程中，另外一个值得一提的著名学者是 K. J. 奥斯特洛姆(Astrom)。他在 1986 年发表的《专家控制》的著名文章中，将人工智能中的专家系统技术引入到控制系统中，组成了另外一种类型的智能控制系统。借助于专家系统技术，它将常规的 PID 控制、最小方差控制、自适应控制等各种不同的方法有机地组合在一起，它能根据不同的情况分别采用不同的控制策略，同时也可结合许多逻辑控制的功能，如启停控制、自动切换、越限、报警以及故障诊断等功能。这种专家控制的方法已有许多成功应用的报道。

模糊控制是另一类智能控制的形式。现代计算机虽然有着极高的计算速度和极大的存储能力，但是都只能完成一些看起来十分简单的任务。一个很重要的原因是人具有模糊决策和推理的功能。模糊控制正是试图模仿人的这种功能。1965 年 L. A. 扎德(Zadeh)首先提出了模糊集理论，为模糊控制奠定了基础。在其后的 20 多年中已有很多模糊控制在实际中获得成功的例子。

智能控制是控制理论发展的高级阶段，是一个新兴的学科领域。它有着十分广泛的应用前景，主要用来解决那些用传统方法难以解决的复杂系统的控制问题，其中包括智能机器人系统、计算机集成制造系统、复杂的工业过程控制系统、航天航空控制系统、社会经济管理系统、交通运输系统、环保及能源系统等。而机器人是智能控制最主要和最典型的应用领域。

2. 机器人智能控制技术

1) 机器人变结构控制

变结构控制是对不定性动力学系统进行控制的一种重要方法。变结构系统是一种非连续反馈控制系统。其主要特点是它在一种开关曲面上建立滑动模型，称为"滑模"。机器人变结构系统对系统参数及外界干扰不敏感，因而能忽略机器人关节间的相互作用。变结构控制技术的设计不需要精确的动力学模型，只需要参数的范围，所以变结构控制适合机器人的运动控制。

2) 机器人自适应控制

机器人的动力学模型存在非线性和不确定因素，这些因素包括未知的系统参数(如摩擦力)、非线性动态特性(如重力、哥氏力、向心力的非线性)，以及机器人在工作过程中环境和工作对象的性质和特征的变化。这些未知因素和不确定性，会使控制系统性能变差，采用一般的反馈技术不能满足控制要求。一种解决此问题的方法是在运行过程中不断测量受控对象的特性，根据测得的特征信息使控制系统按新的特性实现闭环最优控制，即自适应控制。自适应控制主要分模型参考自适应控制和自校正自适应控制。

3) 机器人鲁棒控制

针对机器人的不确定性有两种基本控制策略，即自适应控制和鲁棒控制。当受控系统参数发生变化时，自适应控制通过及时的辨识、学习和调整控制规律，可以达到一定的性能指标，但实时性要求严格，实现比较复杂，特别是当存在非参数不确定性时，自适应控制难以保证系统的稳定性；而鲁棒控制可以使不确定因素在一定范围内变化，保证系统稳定和维持一定的性能指标，它是一种固定控制，比较容易实现，在自适应控制器对系统不确定性变化来不及做辨识以及校正控制时，可采用鲁棒控制方法。

4) 机器人最优控制

用动态规划方法求解最优控制问题是 Bellmen 在 20 世纪 50 年代末提出的，其基本思想是：若对一系统做出的一系列决策构成了对一性能指标的最优决策，则不论系统的先前决策如何，相继决策都构成了一个以先前决策所得状态为初始状态的对同一个性能指标的最优决策。

5）机器人自学习控制

机器人自学习控制是人工智能技术应用到控制领域的一种智能控制方法。已经提出了多种机器人学习控制方法，如基于感知器的学习控制、基于小脑模型的学习控制等。

6）机器人模糊控制

正如神经网络技术被成功应用于各种机器人的运动规划和控制一样，模糊逻辑也被广泛应用于机器人系统。机器人的模糊控制有两方面的独特优势：一方面它简化了控制算法；另一方面可用于探索模糊逻辑和分析方法学在改善控制系统性能方面的能力。这种方法的主要优点是算法中只需当前和前一状态的测量值，以及一套简单的控制规则，因此可方便地用于实际应用。

7）机器人人工神经网络控制

人工神经网络属于人工智能领域的重要分支，它首先成功地应用在信号处理领域，包括图像处理、机器视觉、故障诊断、目标检测、自适应滤波和信号压缩等。这些成功，鼓励人们继续深入研究它的基本理论和方法，并把它的应用推广到机器人动力学控制和动态过程规划中。这些内容有机器人逆运动学求解、坐标变换、信息融合和高度非线性机器人动力学控制等。

第4章

机器人的编程

本章主要介绍机器人编程的主要形式，包括示教编程、离线编程和语言编程（自主编程）。

4.1 机器人的编程方式

伴随着机器人产业的发展，机器人的功能除了依靠机器人的硬件支撑以外，相当一部分是靠机器人语言来完成的。机器人的机械臂与专用的自动化装备的区别在于它们的"柔性"，即可编程性。不仅工业机械臂的运动可编程，而且通过使用传感器以及与其他自动化装备的通信，操作臂可以适应任务进程中的各种变化。在研究机械臂的编程方法时，要知道它具有不断变化的特点。

现在已经有许多种类型用于机器人编程的用户接口被开发出来，在这一层次，每一个机器人公司都有自己的语法规则和语言形式，一般用户接触到的编程语言都是机器人公司自己开发的针对用户的语言平台，通俗易懂，这些都不重要，因为这层是给用户示教编程使用的。在这个语言平台之后是一种基于硬件相关的高级语言平台，如C语言、C++语言、基于1EC61131标准语言等，这些语言是机器人公司做机器人系统开发时所使用的语言平台，这一层次的语言平台可以编写翻译解释程序，针对用户示教的程序进行翻译并解释成该层语言所能理解的指令。该层语言平台主要进行运动学和控制方面的编程，再底层就是硬件语言，如基于Intel硬件的汇编指令等。

商用机器人公司提供给用户的编程接口一般都是自己开发的简单的示教编程语言系统，机器人控制系统提供商提供给用户的一般是第二层语言平台，在这一平台层次，控制系统供应商可能提供了机器人运动学算法和核心的多轴联动插补算法，用户可以针对自己设计的产品自由地进行二次开发，该层语言平台具有较好的开放性。

目前应用于机器人的编程方法，主要采用以下三种形式。

1. 示教编程

操作人员通过人工手动的方式，利用示教板移动机器人末端工具来跟踪被操作对象的行动轨迹,及时记录轨迹和工具工艺参数,机器人再根据记录信息采用逐点示教的方式再操作过程。这种逐点记录机器人末端工具姿态再重现的方法需要操作人员充当外部传感器的角色,这种机器人自身缺乏外部信息传感器,灵活性较差,而且对于结构复杂的对象,需要操作人员花费大量的时间进行示教,所以编程效率低。

2. 离线编程

离线编程主要采用部分传感技术,依靠计算机图形学技术,建立机器人工作模型,对编程结果进行三维图形学动画仿真,以增加检测编程可靠性,最后将生成的代码传递给机器人控制柜,用以控制机器人的运行。与示教编程相比,离线编程可以减少机器人工作时间,结合 CAD 技术,就达到了简化工业机器人编程的效果。

3. 语言(自主)编程

语言编程是实现机器人智能化的基础。语言(自主)编程技术用于各种外部传感器,能使机器人通过全方位感知真实工作环境,根据识别机器人末端工具工作空间信息,来确定工艺参数。自主编程技术无须繁重的示教,也不需要根据工作台信息对操作过程中的偏差进行纠正,不仅提高了机器人的自主性和适应性,也成了未来机器人发展的趋势。

4.2 示教编程

早期的机器人编程几乎都采用示教编程方法,而且它仍是目前工业机器人使用最普遍的方法。用这种方法编制程序是在机器人现场进行的。首先,操作者必须把机器人终端移动至目标位置,并把此位置对应的机器人关节角度信息记录进内存储器,这是示教的过程。然后,当要求复现这些运动时,顺序控制器从内存读出相应位置,机器人就可重复示教时的轨迹和各种操作。示教方式有多种,常见的有手把手示教和示教盒示教。手把手示教要求用户使用安装在机器人手臂内的操作杆,按给定运动顺序示教动作内容。示教盒示教则是利用装在控制盒上的按钮驱动机器人按需要的顺序进行操作。机器人每一个关节对应着示教盒上的一对按钮,以分别控制该关节正反方向的运动。示教盒示教方式一般用于大型机器人或危险作业条件下的机器人示教。示教编程的优点是:简单方便、不需要环境模型,对实际的机器人进行示教时,可以修正机械结构带来的误差。其缺点是:功能编辑比较困难、难以使用传感器、难以表现沿轨迹运动时的条件分支、缺乏记录动作的文件和资料、难以积累有关的信息资源,对实际的机器人进行示教时,在示教过程中要占用机器人。

目前,大多数工业机器人都具有采用示教方式来编程的功能。

4.2.1 手把手示教编程

手把手示教编程方式主要用于喷漆、弧焊等要求实现连续轨迹控制的工业机器人示教编程中。具体的方法是人工利用示教手柄引导末端执行器经过所要求的位置,同时由传感器检测出工业机器人各关节处的坐标值,并由控制系统记录、存储这些数据信息。实际工作当中,工业机器人的控制系统再重复再现示教过的轨迹和操作技能。

手把手示教编程也能实现点位控制,与 CP 控制不同的是它只记录各轨迹程序移动的两端点位置,轨迹的运动速度则按各轨迹程序段对应的功能数据输入。

下面就以新松协作机器人绘制圆弧运动为例，讲述手把手示教编程过程。

在同等情况下，协作机器人在运行过程中相比传统工业机器人更为安全。但在初次使用协作机器人之前，我们必须先熟悉基本的安全操作规范。

1. 熟悉紧急停机操作

在初次使用协作机器人之前，必须先熟悉"紧急停机"如何操作。协作机器人紧急停机均采用急停按钮控制，所以必须了解机器人及其配套设备上的急停按钮位置。一般，我们在三个位置设有急停按钮：示教器急停按钮、控制柜急停按钮和外部设备急停按钮。在安全策略中，紧急停止被定义成最高优先级的主动安全策略。协作机器人还有被动安全策略，即"碰撞检测"。

2. 开机

开机使用前，将机器人接通220V电源，将控制柜上的"系统开关"推至"ON"，然后按下控制柜或者示教器上的"上电按钮"。控制柜上的系统开关如图4-1所示，示教器上的上电按钮如图4-2所示。

图4-1　控制柜上的系统开关

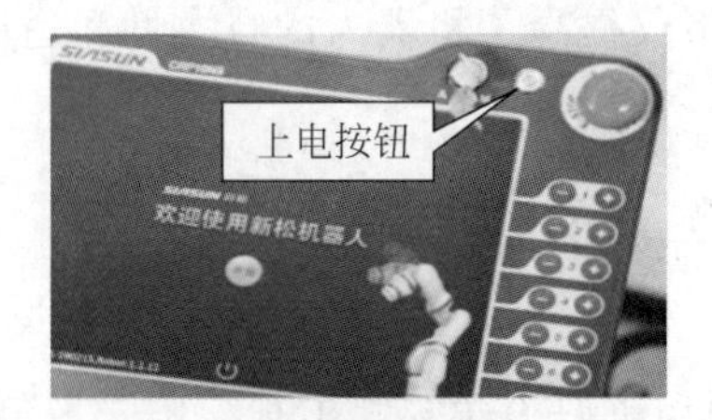

图4-2　示教器上的上电按钮

等待示教器上出现"欢迎使用新松机器人"的界面。示教器采用触摸屏，当出现开机界面后，单击"开始"按钮，弹出"机械臂安装方向"和"末端负载"的提示对话框。如果显示信息与实际情况不符，会对牵引示教和碰撞检测功能产生影响，可单击"修改安装方向"按钮进行修改。

3. 关节初始化

每次开机都需要确认，默认安装方向为"竖装"，默认末端负载为"0"，如果对默认值没有更改，可以直接单击"确认"进入下一环节：关节初始化。关节初始化界面如图4-3所示。

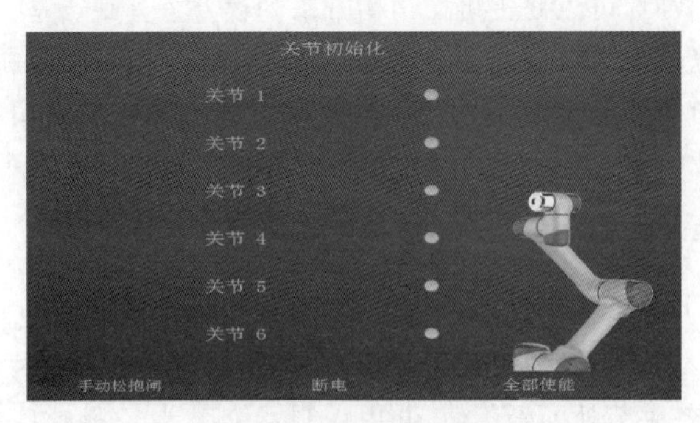

图4-3　关节初始化界面

关节初始化时，等待关节右侧的圆点从红色变成蓝色(此时无须操作屏幕)，蓝色代表关节初始化完成。当出现"手动松抱闸"按钮时，可以用于紧急情况下手动控制单一关节的抱闸开闭。

4. 机械手使能

在关节初始化界面,单击“全部使能”(Enable)。弹出一个进度提示界面,当进度完成,代表机器人关节的制动器被解除,机器人就具备运行条件了。使能进度100%之后,进入示教器操作界面,同时,机器人状态指示灯亮起。至此,机器人开机过程全部完成。

5. 移动机器人

上电完毕后会默认进入移动界面。或单击上方导航栏中的“移动”进入移动界面。移动导航界面如图4-4所示。

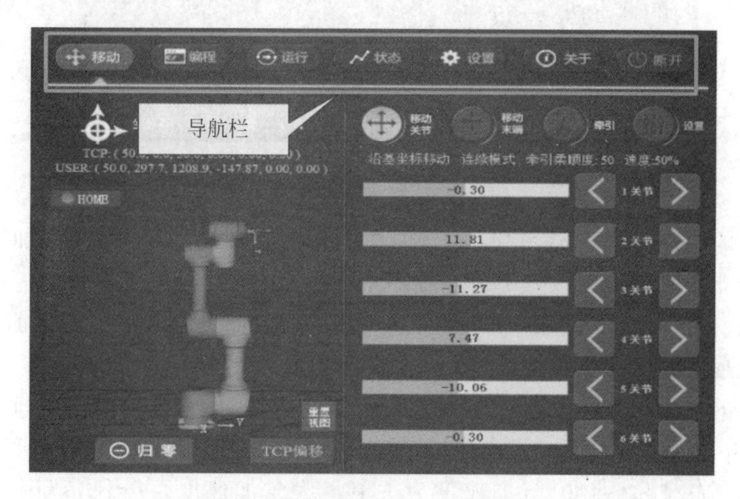

图4-4　机器人移动界面-导航栏1

移动界面中第二行有6个导航按钮：坐标系、3D仿真、移动关节、移动末端、牵引、设置。同时该界面会显示当前系统使用的TCP参数以及工件坐标系参数。取消点选坐标系及3D仿真按钮,可切换到末端/关节位置输入界面。

1) 坐标系的设定

单击“坐标系”按钮可选择当前使用的坐标系以及手动移动的参考坐标系,默认会使用“基坐标系”,表示以机器人底座为坐标原点。还可以选择“工具坐标系”或“工件坐标系”,工具坐标系表示以末端工具的末端点为坐标原点,工件坐标系由用户自由设定。切换坐标系后,界面上的数据显示、移动末端时的移动方向以及编程时使用的坐标系都会相应改变。

2) 牵引示教

在机器人非运行状态下按住末端牵引示教(T)的按钮,即可进入牵引示教模式。此时用户可以拖动机器人的任意关节进行移动。松开按钮后即退出牵引示教模式。牵引示教模式如图4-5所示。

在牵引模式下,可以在“移动”→“牵引”界面上拖动柔顺度滑块调节整臂的牵引柔顺度,柔顺度越大,整臂牵引的柔顺性越好。此外,如果只需改变某个关节的柔顺度,可以在“关节柔顺度设置”界面下单独调整每一个关节的柔顺度。

6. 创建程序

在编程前,我们首先要创建一个新程序,输入程序名。创建好程序后,选择脚本语言编程,会进入编辑程序界面。通过单击程序名可以快速切换至该程序进行编辑。

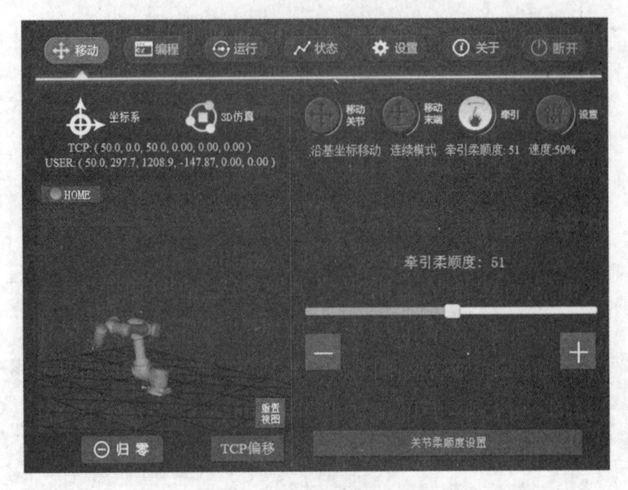

图 4-5 牵引示教界面

编程界面的左侧为程序显示列表，当创建了一个新程序后，会自动添加“movej”节点，并保存当前机器人的位置到该点上。在程序中，每一个节点表示机器人的一个位置。程序运行一个节点就是移动到该节点的位置。运行程序时机器人会从运行程序前所在的任意位置移动关节到程序的第一个点。

编程界面的右侧有“movej”点的功能描述及位置信息，包含了末端空间位置、关节位置、速度。单击“速度”可以更改运动速度，编程时默认为30%。movej的速度为关节最大角速度百分比，范围：1%～100%，加速度为关节最大角加速度百分比，范围：1%～100%。movel、movec的速度为末端速度，范围：1～1000mm/s，加速度单位：mm/s²。单击右侧的“修改此函数”，可以手动修改脚本指令。协作机器人的编程界面如图4-6所示。

图 4-6 编程界面

单击右侧的“设置此点位置”或双击想要设置位置的节点便可设置/更改节点的位置，此时页面会跳转到移动界面(左下方会出现“记录当前位置”按钮)。将机器人移动到目标位置后，单击左下角的“记录当前位置”按钮，程序会跳转回到编程界面，节点的位置已被设置/

更新。

7. 添加程序中的指令

圆弧运动需要使用“movec”指令，其中，“c”为英文单词“circular”的首字母，即圆弧运动。圆弧运动示意图如图 4-7 所示。

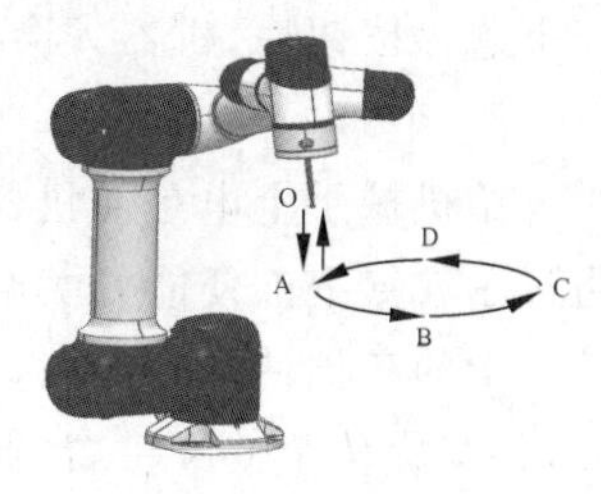

图 4-7 圆弧运动

具体程序为：

```
movej([θ1,θ2,θ3,θ4,θ5,θ6],ω,a,rad);
movel([xA,yA,zA,rxA,ryA,rzA],v,a,rad);
movec();
movec_1([xB,yB,zB,rxB,ryB,rzB],v,a,rad);
movec_2([xC,yC,zC,rxC,ryC,rzC],v,a,rad);
movec();
movec_1([xD,yD,zD,rxD,ryD,rzD],v,a,rad);
movec_2([xA,yA,zA,rxA,ryA,rzA],v,a,rad);
movel([x0,y0,z0,rx0,ry0,rz0],v,a,rad);
```

8. 关机

关机过程大致上与开机相反，首先操作示教器，按下右上角的“断开”，弹出“确认断开”键，单击“确认断开”键。确认断开后，示教器退到了关节初始化界面，再按下“断电”按钮。然后按下“关机”按钮。

4.2.2 示教盒示教编程

示教盒示教编程方式是人工利用示教盒上所具有的各种功能的按钮来驱动工业机器人的各关节轴，按作业所需要的顺序单轴运动或多关节协调运动，从而完成位置和功能的示教编程。示教盒通常是一个带有微处理器、可随意移动的小键盘，内部 ROM 中固化有键盘扫描和分析程序。其功能键一般具有回零、示教方式、自动方式和参数方式等。示教编程控制由于其编程方便、装置简单等优点，在工业机器人的初期得到较多的应用。但是，由于其编程精度不高、程序修改困难、示教人员要熟练等缺点的限制，促使人们又开发了许多新的控制方式和装置，以使工业机器人能更好更快地完成作业任务。新松机器人示教盒如图 4-8 所示。

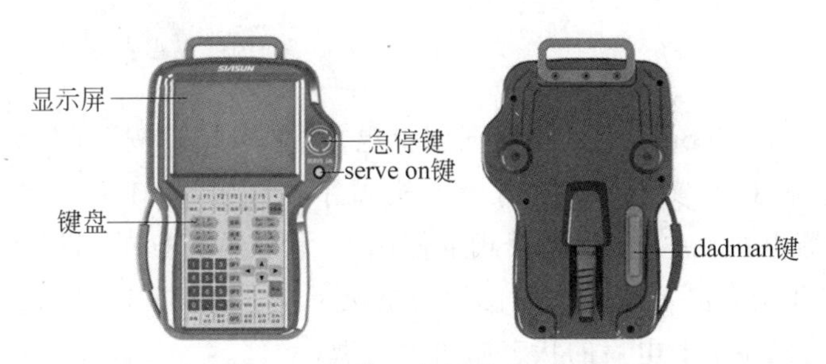

图 4-8 新松工业机器人示教盒

下面就以新松 6 轴工业机器绘制圆弧为例，讲述示教盒编程过程。

1. 熟悉紧急停机操作

在操作工业机器人前，首先请确认急停按钮的位置，目的是意外情况发生时，及时按下急停按钮，防止造成更大的伤害。一般工业机器人在控制柜和示教盒上都安装有急停按钮。按下急停按钮后，机器人会立刻停止。

2. 开机

给机械手上电是使机器人运动起来的基础，都需要先将控制柜上的电源开关打开，然后通过示教盒上的使能开关给电机上电，如果是示教模式下使机器人运动，还需要配合按下示教盒上的三挡使能开关，这样才能使机器人运动起来。首先顺时针旋转控制柜上的电源开关，将其旋转至ON位置，此时电源指示灯亮。旋转控制柜开关ON位置如图4-9所示。

图4-9　旋转控制柜开关至ON位置

当示教器屏幕上出现“已选择本地操作模式”文字，机器人开机启动完成。开机完成界面如图4-10所示。

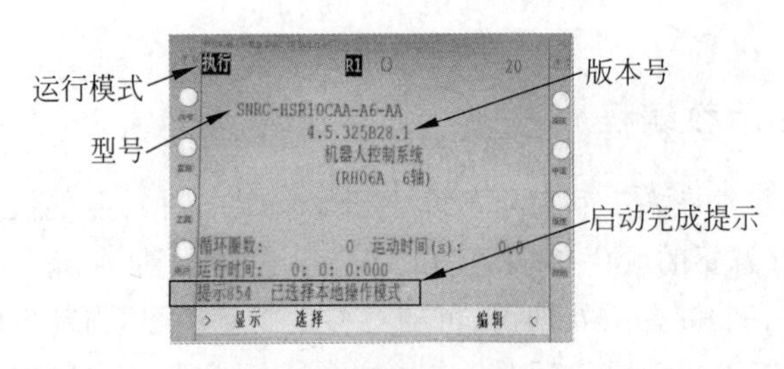

图4-10　开机完成后的界面

3. 模式选择

示教器上按下“模式”按键，机器人运动模式由“执行”变成“示教”；示教器上再次按下“模式”按键，机器人运动模式由“示教”变成“执行”。模式切换方式是反复按下示教器上“模式”按键进行切换。

4. 机械手上电

按下示教器上“serve on”，给机械手伺服上电。“serve on”按下后，示教器显示屏上可观察状态，此时空心圆变实心圆，控制柜上机械手上电指示灯亮。按下示教器背面的“deadman”，给伺服电机上电(仅示教模式下使用)。示教器背面的三挡使能开关有3个挡位，完全释放状态和用力按下状态都是使伺服电机下电，当轻按下“deadman”时，伺服电机上电。示教盒上的机械手上电后的状态如图4-11所示。

在示教模式下，当按下“serve on”和“deadman”后，控制柜上机械手上电指示灯点亮。至此，在示教模式下给机械手上电操作完成。

5. 坐标选择

按示教器上的“坐标”键，选择关节坐标系。按示教器上的“坐标”键，循环切换4个不同的坐标系，这 4 个坐标系分别是关节坐标系、直接坐标系、工具坐标系、用户坐标系。坐标系的选择仅在示教模式下选用。坐标系的位置如图 4-12 所示。

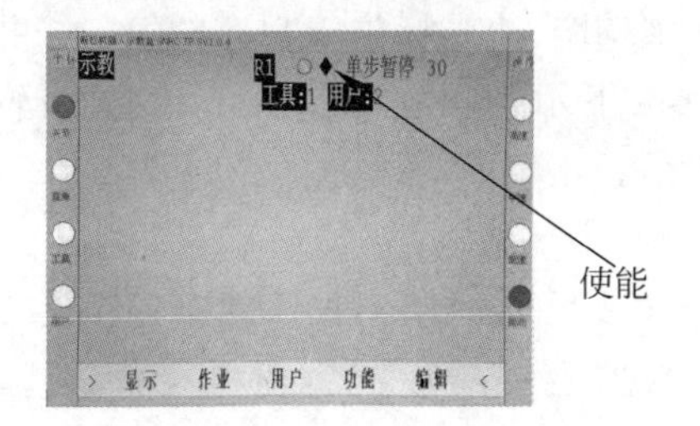

图 4-11　示教器上显示伺服电机使能

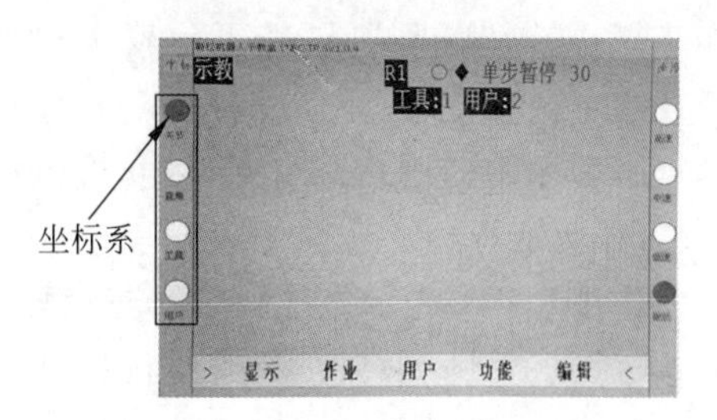

图 4-12　示教器界面上坐标系

6. 手动移动机器人

分别按示教器上的“x＋”“x－”“y＋”“y－”“z＋”“z－”“Rx＋”“Rx－”“Ry＋”“Ry－”“Rz＋”“Rz－”按钮，它们分别对应机器人 1～6 轴的运动方向。示教盒上的轴操作键如图 4-13 所示。

在操作示教盒时，需要随时观察机器人是否在安全区域内，释放显示器正面上的“serve on”，或者释放显示器背面“deadman”，机械臂停止运动。

7. 程序的编写

三点确定唯一圆弧，因此，圆弧运动时，需要示教三个圆弧运动点，即 P1～P3，如图 4-14 所示。

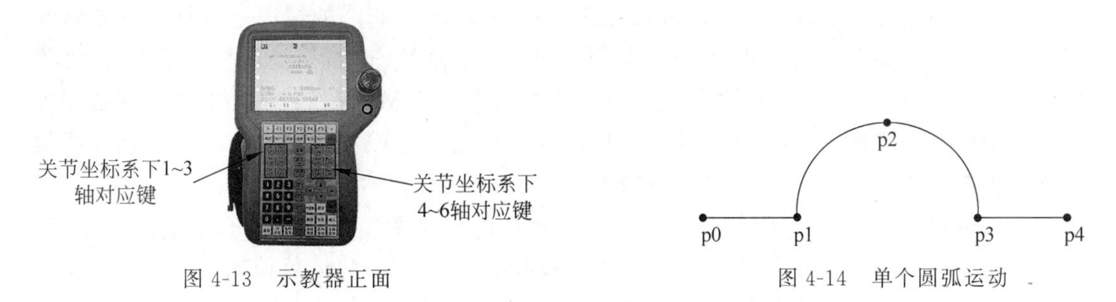

图 4-13　示教器正面

图 4-14　单个圆弧运动

编程过程的具体步骤为：①在示教模式下，新建一个作业并命名；②开始编写程序，在示教器上写指令前，须将机器人工具先移动到示教点，然后再在示教盒屏幕中写入指令。

指令如下：

```
NOP
MOVJ   VJ = 1          //P0 点
MOVJ   VJ = 10         //－P1(与圆弧运动起始点相同位置的示教点)
MOVC   VC = 100        //P1(由于示教点相同,该命令机器人不运动)
MOVC   VC = 100        //P2
MOVC   VC = 100        //P3
MOVJ   VJ = 10         //P3
MOVJ   VJ = 10         //P4
END
```

8. 示教检验

程序编写完成后，为了防止错误，需要再手动运行一遍，检验各点位置是否合理与安全。操作步骤：在示教模式下，按下示教器上“主菜单”→“编辑”，使光标位于程序的第一条指令或者任意一条指令，按下“serve on”→“dead man”→按下示教器上“正向运动”或“反向运动”，把本程序中的所有指令走一遍，检验示教点位置是否正确。

9. 自动运行

操作步骤：①在示教模式下，使机械手臂正向运动或反向运动到程序的第一个运动指令的位置点；②将程序切换到执行模式，并按下示教器上“serve on”，给电机伺服上电；③在控制柜上按下“启动/运行”键，程序自动运行；④如果想暂停程序，按下控制柜上的“暂停”按钮，程序暂停；⑤如果程序在任何停止的情况下想继续执行自动运行，须重复做前4步。

10. 关机

机器人使用完毕后，一般习惯将机器人运动到安全原点位置后关机，即机器人6个轴的关节值是0,0,−20,20,0,0。关机过程和开机过程相反，先使机械手断电，然后关闭示教盒，最后关闭控制柜上的“开机”按钮。

4.3 离线编程

这是一种用通用语言或专门语言预先进行程序设计，在离线的情况下进行轨迹规划的编程方法。离线编程系统是基于CAD数据的图形编程系统。由于CAD技术的发展，机器人可以利用CAD数据生成机器人路径，这是集机器人于CIMS系统的必由之路。离线编程作为未来机器人编程方式，它采用任务级机器人语言进行编程。这种编程方式可能彻底改变现有机器人的编程方法，而且将为改进CAD/CAM综合技术做出贡献。

离线编程克服了在线编程的许多缺点，充分利用了计算机的功能。其优点是：编程时可不用机器人，机器人可进行其他工作；可预先优化操作方案和运行周期时间；可将以前完成的过程或子程序结合到待编写的程序中；可用传感器探测外部信息，从而使机器人做出相应的响应；控制功能中可以包括现有的CAD和CAM的信息，可以预先运行程序来模拟实际运动，从而不会出现危险，利用图形仿真技术可以在屏幕上模拟机器人运动来辅助编程；对不同的工作目的，只需要替换部分特定的程序。但离线编程中所需要的能补偿机器人系统误差的功能、坐标系准确的数据仍难以得到。

4.3.1 离线编程的概念

离线编程与机器人语言编程相比也具有明显的特点。语言编程目前是动作级机器人语言和对象级机器人语言，编程工作非常繁重。机器人离线编程就是利用计算机图形学的成果，建立机器人及作业环境的三维几何模型，然后对机器人所要完成的任务进行离线规划和编程，并对编程结果进行动态图形仿真，最后将满足要求的编程结果传到机器人控制柜，使机器人完成指定的作业任务。因此，离线编程可以看作动作级和对象级语言图形方式的延伸，是研制任务级语言编程的重要基础。机器人离线编程已经证明是一个有力的工具，对于提高机器人的使用效率和工作质量,提高机器人的柔性和机器人的应用水平都有重要的意义。机器人要在FMS和CIMS中发挥作用,必须依靠离线编程技术的开发及应用。

4.3.2　离线编程系统的一般要求

工业机器人离线编程系统的一个重要特点是能够和CAD/CAM建立联系,能够利用CAD数据库的资料。对于一个简单的机器人作业,几乎可以直接利用CAD对零件的描述来实现编程。但一般情况,作为一个实用的离线编程系统设计,则需要更多方面的知识,至少要考虑以下几点:

(1) 对将要编程的生产系统工作过程的全面了解。

(2) 机器人和工作环境三维实体模型。

(3) 机器人几何学、运动学和动力学的知识。

(4) 能用专门语言或通用语言编写出基于上面3条的软件系统,要求该系统是基于图形显示的。

(5) 能用计算机构型系统进行动态模拟仿真,对运动程序进行测试,并检测算法,如检查机器人关节角超限,运动轨迹是否正确,以及进行碰撞的检测。

(6) 传感器的接口和仿真,以利用传感器的信息进行决策和规划。

(7) 通信功能,从离线编程系统所生成的运动代码到各种机器人控制柜的通信。

(8) 用户接口,提供友好的人-机界面,并要解决好计算机与机器人的接口问题,以便人工干预和进行系统的操作。

此外,离线编程系统是基于机器人系统的图形模型,通过仿真模拟机器人在实际环境中的运动而进行编程的,存在着仿真模型与实际情况的误差。离线编程系统应设法把这个问题考虑进去,一旦检测出误差,就要对误差进行校正,以使最后编程结果尽可能符合实际情况。

4.3.3　离线编程系统的基本组成

作为一个完整的机器人离线编程系统,应该包含以下几个方面的内容:用户接口、机器人系统的三维几何构型、运动学计算、轨迹规划、三维图形动态仿真、通信及后置处理、误差的校正等。实用化的机器人离线编程系统都是在上述基础上,根据实际情况进行扩充而成。图4-15所示为一个通用的机器人离线编程系统的结构框图。

1. 用户接口

用户接口又称用户界面,是计算机与用户之间通信的重要综合环境。在设计离线编程系统时,就应考虑建立一个方便实用、界面直观的用户接口,利用它能产生机器人系统编程的环境以及方便地进行人机交互。作为离线编程的用户接口,一般要求具有文本编辑界面和图形仿真界面两种形式。文本方式下的用户接口可对机器人程序进行编辑、编译等操作,而对机器人的图形仿真及编辑则通过图形界面进行。用户可以用鼠标或光标等交互式方法改变屏幕上机器人几何模型的位形。通过通信接口,可以实现对实际机器人控制,使之与屏幕机器人姿态一致。有了这一项功能,就可以取代现场机器人的示教盒的编程。

可以说,一个设计好的离线编程用户接口,能够帮助用户方便地进行整个机器人系统的构型和编程的操作,其作用是很大的。

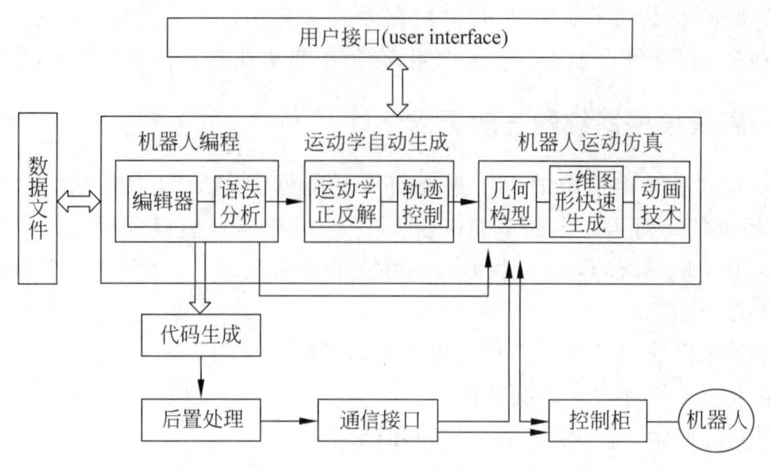

图 4-15 通用机器人离线编程系统结构框图

2. 机器人系统的三维几何构型

机器人系统的三维几何构型在离线编程系统中具有很重要的地位。正是有了机器人系统的几何描述和图形显示，并对机器人的运动进行仿真，才使编程者能直观地了解编程结果，并对不满意的结果及时加以修正。

要使离线编程系统构型模块有效地工作，在设计时一般要考虑以下问题：

(1) 良好的用户环境，即能提供交互式的人机对话环境，用户只要输入少量信息，就能方便地对机器人系统构型；

(2) 能自动生成机器人系统的几何信息及拓扑信息；

(3) 能方便地进行机器人系统的修改，以适应实际机器人系统的变化；

(4) 能适合于不同类型机器人的构型，这是离线编程系统通用化的基础，机器人本身及作业环境，其实际形状往往很复杂。

在构型时可以将机器人系统进行适当简化，保留其外部特征和部件间相互关系，而忽略其细节部分。这样做是有理由的，因为对机器人系统进行构型的目的不是研究机器人本体的结构设计，而是为了仿真，即用图形的方式模拟机器人的运动过程，以检验机器人运动轨迹的正确性和合理性。

对机器人系统构型，可以利用计算机图形学几何构型的成果。在计算机三维构型的发展过程中，已先后出现了线框构型、实体构型、曲面构型以及扫描变换等多种方式。

3. 运动学计算

机器人的运动学计算包含两部分，一是运动学正解，二是运动学逆解。运动学正解，是已知机器人几何参数和关节变量，计算出机器人终端相对于基坐标系的位置和姿态。运动学逆解，是给出机器人终端的位置和姿态，解出相应的机器人形态，即求出机器人各关节变量值。

对机器人运动学正逆解的计算，是一项冗长复杂的工作。在机器人离线编程系统中，人们一直渴求一种比较通用的运动学正解和逆解的运动学生成方法，使之能对大多数机器人的运动学问题都能求解，而不必对每一种机器人都进行正逆解的推导计算。离线编程系统中如能加入运动学方程自动生成功能，系统的适应性就比较强，且易扩展，容易推广应用。

4. 轨迹规划

轨迹规划是用来生成关节空间或直角空间的轨迹，以保证机器人实现预定的作业。机器人的运动轨迹最简单的形式是点到点的自由移动，这种情况只要求满足两边界点约束条件，再无其他约束。运动轨迹的另一种形式是依赖连续轨迹的运动，这类运动不仅受到路径约束，而且还受到运动学和动力学的约束。轨迹规划器接收路径设定和约束条件的输入变量，输出起点和终点之间按时间排列的中间形态（位姿、速度、加速度）序列，它们可用关节坐标或直角坐标表示。离线编程系统的轨迹规划器的方框图如图 4-16 所示。

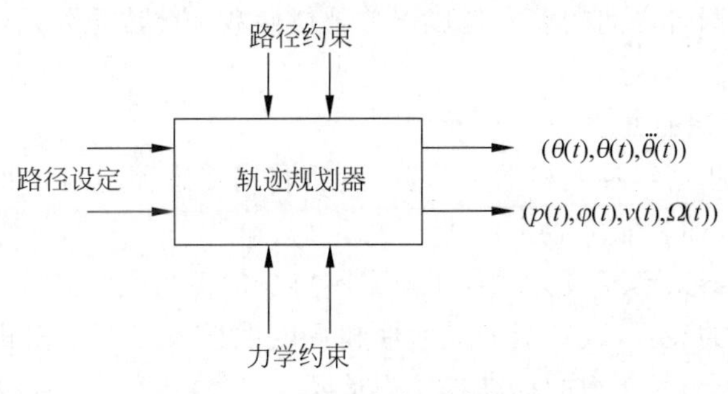

图 4-16 轨迹规划器方框图

为了发挥离线编程系统的优势，轨迹规划器还应具备可达空间的计算以及碰撞检测等功能。

1）可达空间的计算

在进行轨迹规划时，首先需要确定出机器人的可达空间，以决定机器人工作时所能到达的范围。机器人的可达空间是衡量机器人工作能力的一个重要指标。

2）碰撞的检测

在轨迹规划过程中，要保证机器人的连杆不与周围环境物相碰，因此碰撞的检测功能是很重要的。

5. 三维图形动态仿真

离线编程系统在对机器人运动进行规划后，将形成以时间先后排列的机器人各关节的关节角序列。经过运动学正解方程式，就可得出与之相应的机器人一系列不同的位姿。将这些位姿参数通过离线编程系统的构型模块，产生出对应每一位姿的一系列机器人图形。然后将这些图形在微机屏幕上连续显示出来，产生动画效果，从而实现了对机器人运动的动态仿真。

机器人动态仿真是离线编程系统的重要组成部分。它逼真地模拟了机器人的实际工作过程，为编程者提供了直观的可视图形，进而可以检验编程的正确性和合理性；而且还可以通过对图形的多种操作，获得更为丰富的信息。

6. 通信及后置处理

对于一项机器人作业，利用离线编程系统在计算机上进行编程，经模拟仿真确认程序无误后，需要利用通信接口把编程结果传送给机器人控制器。因此，存在着编程计算机与机器人之间的接口与通信问题。通信涉及计算机网络协议和机器人提供的握手协议之间的相互认同，如果有这样的标准通信接口，通过它能把机器人仿真程序直接转化成各种机器人控制器能接受的代码，那么通信问题也就简单了。后置处理是指对语言加工或翻译，使离线编程系统结果转换成机器人控制器可接受的格式或代码。

7. 误差的校正

由于仿真模型和被仿真的实际机器人之间存在误差，故在离线编程系统中要设置误差校正环节。如何有效地消除或减小误差，是离线编程系统实用化的关键。目前误差校正的方法主要有以下两种：

1）基准点方法

即在工作空间内选择一些基准点，由离线编程系统规划使机器人运动经过这些点，利用基准点和实际经过点两者之间的差异形成误差补偿函数。此法主要用于精度要求不高的场合（如机器人喷漆）。

2）利用传感器反馈的方法

首先利用离线编程系统控制机器人位置，然后利用传感器进行局部精确定位。该方法用于较高精度的场合（如装配机器人）。

进入21世纪，机器人已经成为现代工业必不可少的工具，它标志着工业的现代化程度。机器人是一个可编程的装置，其功能的灵活性和智能性很大程度上由机器人的编程能力决定。因此，机器人离线编程能力的提高将尤为重要。

4.3.4 离线编程示例

机器人离线编程的基本步骤如下：

1. CAD建模

包括零件建模、设备建模、系统设计和布置、几何模型图形处理。

2. 图形仿真

计算机图形仿真将机器人仿真的结果以图形的形式显示出来，直观地显示出机器人的运动状况。

3. 编程

编程模块一般包括机器人及设备的作业任务描述（包括路径点的设定）、建立变换方程、求解未知矩阵及编制任务程序等。

4. 传感器

利用传感器的信息能够减少仿真模型与实际模型之间的误差，增加系统操作和程序的可靠性，提高编程效率。

5. 后置处理

后置处理的主要任务是把离线编程的源程序编译为机器人控制系统能够识别的目标程序。

4.3.5 新松离线编程软件(SRVWS虚拟工作站)

本实例将介绍如何通过离线编程驱动机器人进行焊接。焊接机器人就是在工业机器人的末轴法兰装接焊钳或焊（割）枪的，使之能进行焊接、切割或热喷涂。

1. 新建工作站

选择自己所需的机器人型号，然后开始工作站的搭建（这里我们选择SR10，SR10是由新松自主创建的工作站模型之一），如图4-17所示。

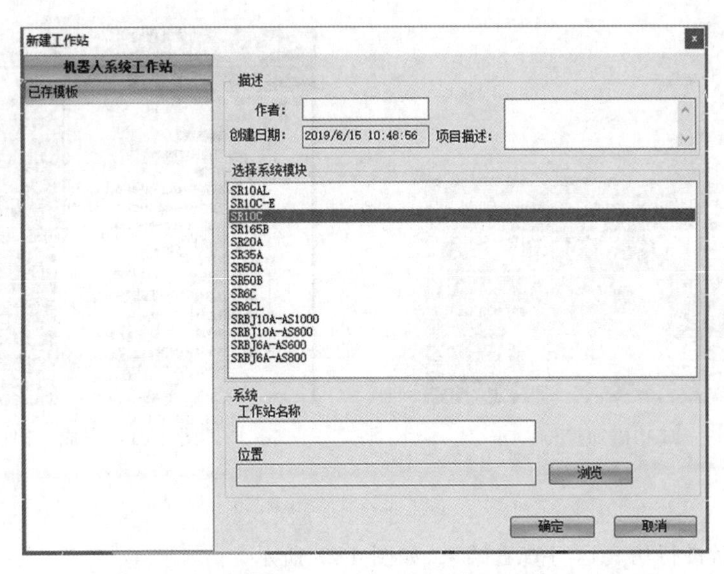

图 4-17 添加工作站模型

2. 底座的安装

底座可以让机器人的工作范围进一步扩大。首先将底座添加到场景中,调整机器人的位置,如图 4-18 所示。

3. 加载焊枪的模型

模型软件默认就会有,如果没有也可以自己使用建模软件制作,调整焊枪的位置并将焊枪挂载,如图 4-19、图 4-20 所示。

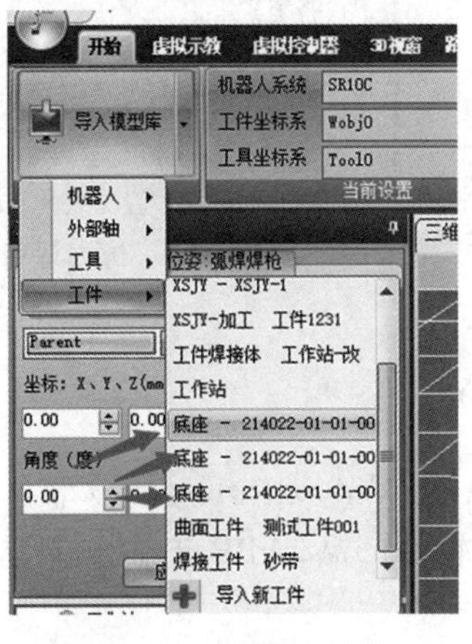

图 4-18 底座的安装

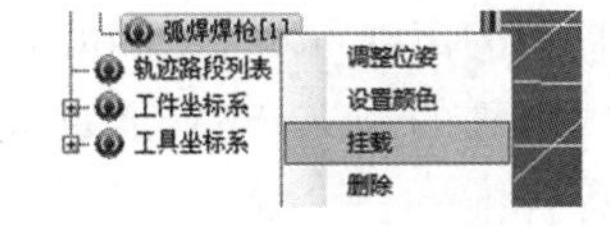

图 4-19 加载焊枪模型

4. 添加变位机模型

添加变位机模型到场景中,调节变位机的位置并将工件挂载到变位机,如图 4-21 所示。

5. 自动生成路径

使用自动路径生成对焊接轨迹自动配置,配置之后就会自动将所有的目标更新为正确目标,如果不成功则需要手动调整,如图 4-22 所示。

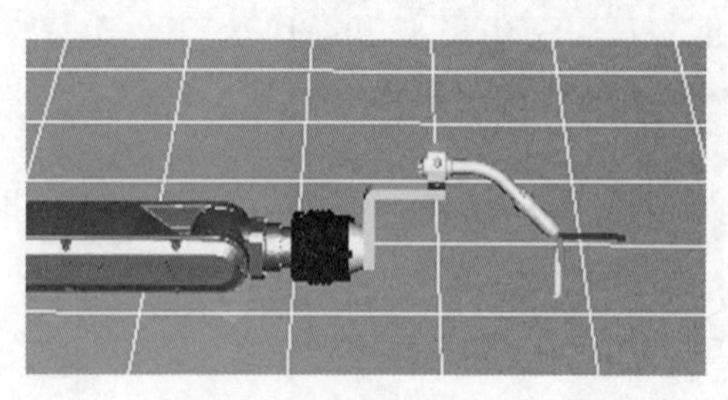

图 4-20 成功添加焊枪

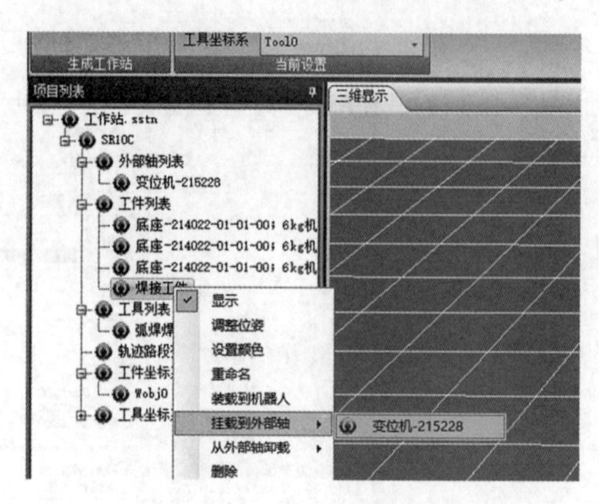

图 4-21 完成工件挂载

6. 仿真

配置完毕后进行仿真运行查看结果，如图 4-23 所示。

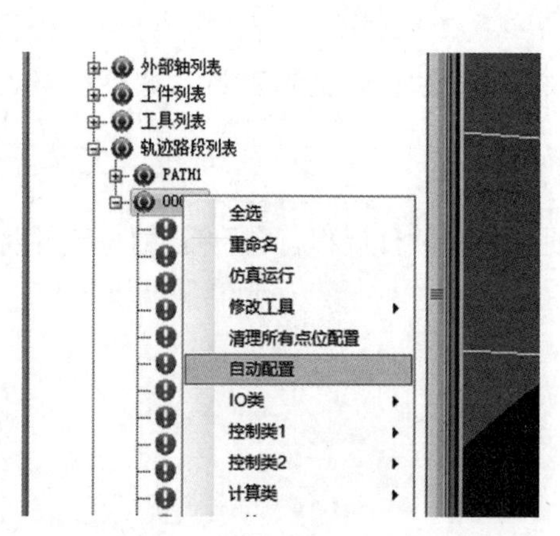

图 4-22 自动路径生成

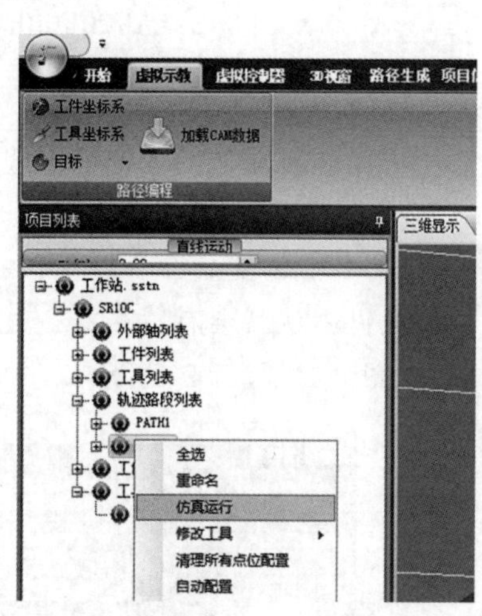

图 4-23 仿真运行

4.3.6 ABB 离线编程软件(RobotStudio)

为实现真正的离线编程，RobotStudio 采用了 ABB VirtualRobot™ 技术。RobotStudio 是市场上离线编程的领先产品，通过此功能强大的软件产品，ABB 正在世界范围内建立机器人离线编程标准。

机器人虚拟仿真技术应运而生，利用虚拟仿真技术可在机器人项目实施之前通过可视化手段来验证解决方案可行性，从而降低项目风险；离线编程可大大提高编程效率，轻松创建更加精确的路径来获得更高的产品质量；并可实时监控管理大批量机器人。此外，虚拟仿真技术更是绝佳的机器人教学工具，极大地促进了机器人应用的普及和推广。

RobotStudio 功能特色如下。

(1) CAD 导入。RobotStudio 可方便地导入各种主流 CAD 格式的数据，包括 IGES、STEP、VRML、VDAFS、ACIS 及 CATIA 等。机器人程序员可依据这些精确的数据编制精度更高的机器人程序，从而提高产品质量。

（2）自动路径 AutoPath。RobotStudio 中最能节省时间的功能之一。该功能通过使用待加工零件的 CAD 模型，仅在数分钟之内便可自动生成跟踪加工曲线所需要的机器人位置（路径），而这项任务以往通常需要数小时甚至数天。

（3）程序编辑器。程序编辑器（program editor）可生成机器人程序，使用户能够在 Windows 环境中离线开发或维护机器人程序，可显著缩短编程时间，改进程序结构。

（4）路径优化。如果程序包含接近奇异点的机器人动作，RobotStudio 可自动检测出来并发出报警，从而防止机器人在实际运行中发生这种现象。仿真监视器是一种用于机器人运动优化的可视工具，红色线条显示可改进之处，以使机器人按照最有效方式运行。可以对 TCP 速度、加速度、奇异点或轴线等进行优化，缩短周期时间。

（5）自动伸展 Autoreach。Autoreach 可自动进行可到达性分析，使用十分方便，用户可通过该功能任意移动机器人或工件，直到所有位置均可到达，在数分钟之内便可完成工作单元平面布置验证和优化。

（6）虚拟手操器。是实际示教台的图形显示，其核心技术是 VirtualRobot。本质上讲，所有可以在实际示教台上进行的工作都可以在虚拟手操器上完成，其因而是一种非常出色的教学和工程工具。

（7）运动仿真。根据设计在 RobotStudio 进行工业机器人工作站的动作模拟仿真以及周期节拍，为工程的实施提供百分百真实的验证。

（8）在线作业。使用 RobotStudio 与真实的机器人进行连接通信，对机器人进行便捷的监控、程序修改、参数设定、文件传送及备份恢复的操作，使得调试与维护工作更轻松。

（9）运动分析（事件表）。一种用于验证程序的结构与逻辑的理想工具。程序执行期间，可通过该工具直接观察工作单元的 I/O 状态。可将 I/O 连接到仿真事件，实现工位内机器人及所有设备的仿真。该功能是一种十分理想的调试工具。

（10）碰撞检测。碰撞检测功能可避免设备碰撞造成的严重损失。选定检测对象后，RobotStudio 可自动监测并显示程序执行时这些对象是否会发生碰撞。

（11）二次开发。提供功能强大的二次开发的平台，使得机器人应用实现更多的可能，满足机器人科研的需要。可采用 VBA 改进和扩充 RobotStudio 功能，根据用户具体需要开发功能强大的外接插件、宏，或定制用户界面。

（12）直接上传和下载。整个机器人程序无须任何转换便可直接下载到实际机器人系统，该功能得益于 ABB 独有的 VirtualRobot 技术。

4.3.7 仿真示例（车窗玻璃涂胶）

本示例要创建一个如图 4-24 所示的汽车玻璃涂胶系统。

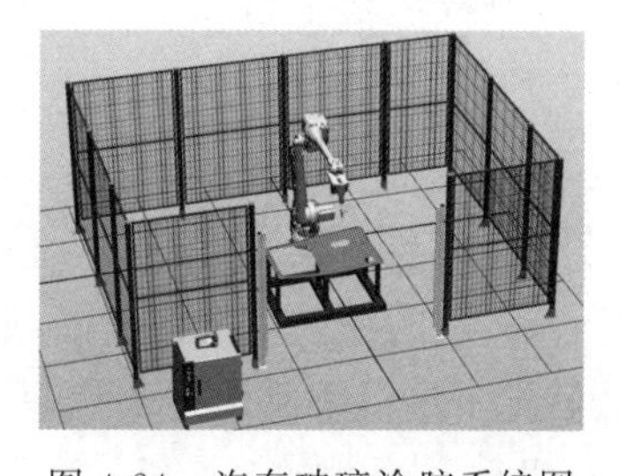

图 4-24 汽车玻璃涂胶系统图

1. 建工件坐标系

① 基本菜单→其他→创建工件坐标→取点创建框架下拉按键→选择三点法；②选取捕捉点工具→捕捉末端，依次捕捉图中所示 X1、X2、Y1 三点，单击“Accept”，单击“创建”，如图 4-25 所示。

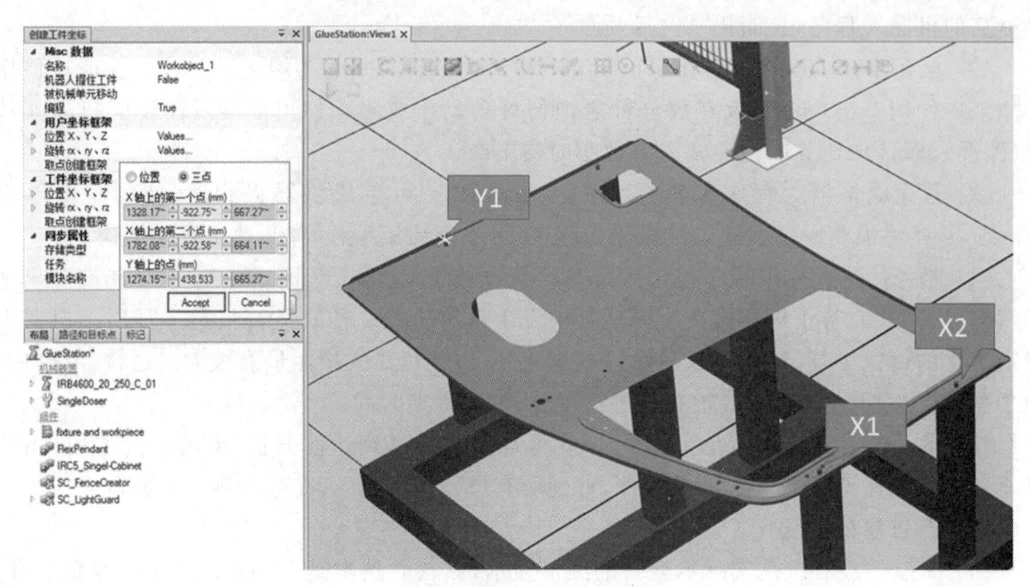

图 4-25　创建工件坐标系

2. 自动路径

① 基本菜单→路径下拉按键→自动路径；②使用鼠标依次捕捉车窗位置轨迹，如图 4-26 所示。

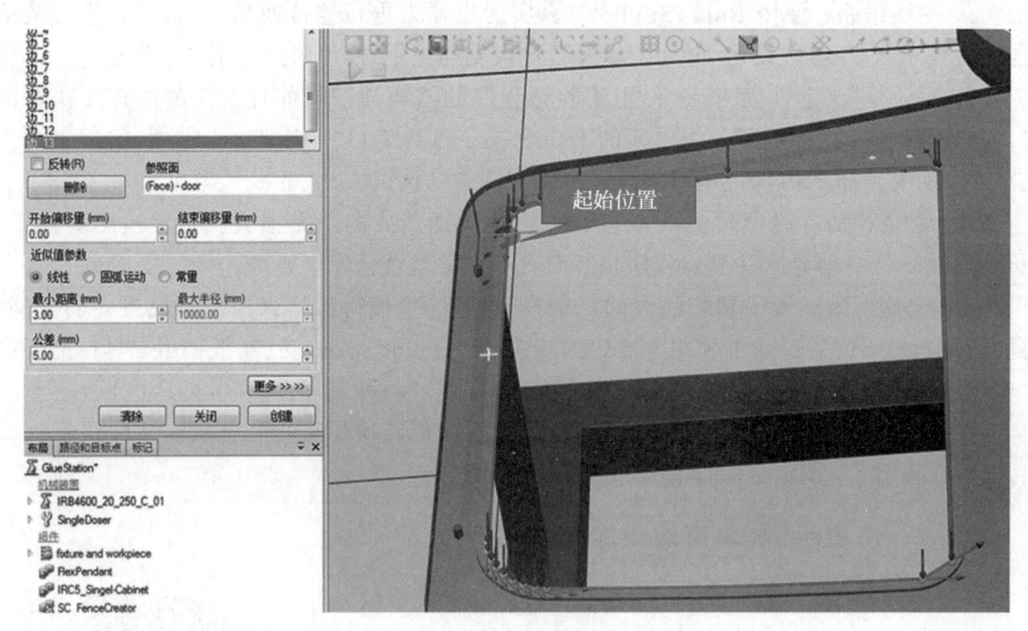

图 4-26　自动路径

3. 调整参数

① 左侧窗口中设置参数，近似值参数选圆弧运动，最小距离 3，最大半径 10000，公差 1；②软件主窗口下侧设置运动参数，速度设为 v200，转角路径设为 z1；③单击“创建”，生成轨迹，如图 4-27 所示。

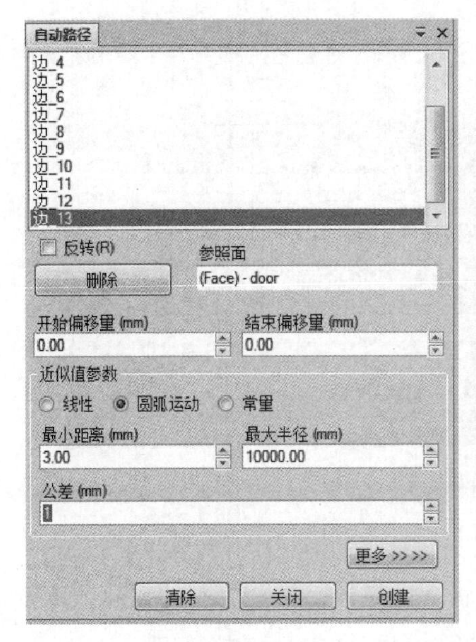

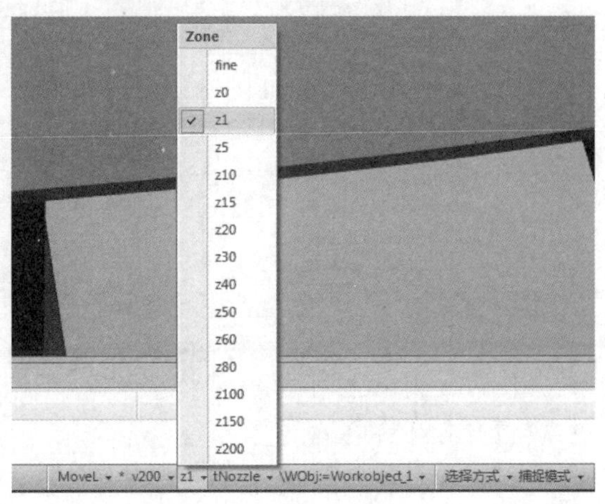

图 4-27 调整参数

4. 目标点偏移

① 基本菜单→左侧路径和目标的窗口→工件坐标 Wobjobject_1,按 Shift 键选中所有目标点,右键选择修改目标中的偏移位置功能;②参考本地,第 2 项数值即 Y 向偏移设为 5,单击“应用”,如图 4-28 所示。

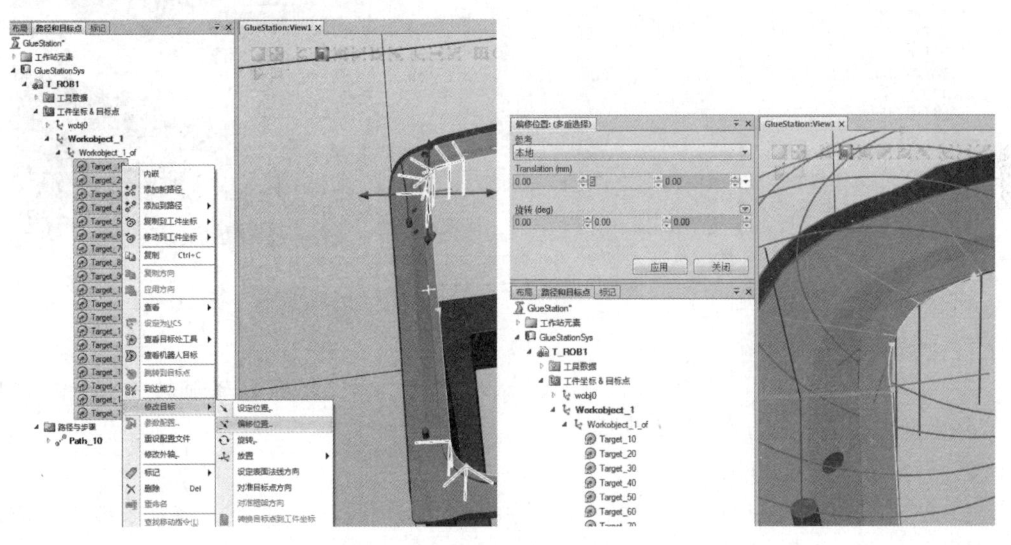

图 4-28 目标点偏移

5. 重命名目标点

① 路径与步骤中,右键单击“Path_10”,选择重命名目标点;②目标前缀 Path1_,其他默认,单击“应用”,如图 4-29 所示。

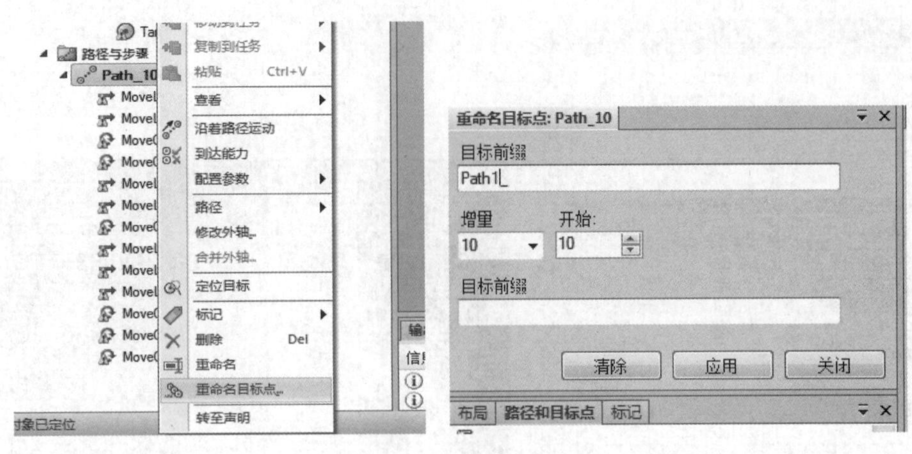

图 4-29 重命名目标点

6. 查看目标点姿态

① 右键单击目标点“Path1_10”,查看目标处工具,单击“SingleDoser”,在目标点处显示工具; ②按 Shift 键选中全部目标点,查看运动过程中各目标处工具姿态,如图 4-30 所示。

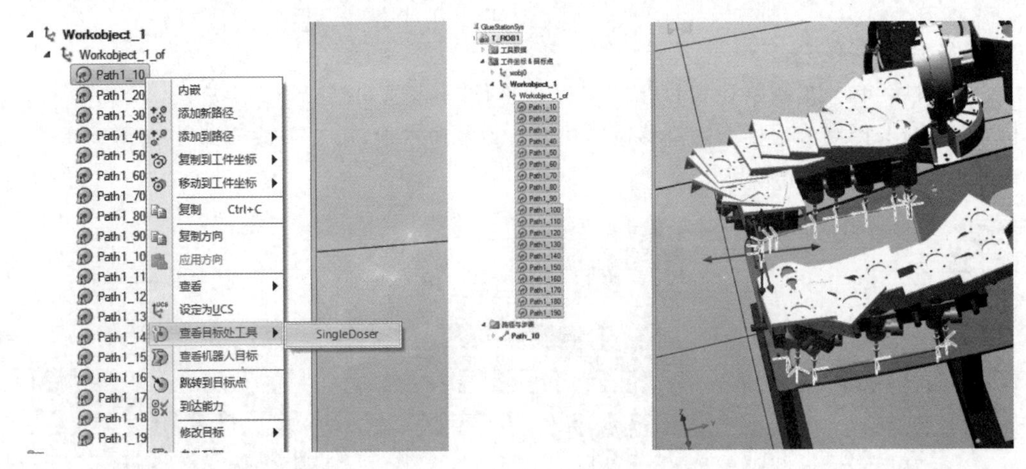

图 4-30 查看目标点姿态

7. 调整目标点姿态

① 右键单击“Path1_10”,修改目标,旋转; ②参考本地,绕着 Z 轴旋转 180°,单击“应用”,将工具姿态调至图 4-31 右图所示。

8. 批量调整目标点姿态

① 按 Shift 键选中其他所有目标点,右键单击,修改目标,对准目标点; ②参考之前调整好的 Path1_10,对准轴设为 X,锁定轴设为 Z,单击“应用”,将其他点参考 Path1_10 进行批量调整,如图 4-32 右图所示。

9. 轴配置参数调整

① 路径与步骤中,右键单击 Path_10,配置参数,自动配置; ②旋转第一组配置参数,单击“应用”,如图 4-33 所示。

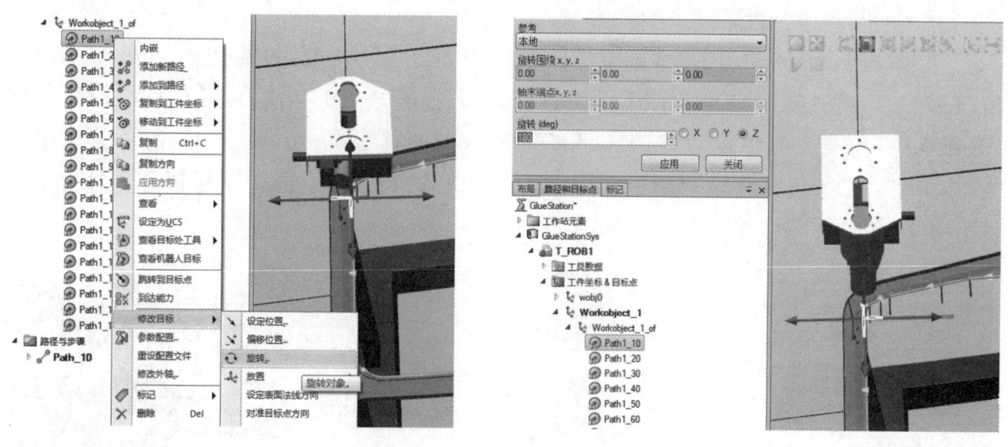

图 4-31 调整目标点姿态

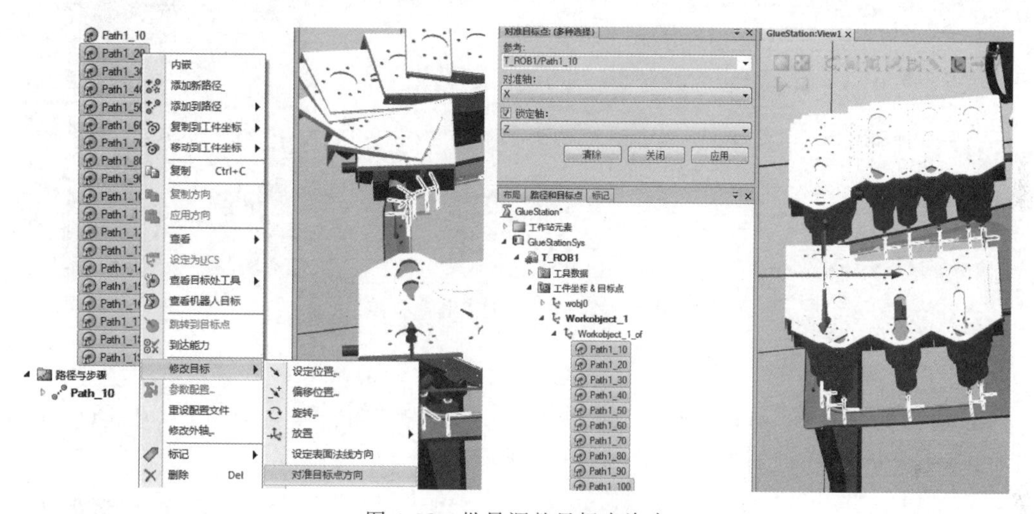

图 4-32 批量调整目标点姿态

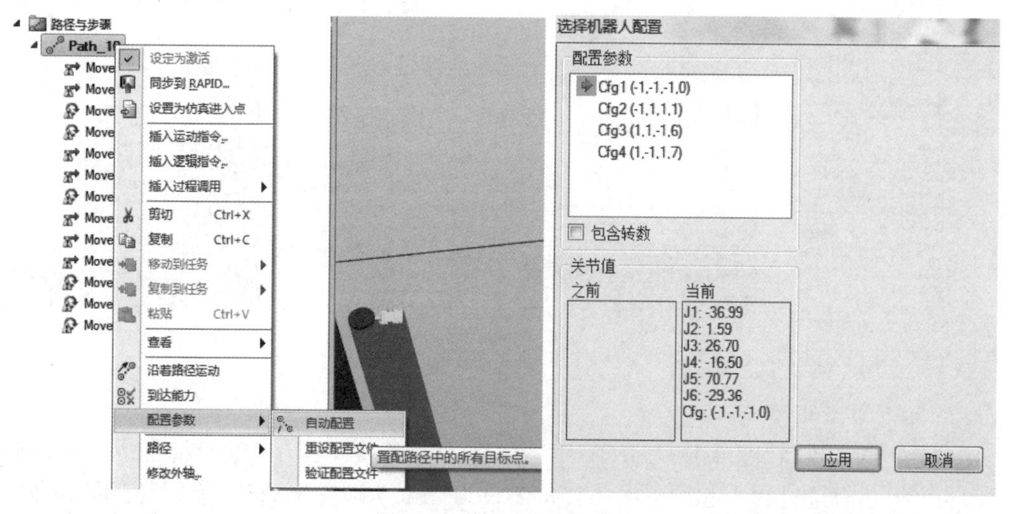

图 4-33 轴配置参数调整

10. 插入接近点和离开点

① 右键单击目标点 Path1_10，选择复制，右击 Workbject_1_of，选择粘贴，生成 Path1_10_2，右击该目标点，将其重命名为 Path1_Approach；②右击 Path1_Approach，修改目标，偏移位置，参考本地，第三个数值设为－100，即 Z 轴负方向偏移 100mm，单击“应用”；③按照上述方法，添加离开点，参考最后一个目标点 Path1_190 进行复制，重命名为 Path1_Departure，并且沿着 Z 方向负向偏移 100mm，如图 4-34 所示。

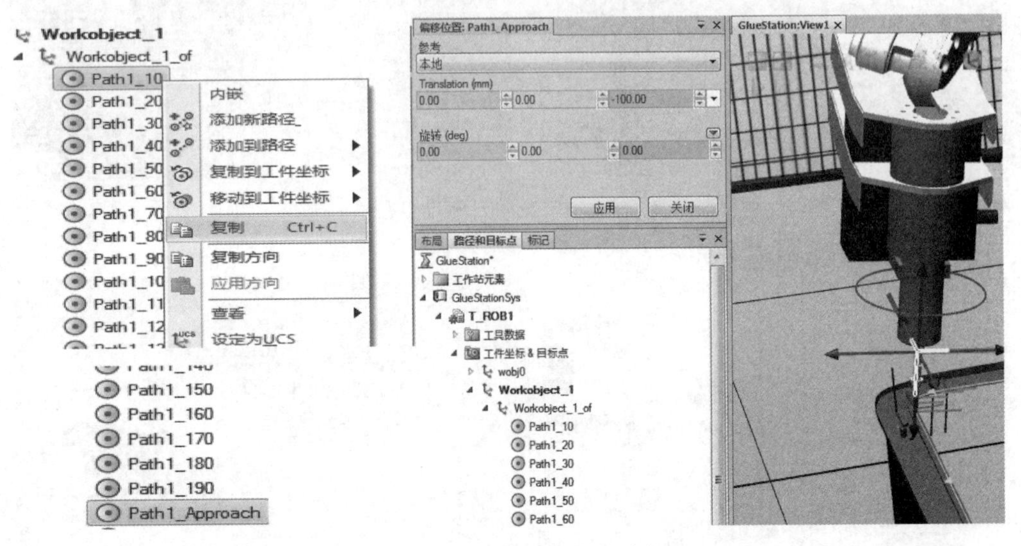

图 4-34 插入接近点和离开点

11. 插入路径

① 右击 Path1_Approach，添加到路径 Path_10，选择“第一”；②右击 Path1_Departure，添加到路径 Path_10，选择“最后”，如图 4-35 所示。

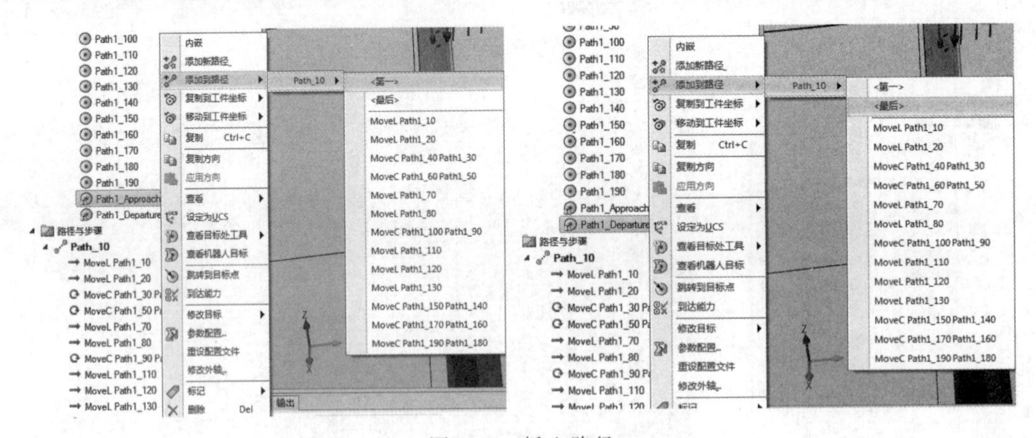

图 4-35 插入路径

12. 运动参数调整

① 路径与步骤，右键单击 Path_10 中第二行 MoveL Path1_10，编辑指令；②Zone 调整为“Fine”，工艺轨迹过程中起始点运动转角需设为“fine”，即完全到达，单击“应用”；③按照上述步骤，将倒数第二行运动转角设为“fine”；接近和离开运动为过渡点，可设较大的转角，

将第一行和倒数第一行运动转角设为“z20”；④将第一行运动的运动类型调整为“Joint”，速度调整为 v2000；快速跳转至加工起始点上方；⑤再次右击路径名称 Path_10，配置参数，自动配置，完成该段轨迹的编辑处理，如图 4-36 所示。

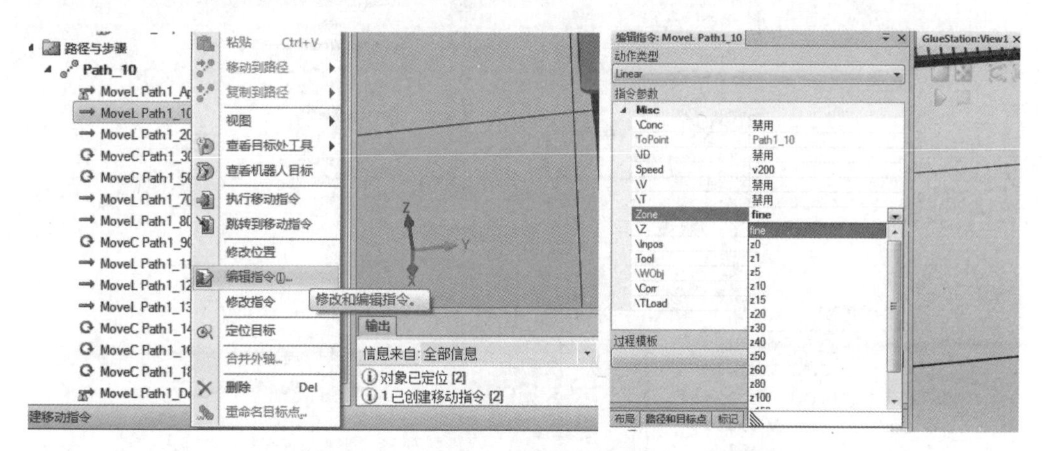

图 4-36　运动参数调整

13. 创建其他路径

参考之前步骤，完成其余轨迹，如图 4-37 中 Path_20、Path_30 等所示。

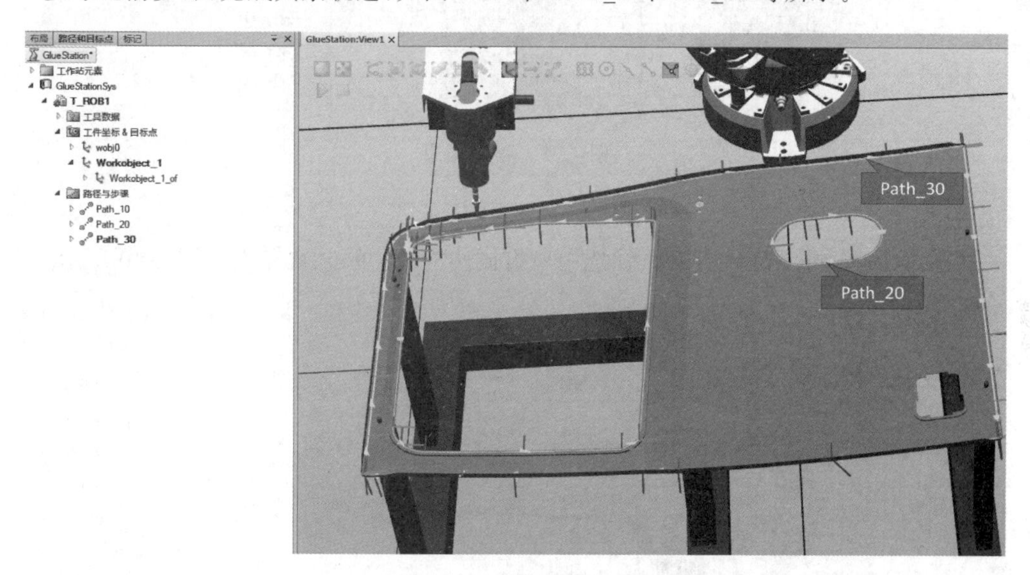

图 4-37　创建其他路径

14. 创建主程序

① 右键单击路径与步骤，单击“创建路径”；②右键单击新建的路径名称，重命名为“Main”，如图 4-38 所示。

15. 程序调用

① 右键单击 Main，插入过程调用，选择 Path_10；②依次完成后续程序的调用，即插入 Path_20、Path_30 等路径，如图 4-39 所示。

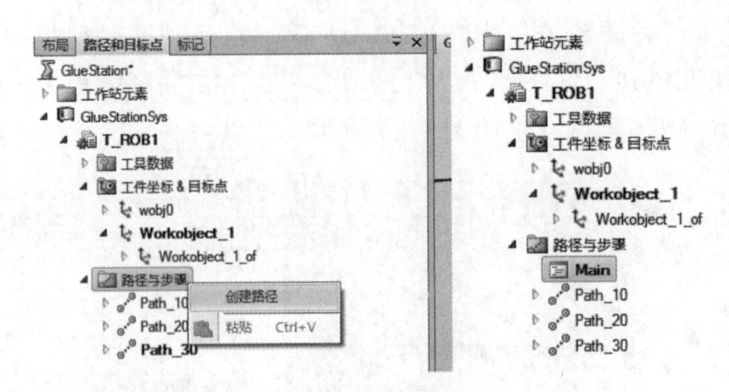

图 4-38 创建主程序

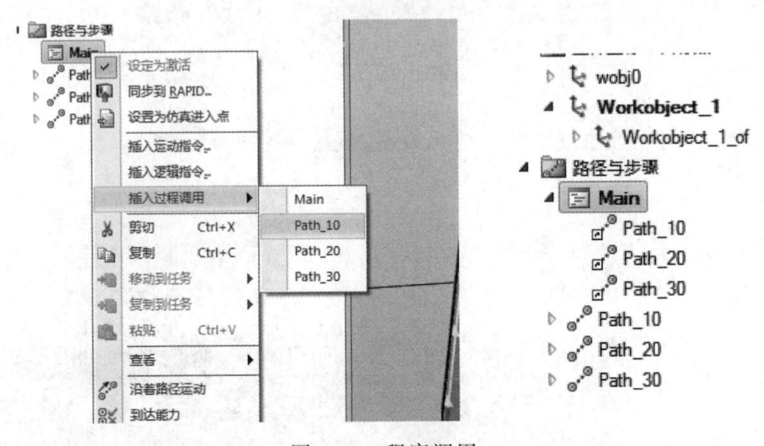

图 4-39 程序调用

16. 同步程序

① 基本菜单，同步到 RAPID；②选中所有同步对象，单击“确定”，如图 4-40 所示。

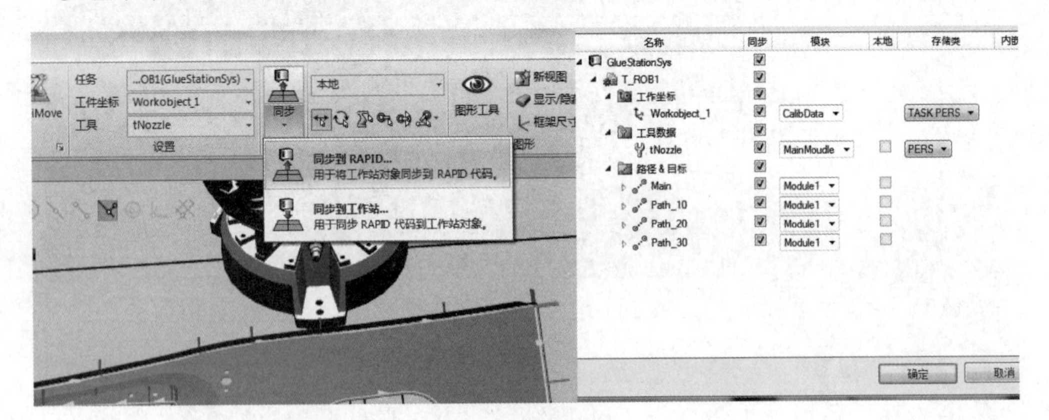

图 4-40 程序调用

17. 仿真运行

① 仿真菜单，单击“播放”按钮，即可查看机器人工作站运行情况；也可单击“播放”按钮的下拉按键，单击“录制视图”，将工作站运行情况进行录像；②文件菜单→共享→打包，可将该工作站压缩成 rspag 文件，保存或共享他人使用，如图 4-41 所示。

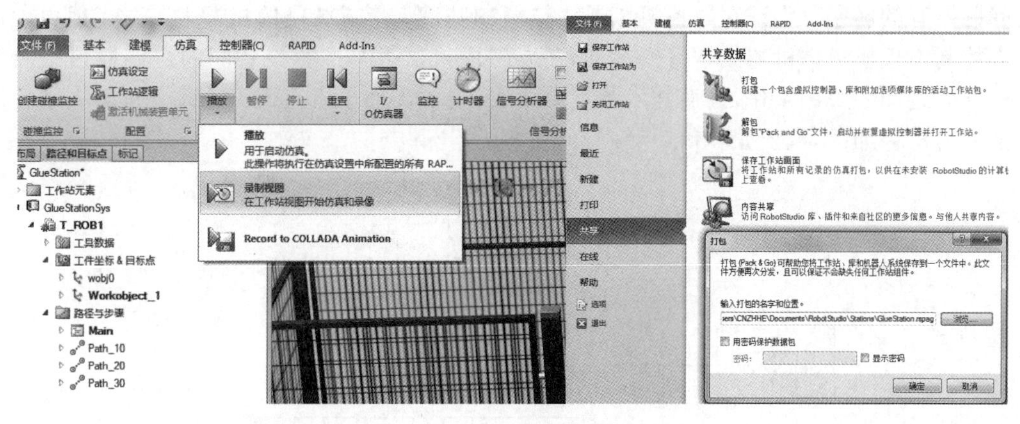

图 4-41　仿真运行

另外，RobotStudio 还有很多非常强大的功能，例如在 RAPID 菜单左侧控制器窗口，在 T_ROB1 中双击 Module1，即可在主视图中查看代码。

4.4　语言（自主）编程

4.4.1　机器人常用编程语言

1. 机器人语言的发展史

随着首台机器人的出现，对机器人语言的研究也同时进行。1973 年美国斯坦福(Stanford)大学人工智能实验室研究和开发了第一种机器人语言——WAVE 语言。WAVE 语言类似于 BASIC 语言，语句结构比较简单，易于编程。它有动作描述，能配合视觉传感器实现手眼协调控制等功能。1974 年，该实验室在 WAVE 语言的基础上开发了 AL 语言，它是一种编译形式的语言，具有 ALGOL 语言的结构，可以控制多台机器人协调动作，AL 语言对后来机器人语言的发展有很大的影响。1979 年，美国 Unimation 公司开发了 VAL 语言，并配置在 PUMA 系列机器人上，成为实用的机器人语言。1984 年该公司推出了 VAL-Ⅱ语言，与 VAL 语言相比，VAL-Ⅱ增加了利用传感器信息进行运动控制、通信和数据处理等功能。美国 IBM 公司在 1975 年研制了 ML 语言，并用于机器人装配作业。接着该公司又推出 AUTOPASS 语言，这是一种比较高级的机器人语言，它可以对几何模型类任务进行半自动编程。后来 IBM 公司又推出了 AML 语言，AML 语言已作为商品化产品用于 IBM 机器人的控制。其他的机器人语言还有 MIT 的 LAMA 语言，这是一种用于自动装配的机器人语言。20 世纪 80 年代初，美国 Automatix 公司开发 RAIL 语言，它具有与 PASCAL 语言相似的形式，能利用视觉传感器信息进行检测零件作业。同期，麦道公司研制出了 MCL 语言，它是在数控语言 APT 基础上发展起来的机器人语言。MCL 应用于由机床及机器人组成的柔性加工单元的编程，其功能较强。

到目前为止，国内外尚无通用的机器人语言。虽然现有的品种繁多，仅在日本、西欧实用的机器人语言就至少有数十种。但即使这样，新的机器人语言还在不断出现。究其原因，就在于目前开发的机器人语言绝大多数是根据专用机器人而单独开发的，存在着通用性差的问题。有的国家正尝试在数控机床通用语言的基础上形成统一的机器人语言。但由于机器人控制不仅要考虑机器人本身的运动,还要考虑机器人与配套设备间的协调通信以及多个机器人之间的协调工作,因而技术难度非常大,目前尚处于研究探索阶段。机器人编程语言的发展历程如图 4-42 所示。

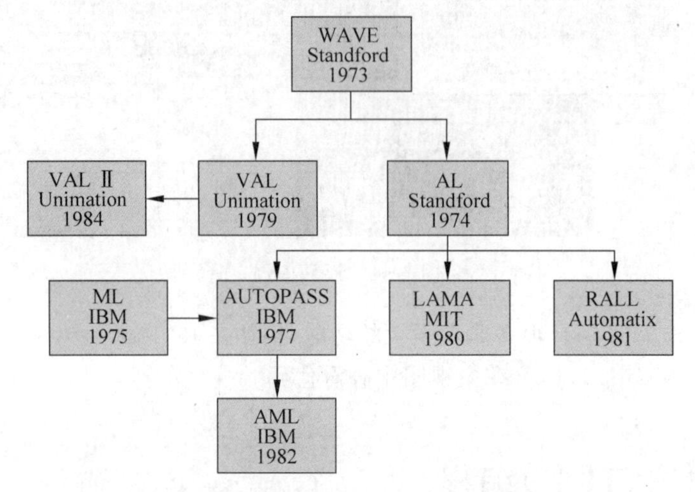

图 4-42 机器人编程语言的发展历程

2. 机器人语言分类

机器人语言是在人与机器人之间的一种记录信息或交换信息的程序语言。机器人编程语言具有一般程序计算语言所具有的特性。下面介绍几种常用的工业机器人编程语言。

1) 动作级编程语言

动作级编程语言是以机器人的运动作为描述中心,通常由使机械手末端从一个位置到另一个位置的一系列命令组成。动作级编程语言的每一个命令(指令)对应机器人的一个动作。如可以定义机器人的运动序列(MOVE),基本语句形式为:

```
MOVE TO <destination>
```

动作级编程语言的代表是 VAL 语言,它的语句比较简单,易于编程。动作级编程语言的缺点是不能进行复杂的数学运算,不能接收复杂的传感器信息,仅能接收传感器的开关信号,并且和其他计算机的通信能力很差。VAL 语言不提供浮点数或字符串,而且子程序不含自变量。动作级编程又可分为关节级编程和终端执行器级编程两种。

(1) 关节级编程。关节级编程的程序给出机器人各关节位移的时间序列,当示教时,常通过示教盒上的操作键进行,有时需要对机器人的某个关节进行操作。

(2) 终端执行器级编程。终端执行器级编程是一种在作业空间内各种设定好的坐标系里编程的编程方法。在特定的坐标系内,编程应在程序段的开始予以说明,系统软件将按说明的坐标系对下面的程序进行编译。终端执行器级编程的程序给出机器人终端执行器的位姿和辅助机能的时间序列,包括力觉、触觉、视觉等机能以及作业用量、作业工具的选定等,指令由系统软件解释执行。

2) 对象级编程语言

对象级编程语言解决了动作级编程语言的不足,它是以描述被操作物体之间的关系(常为位置关系)为中心的语言,这类语言有 AML、AUTOPASS 等。对象级编程语言具有以下特点:①运动控制,具有与动作级编程语言类似的功能;②处理传感器信息,可以接收比开关信号复杂的传感器信号,并可利用传感器信号进行控制、监督以及修改和更新环境模型;③通信和数字运算,能方便地和计算机的数据文件进行通信,数字计算功能强,可以进行浮点计算;④具有很好的扩展性,用户可以根据实际需要扩展语言的功能,如增加指令等。

作业对象级编程语言以近似自然语言的方式描述作业对象的状态变化,指令语句是复合语句结构,用表达式记述作业对象的位姿时序数据及作业用量、作业对象承受的力、力矩等时序数据。将这种语言编制的程序输入编译系统后,编译系统将利用有关环境、机器人几何尺寸、终端执行器、作业对象、工具等的知识库和数据库对操作过程进行仿真,并解决以下几方面问题:①根据作业对象的几何形状确定抓取位姿;②各种感受信息的获取及综合应用;③作业空间内各种事物状态的实时感受及其处理;④障碍回避;⑤和其他机器人及附属设备之间的通信与协调。这种语言的代表是 IBM 公司在 20 世纪 70 年代后期针对装配机器人开发的 AUTOPASS 语言。它是一种用于计算机控制下进行机械零件装配的自动编程系统,该系统面对作业对象及装配操作而不直接面对装配机器人的运动。

AUTOPASS 自动编程系统的工作过程大致如下:

(1) 用户提出装配任务,给出任务的装配工艺规程;

(2) 编写 AUTOPASS 源程序;

(3) 确定初始环境模型;

(4) AUTOPASS 的编译系统逐句处理 AUTOPASS 源程序,并和环境模型及用户实时交互;

(5) 产生装配作业方法和终端执行器状态指令码;

(6) AUTOPASS 为用户提供 PL/I 的控制和数据系统能力。

3) 任务级编程语言

任务级编程语言是比较高级的机器人语言,允许使用者对工作任务所要求达到的目标直接下命令,不需要规定机器人所做的每一个动作的细节。只要按某种原则给出最初的环境模型和最终工作状态,机器人可自动进行推理、计算,最后自动生成机器人的动作。任务级编程语言的概念类似于人工智能中程序自动生成的概念。任务级机器人编程系统能够自动执行许多规划任务。例如,当发出“抓起螺杆”的命令时,该系统必须规划出一条避免与周围障碍物发生碰撞的机械手运动路径,自动选择一个好的螺杆抓取位置,并把螺杆抓起。与此相反,对于前两种机器人编程语言,所有这些选择都需要由程序员进行。因此,任务级系统软件必须能把指定的工作任务翻译为执行该任务的程序。美国普渡大学(Purdue University)开发的机器人控制程序库 RCCL 就是一种任务级编程语言,它使用 C 语言和一组 C 函数来控制机械手的运动,把工作任务和程序直接联系起来。

现在还有人在开发一种系统,它能按照某种原则给出最初的环境状态和最终的工作状态,然后让机器人自动进行推理、计算,最后自动生成机器人的动作。这种系统现在仍处于基础研究阶段,还没有形成机器人语言。

到现在为止,已经有多种机器人语言问世,其中有的是研究室里的实验语言,有的是实用的机器人语言。前者中比较有名的有美国斯坦福大学开发的 AL 语言、IBM 公司开发的 AUTOPASS 语言、英国爱丁堡大学开发的 RAPT 语言等;后者中比较有名的有由

AL语言演变而来的VAL语言、日本九州大学开发的IML语言、IBM公司开发的AML语言等。

3. 常用的机器人语言

世界上有超过1500种编程语言，每种语言对机器人有不同的优势，下面是目前机器人技术中几种流行的编程语言。

1）C/C++

C和C++对新入行的机器人学者来说是一个很好的起点，因为很多硬件库都使用这两种语言。这两种语言允许与低级别的硬件进行交互，实时性高是非常成熟的编程语言。现如今，可能会使用C++比C多，因为前者具有更多的功能。C++基本上是C的一种延伸。C/C++并不是像Python或MATLAB那样简单易用，同样用C来实现相同的功能会需要大量时间，也将需要更多行代码。但是，由于机器人非常依赖实时性能，C和C++是最接近机器人专家“标准语言”的编程语言。

2）Python

近年来，学习Python的人有一个巨大的回潮，特别是在机器人领域。其中一个原因可能是Python和C++是ROS中两种主要的编程语言。与Java不同，Python的重点是易用性，Python不需要很多时间来做常规的事情，如定义和强制转换变量类型。这些在编程里面本是很平常的事。另外，Python还有大量的免费库，这意味着当你需要实现一些基本的功能时不必从头开始。而且因为Python允许与C/C++代码进行简单的绑定，这就意味着代码繁重部分的性能可以植入这些语言，从而避免性能损失。随着越来越多的电子产品开始支持“开箱即用”Python，我们可能会在机器人中看到更多的Python。

3）Java

许多高校课程将Java作为第一种编程语言。Java对程序员隐藏了底层存储功能，这让它比起一些语言(如C语言)来说，编写要容易些，但这也意味着你会更少地理解底层代码的运行逻辑。如果有计算机科学背景并转到机器人学，也许已经学过Java。像C＃和MATLAB，Java是一种解释性语言，这意味着它不会被编译成机器代码。相反，Java虚拟机在运行时解释指令，故使用Java，理论上可以在不同的机器上运行相同的代码。在实践中，Java并不完全适用，有时会导致代码运行缓慢。

4）MATLAB

MATLAB以及和它相关的开源资源，比如Octave，一些机器人工程师特别喜欢，它被用来分析数据和开发控制系统。一些专家仅仅使用MATLAB就能开发出整个机器人系统。如果想要分析数据，产生高级图像或是实施控制系统，学习MATLAB非常必要。

5）Assembly

Assembly让开发者能在0和1数位上进行编程。基本上这是最底层的编程语言。随着Arduino和其他如微控制器的崛起，现在可以使用C/C++在底层方便地编程了。这意味着Assembly对于大多数机器人专家来说也许会变得更不必要了。

6）硬件描述语言

硬件描述语言(Hardware Description Language，HDL)一般是用来描述电气的编程方式。这些语言对于一些机器人专家来说是相当熟悉的，因为他们习惯FPGA(Field Programmable Gate Arrays)编程。FPGA能开发电子硬件而无须实际生产出一块硅芯片，对于一些开发来说,这是更快更简易的选择。如果没有开发电子原型产品,也许永远不会用HDL。即便如此,还是有必要了解一下这种编程语言,因为它们和其他编程语言差别很大。一个重点:HDL所有的操作是并发的,而不是基于处理器的编程语言的顺序操作。

7) LISP

LISP是世界上第二古老的编程语言(FORTRAN更古老,但只早了一年)。相比今天提到很多其他编程语言,它的应用并不广泛。不过在人工智能编程领域它还是相当重要的。ROS的一部分是用LISP写的,虽然你并不需要掌握这个来使用ROS。

8) 工业机器人编程语言

几乎每一个机器人制造商都开发了自己专有的机器人编程语言,这成为工业机器人行业中的一个问题。通过学习Pascal,会熟悉它们中的一部分。但是每次开始使用新的机器人时,还得学习一种新的编程语言。最近几年,ROS行业已经开始提供更标准化的替代语言给程序员。但是如果是一个技术人员,仍然更可能不得不使用制造商的编程语言。

9) BASIC/Pascal

对于几种工业机器人语言,BASIC和Pascal是基础。BASIC(Beginners All-Purpose Symbolic Instruction Code)是为初学者设计的,它让初学者可以从一种非常简单的编程语言开始学习。Pascal旨在鼓励好的编程习惯,还引入了结构,例如指针,这让Pascal成为从BASIC到更复杂语言的一块"敲门砖"。如今,这两种语言虽然有点过时了,不过如果想准备做很多底层编码或是想要熟悉一下其他工业机器人编程语言,学习一下还是有用的。

4.4.2 特种机器人语言编程简单示例

移动机器人技术的快速发展,不仅能促进国家工业的发展,而且在煤矿开采、公共服务、家庭服务以及社会医疗等领域都发挥着至关重要的作用。服务型机器人作为机器人技术中的新分类,被广泛应用于医疗、清洁以及服务等方面。社会老龄化问题的加重以及人们对于从事重复事情意愿的降低,都使得家用、医疗和商用服务机器人在日常生活中得到普遍应用。2012年,国家首次提出家用机器人将作为未来重点发展的战略技术,2015年又将机器人技术发展提升到战略层面。

随着机器人领域的快速发展和复杂化,代码的复用性和模块化的需求越来越强烈,而已有的开源机器人系统又不能很好地适应需求。2010年Willow Garage公司发布了开源机器人操作系统ROS(Robot Operating System),很快在机器人研究领域展开了学习和使用ROS的热潮。ROS系统起源于2007年斯坦福大学人工智能实验室的项目与机器人技术公司Willow Garage的个人机器人项目(Personal Robots Program)之间的合作,2008年之后就由Willow Garage进行推动。随着PR2那些不可思议的表现,比如叠衣服、插插座、做早饭,ROS也得到越来越多的关注。Willow Garage公司也表示希望借助开源的力量使PR2变成"全能"机器人。

ROS是开源的,是用于机器人的一种后操作系统,或者说次级操作系统。它提供类似操作系统所提供的功能,包含硬件抽象描述、底层驱动程序管理、共用功能的执行、程序间的消息传递、程序发行包管理,它也提供一些工具程序和库用于获取、建立、编写和运行多机整合的程序。ROS具有丰富的功能包、调试工具、传感器、可视化工具Rviz等,并且为用户提供了标准的机器人操作系统环境。ROS使用的分布式处理框架(Nodes)可以分布于不同主机,这样的设计在很大程度上提高了系统中代码的复用率。在ROS中接口能做到与编程语言无关,库可以不依赖于ROS,方便移植,多语言支持。

下面简述ROS系统的安装过程:

(1) 配置Ubuntu仓库,以允许"restricted," "universe," and "multiverse."这3种安装模式。

(2) 安装源。sudo sh-c 'echo"deb http://packages. ros. org/ros/ubuntu $(lsb_release -sc) main" > /etc/apt/sources. list. d/ros-latest. list'。

(3) 设置key。sudo apt-key adv --keyserver 'hkp://keyserver. ubuntu. com:80' --recv-key C1CF6E31E6BADE8868B172B4F42ED6FBAB17C654。

(4) 更新。sudo apt-get update。

(5) 解决依赖。sudo rosdep init; rosdep update。

(6) 环境设置。echo "source /opt/ros/kinetic/setup. bash" >> ~/. bashrc。source ~/. bashrc。安装rosinstall便利的工具。sudo apt install python-rosinstall python-rosinstall-generator python-wstool build-essential。

在安装ROS期间,可能会看到提示需要source多个setup. * sh文件中的某一个,或者甚至提示添加这条"source"命令到你的启动脚本里面。这些操作是必需的,因为ROS是依赖于某种组合空间的概念,而这种概念就是通过配置脚本环境来实现的。这可以让针对不同版本或者不同软件包集的开发更加容易。

ROS操作系统是否安装成功,需要进行测试。确认一下是否安装成功,安装ROS成功后,在Beginner Tutorials中有一个简单的示例程序。其具体操作过程如下:

(1) 在Terminal中运行以下命令:$ roscore。

(2) 新开一个Terminal,运行以下命令,打开小乌龟窗口:$ rosrun turtlesim turtlesim_node。

(3) 新开一个Terminal,运行以下命令,打开乌龟控制窗口,可使用方向键控制乌龟运动:$ rosrun turtlesim turtle_teleop_key。

(4) 选中控制窗口,按方向键,可看到小乌龟窗口中乌龟在运动。

(5) 新开一个Terminal,运行以下命令,可以看到ROS的图形化界面,展示节点的关系:$ rosrun rqt_graph rqt_graph。

至此,测试完成,当你看到一个可以通过键盘控制的小乌龟界面时,说明ROS安装没有问题。小乌龟测试如图4-43所示。

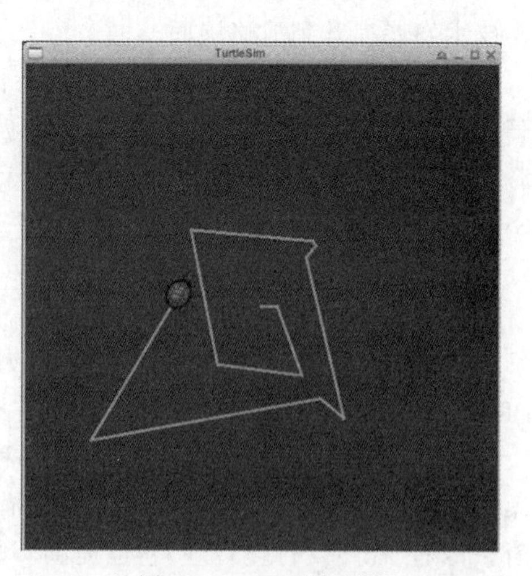

图4-43 ROS测试图

近年来,人工智能领域的快速发展,使得服务机器人朝着越来越智能化的方向发展,已经成为人们生活中不可缺少的一部分。自主导航是实现机器人智能化的重要技术,服务机器人在室内环境下通过自身所携的激光传感器采集所处的空间信息，通过自主分析与预测在复杂多变的室内环境下实现自主导航运动。机器人实现自主导航就必须解决定位、构建地图以及路径规划三个关键问题。在未知环境下机器人首先需要构建环境地图，要想进行有效的路径规划，必须通过可靠的定位与建图技术建立精确的环境地图。而机器人定位与地图构建两者相辅相成、互为基础，即为同时定位与建图(SLAM)。SLAM是机器人在未知环境下通过获取的里程计信息以及激光雷达感知的环境信息确定自身位姿并构建环境地图，SLAM技术是机器人实现路径规划的前提和基础。

SLAM与导航的算法功能包有很多种，各种算法有各自的优势和适用场所，下面以常用的gmapping算法功能包为例讲述安装与使用过程。

(1) 安装软件包。打开终端输入：$ sudo apt-get install ros-kinetic-gmapping。

(2) 启动gmapping。打开终端输入：$ roslaunch mbot_gazebo mbot_laser_gazebo.launch。

(3) 启动导航。打开终端输入：$ roslaunch mbot_navigation gampping_demo.launch。

(4) 启动地盘控制节点。打开终端输入：$ roslaunch mobo_telp mbot_teleop.launch。

机器人启动建图和导航节点后，其效果如图4-44所示。

图4-44 机器人建图与导航

为了让智能移动机器人能够在未知复杂的环境下完成指定任务，使其可以利用自学习能力到达指定目标点，也就是使用探索学习的技术增强机器人的智能化，提高机器人在环境中的探索能力和自学习能力，近年来具有自主学习和在线学习特点的强化学习(Reinforcement Learning，RL)方法成为未知环境下机器人路径规划的有效方法之一。在移动机器人路径规划中，基于强化学习算法进行训练并完成任务的效果显著，得到了更多的学者的关注，并尝试将其应用到日常生活中。

第5章

机器人工程专业知识体系和培养体系

本章主要介绍机器人产业发展现状、机器人工程专业培养目标、机器人工程专业知识与课程体系、机器人工程专业培养定位、机器人工程专业实验实训基地建设等，以便读者能够了解本专业的四年学习内容知识，能够对本专业国内外产业发展趋势、我国机器人产业布局和发展水平有初步了解，能够对专业培养目标和学习的课程设置、课程体系有所认识，能够初步规划本专业学习重点。

5.1 机器人产业发展现状

5.1.1 机器人产业发展趋势及特征

当前，全球机器人市场规模持续扩大，工业机器人市场增速回落，服务、特种机器人增速稳定。技术创新围绕仿生结构、人工智能和人机协作不断深入，产品在教育陪护、医疗康复、危险环境等领域的应用持续拓展，企业持续优化产品性能，前瞻布局机器人智能应用，全球机器人产业正稳步增长。

1. 全球机器人产业发展趋势及特征

1）全球整体市场规模持续增长，服务机器人迎来发展黄金时代

2019 年，全球机器人市场规模达到 294.1 亿美元，2014—2019 年的平均增长率约为 12.3%。其中，工业机器人 159.2 亿美元，服务机器人 94.6 亿美元，特种机器人 40.3 亿美元。2019 年全球机器人市场结构如图 5-1 所示。

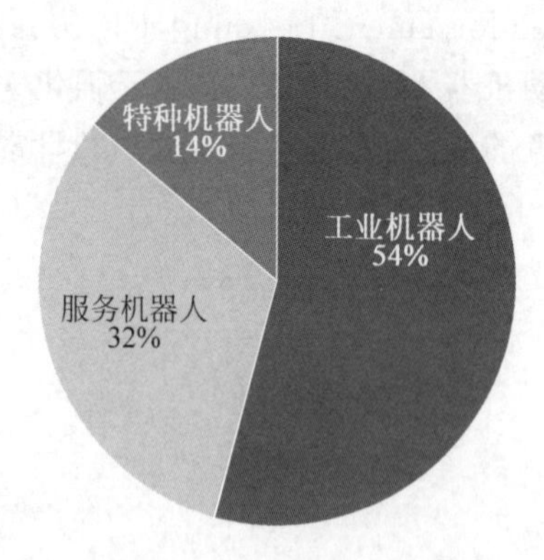

图 5-1　2019 年全球机器人市场结构
（资料来源：中国电子学会整理）

（1）工业机器人：销量稳步增长，亚洲市场依然最

具潜力。

(2) 服务机器人：新一代人工智能兴起，行业迎来快速发展新机遇。

(3) 特种机器人：新兴应用持续涌现，各国政府相继展开战略布局。

2) 轻型化、柔性化、智能化趋势明显，实践应用场景持续拓展

全球机器人基础与前沿技术正在迅猛发展，涉及工程材料、机械控制、传感器、自动化、计算机、生命科学等各个方面，大量学科在相互交融促进中快速发展，技术创新趋势主要围绕人机协作、人工智能和仿生结构三个重点展开。

(1) 工业机器人：轻型化、柔性化发展提速，人机协作不断走向深入。工业机器人更小、更轻、更灵活；人机协作成为重要发展方向。

(2) 服务机器人：认知智能取得一定进展，产业化进程持续加速。认知智能支撑服务机器人实现创新突破；智能服务机器人进一步向各应用场景渗透。

(3) 特种机器人：结合感知技术与仿生等新型材料，智能性和适应性不断增强。技术进步促进智能水平大幅提升；替代人类在更多复杂环境中从事作业。

3) 企业愈加注重产品形态创新，网络化与智能化布局齐头并进

当前，机器人领域领军企业加大研发力度，聚焦工业互联网应用和智能工厂解决方案，重视无人车、仿人机器人、灾后救援机器人、深海采矿机器人等产品研发，不断创新产品形态，优化产品性能，抢占机器人智能应用发展先机。

(1) 工业机器人：工业互联网成为布局重点，智能工厂解决方案加速落地。行业龙头发力工业互联网；重点企业聚焦智能工厂解决方案。

(2) 服务机器人：无人车获科技龙头高度关注，仿人机器人研发再度迎来突破。科技龙头企业重点布局无人车；企业加快仿人机器人设计研发步伐。

(3) 特种机器人：灾后救援机器人研制成为热点，采矿机器人开始向深海空间拓展。企业聚焦灾后救援机器人研发；采矿活动向海底延伸催生深海采矿机器人。

5.1.2 我国机器人产业发展趋势及特征

1. 我国机器人市场需求潜力巨大，工业与服务领域颇具成长空间

2019年，我国机器人市场规模达到86.8亿美元，2014—2019年的平均增长率达到20.9%。其中工业机器人57.3亿美元，服务机器人22亿美元，特种机器人7.5亿美元。2019年我国机器人市场结构如图5-2所示。

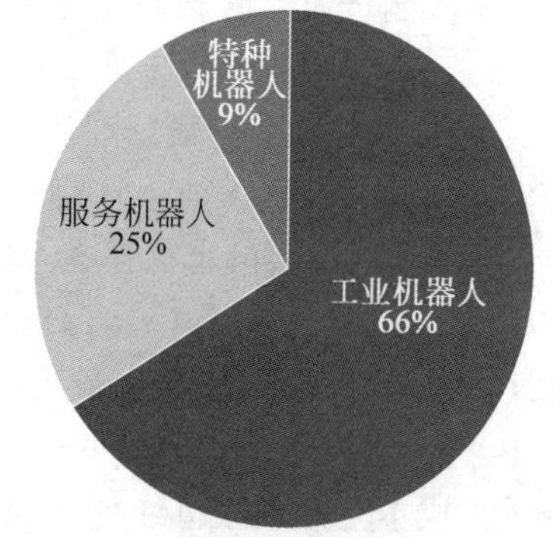

图5-2 2019年我国机器人市场结构
(资料来源：中国电子学会整理)

(1) 工业机器人：智能制造加速升级，工业机器人市场规模持续增长。

(2) 服务机器人：需求潜力巨大，家用市场引领行业快速发展。

(3) 特种机器人：应用场景范围扩展，市场进入蓄势待发的重要时期。

2. 关键技术突破与多元化应用取得积极进展，部分领域已达到国际水平

目前，我国工业机器人研发仍以突破机器人关键核

心技术为首要目标,政产学研用通力配合,初步实现了控制器的国产化。服务机器人的智能水平快速提升,已与国际第一梯队实现并跑。特种机器人主要依靠国家扶持,研究实力基本能够达到国际先进水平。

(1) 工业机器人:国产化进程再度提速,应用领域向更多细分行业快速拓展。国产工业机器人正逐步获得市场认可;应用快速拓展至塑料、橡胶、食品等细分行业。

(2) 服务机器人:智能相关技术可比肩欧美,创新产品大量涌现。智能化相关技术与国际领先水平基本并跑;新兴应用场景和应用模式拉动产业快速发展。

(3) 特种机器人:部分关键核心技术取得突破,无人机、水下机器人等领域形成规模化产品。政策引导带动特种机器人技术水平不断进步;特种无人机、水下机器人等产品研制取得新进展。

3. 自主研发与投资并购双轮驱动,行业龙头加速布局机器人生态系统

近年来,我国机器人行业发展势头较为良好,传统机器人用户企业纷纷通过自主研发、投资并购等手段介入机器人行业,并通过综合应用人工智能等技术打造智能服务机器人,涌现出一批创新创业型企业,大疆、科沃斯等企业已获得了市场的高度认可。

(1) 工业机器人:用户企业向上游延伸,海外扩张步伐进一步加速。下游用户企业逐渐转型自供机器人;骨干企业国际化步伐进一步加快。

(2) 服务机器人:生态系统构建加速,企业瞄准智能生活领域。机器人平台成为生态构建重要抓手;企业加速拓展智能生活领域。

(3) 特种机器人:多点突破实现行业领先,龙头企业着手布局无人机生态系统。以自主研发为核心实现多点突破;通过打造无人机生态系统拓展市场布局。

5.1.3 我国机器人产业发展现状

1. 工业 4.0 及《中国制造 2025》

2013 年 4 月,德国政府在汉诺威工业博览会上正式提出“工业 4.0”战略,其目的是提高德国工业的竞争力,在新一轮工业革命中占领先机。通过工业 4.0 战略的实施,将使德国成为新一代工业生产技术(即信息物理系统)的供应国和主导市场,会使德国在继续保持国内制造业发展的前提下再次提升它的全球竞争力。事实上,为了应对工业 4.0,将物联网和智能服务引入制造业的国家并不止德国一个,如美国的“先进制造业国家战略计划”、日本的“科技工业联盟”、英国的“工业 2050 战略”等。

2014 年 11 月,李克强总理访问德国期间,中德双方发表了《中德合作行动纲要:共塑创新》,宣布两国将开展工业 4.0 合作,该领域的合作有望成为中德两国未来产业合作的新方向。2015 年 3 月 5 日,李克强在全国两会上作《政府工作报告》时首次提出“中国制造 2025”的宏大计划。2015 年 5 月 8 日,国务院正式印发《中国制造 2025》。在《中国制造 2025》确定的十大战略领域中,机器人位列第二项,其重要性不言而喻。

工业机器人在工业领域的推广应用,将提升我国工业制造过程的自动化和智能化水平,降低人工成本上升和人口红利减少对我国工业竞争力的影响,提高生产效率和产品质量,降低生产成本和资源消耗,保障安全生产,保持和提升我国工业的国际竞争力。

2. 我国工业机器人增长现状

在产业政策的激励和市场需求的带动下,近年来中国工业机器人产业实现快速增长。

据统计，2005—2016 年，中国工业机器人的销量以年均 25%左右的速度高速增长，2013 年销售近 3.7 万台，超过日本成为全球第一大机器人市场。根据 2016 年 5 月国际机器人协会发布的机器人行业报告，2015 年中国销售工业机器人 6.9 万台，销量及增速远高于其他国家，2019 年，中国工业机器人的销售量达到 16 万台，如图 5-3 所示。

图 5-3 2010—2019 年中国每年新增机器人数量

（注：网上数据库都到 2019 年，20—21 年与疫情相关，没有最新数据）

世界上通常用工业机器人密度（每万名产业工人所拥有的工业机器人数量）来衡量一个国家工业生产的自动化程度，据世界机器人联合会于 2016 年 9 月 29 日发布的统计数据显示，虽然经过近三年的飞速发展，但是中国的机器人密度还远远低于发达工业国家。截至 2016 年 9 月，我国的工业机器人密度为 49 台，跟韩国的 531 台、新加坡的 398 台、日本的 305 台都无法比拟，甚至离世界平均水平的 69 台都还有很大距离，这和工信部计划在 2020 年达到 150 台以上的目标相距甚远。但是，与其说机器人密度低是我们的劣势，倒不如说它给我们接下来的发展创造了巨大的市场潜力和空间。世界主要工业国家的工业机器人密度如图 5-4 所示。

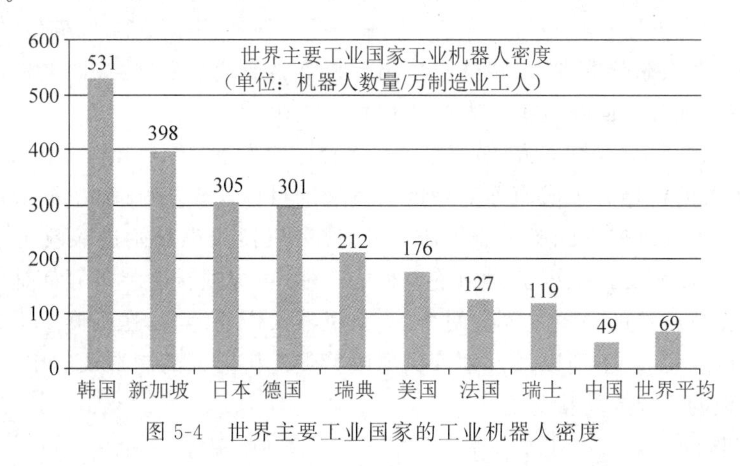

图 5-4 世界主要工业国家的工业机器人密度

3. 我国关于工业机器人发展的规划

2016 年 5 月 4 日，工业和信息化部、发改委、财政部联合印发《机器人产业发展规划（2016—2020 年）》提出了我国机器人产业"十三五"总体发展目标，即"形成较为完善的机器人产业体系。技术创新能力和国际竞争能力明显增强，产品性能和质量达到国际同类水平，关键零部件取得重大突破，基本满足市场需求"。根据规划，到 2020 年实现工业机器人密度

(每万名工人使用工业机器人数量)达到150台以上。

我国现已是全球最大的工业机器人消费市场,工业机器人已在汽车制造、电子、橡胶塑料、军工、航空制造、食品工业、医药设备与金属制品等领域得到应用,其中汽车工业的应用最多,比例达38%。广东、江苏、上海、北京等地是我国工业机器人产业主要集中的地区,拥有的工业机器人数量占据全国工业机器人市场的半壁江山。数据显示,2013年是我国工业机器人发展元年,这一年国内工业机器人销量为3.69万台,同比增长36.52%,购买量占全球工业机器人销量的1/5,这也使得我国成为全球最大的工业机器人消费市场。2014年工业机器人销量超过57000台,同比增长54%以上,继续保持高速发展态势。目前全球制造业工业机器人密度为69台(2016年水平),而中国工业机器人密度远低于日韩德美等发达国家,在《中国制造2025》战略推进之下,未来我国工业机器人市场还有很大的增长空间。

不过,工业机器人在国内不断得到应用的同时,工业机器人产业发展尴尬现状不容忽视。目前由于核心技术缺乏,我国工业机器人消费严重依赖国外企业,尤其在减速机、伺服电机、控制器等核心零部件上,我国机器人企业受制于人,只能购买高昂的国外设备,对此需要引起产业重视,也亟待国产工业机器人厂商不断提高技术,加大研发水平,早日摆脱国外企业垄断。

上游核心零部件的突破需要时间来完成技术和经验的积累,但对国产机器人厂商来说,下游应用环节则商机巨大。机器人产业下游的中小企业难以承受国外厂商提供的高昂的成套的应用解决方案服务,我国机器人厂商可以借"工程师红利"的低智力成本优势,为中小企业的生产线改造提供定制化服务,针对具体行业应用的需求设计合理的解决方案,解决生产过程中企业的"痛点",从而打破工业机器人产业受制于人的僵局。

4. 我国机器人发展政策与各区域机器人产业发展水平

1) 我国机器人发展政策

2014—2016年是推出机器人政策的高峰期,工信部组织制定了我国机器人技术路线图及机器人产业"十三五"规划,随后黑龙江、上海、浙江、重庆、洛阳、广州、东莞、佛山、顺德、广州、南京、湖北、辽宁、东莞等省、市相继起草出台机器人产业规划、政策等文件,从发展目标、发展重点、支持措施等方面响应机器人产业规划发展政策。

同时,各地都非常重视机器人产业链上下游的协同发展,在发展机器人本体的同时,上游的零部件、下游的机器人集成商等都是重点发展的目标。作为配套,机器人产业园的建设也是多地重点发展的内容。除了工业机器人外,服务机器人也开始进入政府的视野。而深圳则更进一步,将政策支持范围扩大到整个智能产业,可穿戴智能装备等都是培育重点。

全国各地支持政策的对象主要有两个,一是机器人产业链,二是机器人用户。支持措施上,主要利用资金、税收、土地以及人才等优惠政策促进机器人的制造及应用。此外,服务平台建设也是多地的主要支持措施之一。

2) 我国各区域机器人产业发展水平

根据我国行政和地理区划方式,结合机器人产业实地发展基础及特色,将全国划分为京津冀、长三角、珠三角、东北、中部和西部共六大区域,综合评价六大机器人产业集聚区的产业规模效益、结构水平、创新能力、集聚情况和发展环境,系统比较各区域产业发展水平。根据2019年中国机器人产业发展报告显示,长三角地区在我国机器人产业发展中基础相对最为雄厚,珠三角地区、京津冀地区机器人产业逐步发展壮大,东北地区虽具有一定机器人产业先发优势，但近年来产业整体表现较为平淡，中部地区和西部地区机器人产业发展基础较为薄弱，但已表现出相当的后发潜力。

(1) 长三角地区：综合实力优势突出市场发展空间依赖制造业基础形成广阔。

长三角地区拥有突出的区位发展优势，公路、铁路、桥梁与港口资源密集，生产要素流动程度发达，拥有良好的制造业发展基础与产业配套环境，历来都是改革开放的桥头堡和前沿阵地。工程机械、飞机、船舶、汽车、3C制造等产业蓬勃发展，为工业机器人提供了宽广的市场发展空间。以上海和昆山机器人产业基地为核心，覆盖无锡、常熟、徐州、南京、张家港等中心城市，长三角地区机器人产业呈现辐射状布局，依托当地科技创新全球影响力与完善的技术、人力及资本对接平台，逐步形成具备国际竞争力的机器人高端研发高地与规模化产业应用生态。

指标特点：产业规模效益领跑全国；产业结构布局合理；产业创新发展形势向好；产业集聚程度加深；产业发展环境优良。

(2) 珠三角地区：中小规模系统集成企业形成集聚，"机器换人"步伐不断加快。

珠三角地区制造业起步较早，20世纪70年代就形成了小规模的加工制造产业集聚，经过40余年的发展历程，现已形成以高端装备制造、家电制造、食品包装、3C制造、陶瓷生产等为代表的劳动密集型产业集群。近年来，随着用工成本压力的持续上升，珠三角地区制造企业倾向于通过加快"机器换人"步伐减少人力资源投入，为机器人产品应用提供了潜在市场。珠三角地区机器人产业具有良好的技术研发基础与产业布局环境，重点聚焦于数控设备、无人物流、自动化控制器、无人机等领域，打造自主创新与应用先行的机器人产业发展生态。

指标特点：产业规模效益稳步提升；产业结构进一步改善；产业创新形式持续丰富；产业集聚程度不占优势；产业发展环境整体良好。

(3) 京津冀地区：发挥区域协同发展优势、融合创新高地构建技术研发与业态。

京津冀地区地缘相近、人缘相亲，为构建区域产业协同创新与集群发展提供了良好外部支撑环境。在京津冀协同发展战略的有效引导和高效推动下，京津冀三地机器人产业逐步形成优势并存、特色互补的发展格局。北京逐步加快"四个中心"城市建设进程，把握以人工智能为代表的新一代信息技术大规模商用开发与产业落地时代浪潮，重点推动智能机器人产品研发与创意设计；天津基于当地汽车制造、电子信息产业、新能源装备等制造业发展基础，重点突破机器人核心零部件研制与行业应用标志性机器人产品；河北在工业机器人系统集成与特种机器人领域形成一定影响力，依托区域内工业机器人龙头企业与和各类机器人产业园区与创新基地，开展特色化产业布局与生态构建。

指标特点：产业规模效益有所下滑；产业结构整体保持稳定；产业创新能力大幅提升；产业集聚依然较为分散；产业发展环境持续领先。

(4) 东北地区：强化政策引导与产业头部效应，推动区域经济结构实现转型升级。

近年来，东北地区积极响应国家供给侧结构性改革"三去一降一补"精神，加快淘汰传统过剩产能与高污染生产方式，爬坡过坎大力优化产业结构，在带来发展阵痛的同时，也给当地机器人、高端装备、新能源制造等新兴产业带来了前所未有的发展机遇。东北地区各地方政府大力支持发展民营经济，不断出台机器人及人工智能产业发展规划与实施细则，重点打造哈尔滨、沈阳、抚顺等地机器人产业集群，鼓励行业龙头企业持续壮大形成规模经济，同时依托各类机器人产业园区建设、人才引进与资本投入等方式积极培育初创企业，围绕新型工业机器人、商用服务机器人、海洋作业与应急救援特种机器人等方向开发设计具有一定市场竞争力的成熟产品，推动东北地区机器人产业规模化、多元化、特色化发展。

指标特点：产业规模效益趋势向好；产业结构水平日趋完善；产业创新仍依赖龙头企业；产业集聚程度持续加剧；产业发展环境亟待优化。

(5) 中部地区：把握先进制造业中心建设机遇，加快布局区域特色机器人产业链条。

中部地区的机器人产业发展起步时间虽然较晚，但凭借中央及各级地方政府宏观战略布局和政策保障的有力支撑，以及在资源禀赋、企业经营效益、制造技术以及产业发展环境等方面的良好基础，整体发展局面向好，在武汉、长沙、芜湖、洛阳、湘潭等地逐步形成产业集聚。与此同时，区域内机器人应用市场同步建设，各类行业解决方案技术提供方及系统集成商围绕食品加工、纺织业、装备制造业、医药制造业等中部地区传统制造领域加快创新步伐，通过持续发掘新兴市场潜力与客户实际需要，更多发现行业痛点并改进产品与服务形式，助力制造企业实现产业升级与降本增效。

指标特点：产业规模大而不强；产业结构优化程度不足；产业创新能力有所增强；产业集聚情况趋势良好；产业发展环境持续稳定。

(6) 西部地区：基于产业后发优势，发力智能制造领域逐步打造机器人全产业链。

西部地区大多处于我国内陆区域，与国际市场接轨较晚，装备制造业市场发育滞后，规模虽大而缺乏核心竞争力，企业生产效率一般且积极性有限，直接影响了当地经济发展水平与百姓生活。机器人产业作为撬动高端制造业发展的强大支点，为西部地区制造业发展与经济腾飞提供了良好的弯道超车条件。遵循先引进后自主的发展模式，西部地区基于产业后发优势，在消化吸收国内外先进机器人研发制造经验的基础上，培育本区域内机器人本体、零部件及智能制造解决方案提供相关企业，逐步打造集研发生产、系统集成、零部件配套、智能化改造和示教培训于一体的机器人及智能装备产业链，在产业规模增长、创新能力激活、发展环境建设等方面取得显著成果，发展前景可期。

指标特点：产业规模效益再创新高；产业结构水平总体稳定；产业创新能力稳中有升；产业集聚情况有所下滑；产业发展环境面临挑战。

5.1.4 机器人技术人才教育

当前我国机器人市场正处于快速增长时期，各类人才需求缺口较为庞大。国务院办公厅和教育部先后出台《关于深化产教融合的若干意见》《职业学校校企合作促进办法》等一系列文件举措，深化产教融合、校企合作机制，为我国机器人领域的人才培养提供有力保障。为积极落实贯彻国家政策，各地方政府结合区域内机器人产业发展现状，鼓励机器人企业及园区联合地方高校共同培养机器人应用型人才，完善机器人领域从中职、高职、应用型本科到专业学位研究生人才培养体系，围绕智能制造产业链、创新链优化专业布局，基本形成与制造业产业布局相适应的工业机器人相关学科专业设置。在我国东南沿海地区，地方政府充分借鉴德国职业教育“双元制”模式，出台政策成立专门财政相关项目，建设多元投入、资源共享、独立运作的公共实训中心，探索基于工作过程和生产项目的校企协同育人机制。通过结合区域内机器人产业发展基础，鼓励现有园区机器人企业和地方高校联合培养机器人研发和应用型人才，有效破解校企合作运行机制不顺畅、合作协议不规范、成果转化不明显等难题。

1. 工业机器人相关产业分析

工业机器人按产业链分为上游、中游和下游。上游生产核心零部件，包括控制器、伺服系统、减速器，如生产控制器的KEBA、贝加莱等，生产伺服电机的安川、三洋等，生产减速器的Nabtesco、Armonic Drive等；中游是工业机器人本体生产商，主要包括工业机器人本体，如ABB、FANUC、YASKAWA、KUKA等；下游是系统集成商，包括单项系统集成商、综合系统集成商，这类集成商按照工艺行业细分，有很多在特定行业或者特定工艺领域有独到的技术，因此该类企业数量众多，大部分系统集成企业的工作模式是非标准化的，从前期方案制定到项目实施以及到最终的验收与实际应用，都较难具备规模性和复制性。

当然，还有很多与机器人相关的企业使用单一的工业机器人工作站进行生产加工，无法满足他们的生产工艺需要，他们一般要求系统集成商按照自己产品的工艺和特点定制相应的工业机器人自动化生产线，例如大众汽车、富士康、格力、娃哈哈等。

2. 工业机器人相关产业人才需求分析

工业机器人从20世纪60年代出现以来，迅速在工业发达国家得到了普及应用，因此在发达国家，上游和中游产业链已经完全成熟，所有研发及生产基本都是流程化，主要需要少量高水平研发型人才。

改革开放以来，中国通过先天的人口红利优势迅速将国家建成为世界制造工厂，但是目前我国制造业大而不强，产品质量不高，人口红利消失严重制约我国制造业的发展。因此从2013年以来，国家一直大力提倡制造业转型升级，传统依靠廉价劳动力的方式无法持续。在制造业这种大环境下，越来越多的生产企业希望进行自动化升级改造，这也就催生了数量庞大的工业机器人系统集成商，同时这些改造完成的工厂也需要工程师来操作维护工业机器人生产线。

据不完全统计，目前仅珠三角地区就有工业机器人系统集成商3000家，它们主要需要三类人才，一是工业机器人系统集成开发工程师，这些工程师进行生产线或者工作站的设计开发，他们需要有扎实的工业机器人、机械、电气、PLC、传感器等专业基础知识；二是售前售后技术支持工程师，这些工程师进行工业机器人工作站的讲解、培训、安装、编程和调试等工作，他们需要掌握工业机器人、PLC、气动、电工等专业知识和技能；三是现场安装、调试、维护工程师，这些工程师进行工作站的安装、编程、调试、维护等工作，他们需要掌握工业机器人、PLC、气动、电工、钳工等技能，如图5-5、图5-6所示。

图5-5 工业机器人应用人才需要重点关注的技能指标（资料来源：中国电子学会整理）

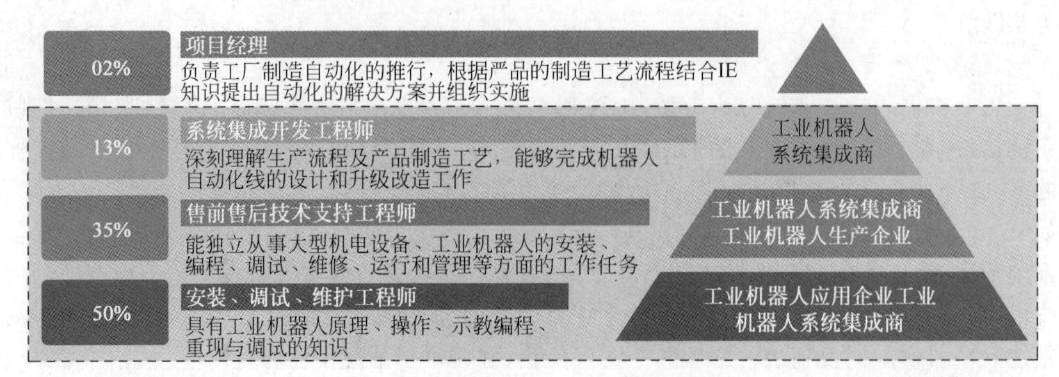

图 5-6　工业机器人行业人才需求分析

同时，工业机器人应用企业在建成工业机器人生产线之后，也需要现场调试及维护工程师，这些工程师主要进行程序编制及系统维护等工作。

3. 机器人工程专业设置情况

机器人或机器人工程本科专业是国外大学(主要是美国)近几年才开始建设的新专业，特点：依托不同的学科，发挥各自学科特点和优势并强化在机器人工程专门领域的学科地位。Worcester Polytechnic Institute(WPI，美国)：依托计算机(CS)、电子信息(ECE)、机械工程(ME)等学科；加州大学 Santa Cruz 分校(UCSC，美国)：依托计算机(CS)专业；Lawrence Technological University(LTU，美国)，依托机械工程(ME)专业。University of Detroit Mercy(UDM)：依托机器人与机电系统工程(Robotics and Mechatronic Systems Eng)，近年来 ASU，ISU，JWU，PURDUE，UM-Dearborn 也新开设了类似专业，同时部分应用型或社区大学也新开设了自动化与机器人专业。

日本早稻田、马来西亚技术大学(University Technology Malaysia)、澳大利亚 Flinders 大学等也开设了类似专业。

在我国，根据教育部《普通高等学校本科专业设置管理规定》第六条：专业目录包含基本专业和特设专业。基本专业一般是指学科基础比较成熟、社会需求相对稳定、布点数量相对较多、继承性较好的专业。特设专业是满足经济社会发展特殊需求所设置的专业，在专业代码后加“T”表示。根据第十三、十四条，新设特设专业过程主要有 3 步：学校申报，教指委咨询，教育部组织评审、批准。

国内，机器人工程专业最早由东南大学提出申请并获批准，后来才有其他学校新增备案本专业。具体设置过程：

2013 年自动化教指委战略研讨“自动化类专业布局”，提出设置方案，专业名：“智能机器人”；2014 年东南大学通过学校申报“智能机器人”，经教指委咨询，教育部组织评审(通过)，但教育部未正式批准(公布)；2015 年东南大学再次申报“智能机器人”，教育部(专家评审后要求更名为“机器人工程”，代码 080803T)正式批准，列入新专业目录。在 2016 年教高函[2016]2 号文件《教育部关于公布 2015 年度普通高等学校本科专业备案和审批结果的通知》中正式同意东南大学增设机器人工程(robot engineering)新专业，属于工学(08)自动化类(0808)下的一个特设专业(080803T)，修业年限：4 年。

东南大学是 2016 年第一批(也是唯一的一所)招收机器人工程专业的学校，从 2016 年起，全国各高校纷纷开始申报机器人工程本科专业，到目前为止（2021 年 1 月），教育部共审批通过了 249 所高校具有招收机器人工程专业的申请，其中，2016 年 25 所学校申报获批准，2017 年 60 所学校申报获批准，2018 年 101 所学校申报获批准，2019 年 62 所学校申报获批准。除此之外，国家也在根据我国实际情况新增审批与机器人工程专业相似的专业，以满足行业需求，比如 2018 年教育部同意哈尔滨工程大学新设海洋机器人专业（081904T）。2016 年普通高等学校本科机器人工程专业备案和审批结果如表 5-1 所示。

表 5-1　2016 年度普通高等学校本科专业备案和审批结果教高（〔2017〕2 号）日期：2017-03-17

序号	主管部门、学校名称	序号	主管部门、学校名称
1	东北大学	14	南昌理工学院
2	湖南大学	15	山东管理学院
3	北京信息科技大学	16	武汉商学院
4	辽宁科技学院	17	广州大学
5	沈阳科技学院	18	广东白云学院
6	吉林工程技术师范学院	19	广东工业大学华立学院
7	哈尔滨远东理工学院	20	北京理工大学珠海学院
8	哈尔滨华德学院	21	华南理工大学广州学院
9	常熟理工学院	22	广西科技大学
10	南京工程学院	23	重庆文理学院
11	三江学院	24	西安文理学院
12	安徽工程大学	25	西安航空学院
13	安徽三联学院		

5.2　机器人工程专业培养目标

培养目标是人才培养首要问题，是纲领性文件，它不但决定本专业的课程体系，也决定了本专业的培养定位、实习实训建设、教师队伍建设等一系列问题。

培养目标主要体现在自动化与智能化为核心的创新研究人才培养为特色。培养对象可结合专业所在高校院系自身的学科优势形成专业特色和优势，并体现在学生个人的兴趣、特点和专长强项能力上。围绕机器人工程专业特色或强专长的对象领域包括机械臂、移动平台、整机系统、系统集成、核心控制器、实时嵌入式软件、感知技术、驱动技术、优化控制与决策、通信技术、人机交互、工业应用、工业行业应用、智能算法等一项或多项，也可以是设计理论、实时系统、智能与嵌入式软件、制造与装配、维护应用技术等。

总体上，机器人工程专业的人才培养须符合教育部颁发的《普通高等院校本科专业类教学质量国家标准》要求，在机器人工程核心课程和知识体系的基础上，满足工程教育专业认证的通用要求。

应定期评价培养目标的合理性并根据评价结果对培养目标进行修订，评价与修订过程有行业或企业专家参与。

当然，机器人工程专业的培养目标与高校的层次相关，对研究型、教学研究型、应用型高校而言，不同层次高校的培养目标也不相同。研究型高校一般是坚持多学科交叉、重视创新创业的理念，致力于培养机器人及相关领域的学科交叉融合、创新创业等能力的技术人才，就业途径基本是围绕机器人相关领域从事设计、开发进行培养，主要是在高校、科研院所、高新技术企业从事科学研究工作。而应用型高校一般是把培养高素质的应用型工程技术人才放到首位，强调的是应用型人才培养，重点是会应用机器人于某领域。同时也要与高职区别开来，是在熟练掌握机器人原理和相关理论前提下进行机器人的应用，一般要求到达到系统集成的层次。

5.2.1 研究型高校培养目标

1. 某985大学1

机器人工程专业的培养目标：本专业培养以机器人为主要对象和工具的系统、软件和算法设计、开发和应用工程师，培养人格健全、责任感强、具备基本科学和工程技术素养、机器人机械设计基础知识、掌握扎实的数字控制、信息技术知识、系统的计算机硬软件及算法设计知识和应用能力、较全面的机器人系统设计、分析、构建(开发)和编程(应用)技能，在机器人工程与系统应用领域具有显著专业特长和较强创新实践能力的综合型工程技术人才。毕业后，可从事机器人核心部件研发、软件开发、机器人系统总成、智能制造与服务等领域的科学研究、技术开发、应用维护及管理工作，并具备在工作中继续学习、不断更新知识的能力。经过5年左右的实践锻炼，能够成为机器人工程及相关领域的高级专门人才。

2. 某985大学2

机器人工程专业的培养目标：面向国家机器人科技发展趋势，培养适应国际科技前沿和国家战略发展需求，符合社会和行业发展需要，熟悉国际规则和惯例，掌握机器人科技的基础理论和专业知识，具有从事机器人领域的工作技能，富于创新精神和实践能力以及较强国际沟通能力的高素质复合型人才。

3. 某985大学3

机器人工程专业的培养目标：坚持以机器人技术为主，融合智能感知技术、机器视觉、伺服运动控制、导航与规划技术于一体的电气信息类宽口径工程教育，重培养理论基础厚、工程素质高、动手能力强，机器人领域的研究型与复合应用型人才。要求学生了解机器人领域的理论前沿与发展动态，掌握机器人系统的基本理论，具有初步的科学研究能力和较强的实际工作能力。将机器人感知技术、机器视觉、伺服运动控制、导航与规划等技术进行有机融合，具有在机器人领域从事机器人结构设计、智能感知技术、伺服驱动、运动控制、导航与规划等方面的独立工作能力。

5.2.2 应用型高校培养目标

应用型高校主要以机器人应用与开发为主线，面向各类机器人系统的工程开发及应用，培养掌握各类现代机器人机构及控制系统设计、系统方案设计、系统集成、离线编程仿真、工作站运行维护等集成应用、研发以及检测与维护、生产运行与管理等技术，具有扎实机器人理论基础、较强机器人工程实践和创新能力的高素质应用型工程技术人才。

1. 某应用型大学1

机器人工程专业人才培养目标：本专业以工程实际为背景，以机器人机械结构、运动控制、可编程控制、微处理器应用、机器人控制技术与系统集成及编程应用、能力培养为主线，重视软硬件相结合、强弱电相结合，培养掌握电工电子技术、自动控制、运动控制、自动检测技术、可编程控制系统、微处理器系统与网络技术、工业机器人结构与控制技术、机器人传感器等较宽领域的扎实的专业知识和工程能力，能在工业自动化，特别是工业机器人技术及相关控制系统领域从事系统设计与开发、技术集成、系统安装、运行、维护和技术管理等方面工作的高级工程技术人才。

2. 某应用型大学2

机器人工程专业人才培养目标：本专业以培养德、智、体、美全面发展，适应地方社会经济发展需要，具备良好的科学文化素养和机器人应用工程师的基本素质，系统掌握工业机器人系统设计制造、工业机器人系统的编程与调试的基础理论知识，具有较强的理论分析能力、工程实践能力和创新创业能力，具有机械自动化、智能化适应能力与创新发展潜力，培养学生能够在机器人制造厂商、机器人系统集成商、机器人的应用商从事机器人技术支持、机器人工作站编程与调试的高级工程技术应用型人才。

3. 某应用型大学3

机器人工程专业人才培养目标：本专业面向国家智能制造发展需求，培养掌握机器人基础知识、专业技能、创新实践和工程应用能力，具有机器人及其周边领域技术开发、产品服务、工程设计和系统运维的综合能力，具备高度社会责任感和创新创业精神，符合社会发展需要，德才兼备的高素质应用型人才。

毕业生经过5年左右工程岗位的磨炼，在社会与专业领域预期能够达到下列目标：

(1) 保持身心健康，有良好的职业素养，将公众安全、健康、合法权益放在首位，有意愿并有能力服务社会；

(2) 具有较为扎实的专业基础和较好的工程实践能力，能在设计、生产或科研团队中担任机器人相关的工程师或组织管理角色；

(3) 能够随社会和技术的发展，运用合理的工具或知识解决机器人相关领域的复杂工程问题；

(4) 能与同事、国内外同行、客户和公众进行有效沟通，能够在不同的文化环境及多学科团队中有效工作；

(5) 具有自主的、终生的学习习惯和能力，能够根据自身特点和技术进步，调整职业发展规划，拓展和提高职业能力。

5.3 机器人工程专业课程体系

机器人技术是一门多学科的综合性技术，是综合了计算机、控制论、机构学、信息和传感技术、人工智能、仿生学等多学科而形成的高新技术，是当代研究十分活跃、应用日益广泛的领域。工业机器人作为先进制造业中不可替代的重要装备和手段，已成为衡量一个国家制造业水平和科技水平的重要标志。

机器人工程专业主要是研究机器人运动学、机器人动力学、机器人控制学、工业机器人操作、离线编程与虚拟仿真技术、机器人在各行业中的应用以及机器人工作站的系统集成。毕业后可从事机器人操作、工业机器人系统集成、工业机器人系统应用开发、工业机器人离线仿真等工作。近年来的毕业生集中在机器人制造厂商、机器人系统集成公司、机器人应用等自动化企业。

机器人技术面向装备制造业，以理论结合实践的教学模式，通过现有的实验实训条件，通过校企合作联合办学的优势，帮助有一定专业基础、想提高的学生或者社会人员，进入工业自动化领域的最前沿。

5.3.1 总体框架

机器人工程专业课程设置应能支持毕业要求的达成，课程体系设计有企业或行业专家参与。课程体系必须包括：

(1) 与本专业毕业要求相适应的数学与自然科学类课程(至少占总学分的15%)。

(2) 符合本专业毕业要求的工程基础类课程、专业基础类课程与专业类课程(至少占总学分的30%)。工程基础类课程和专业基础类课程能体现数学和自然科学在本专业应用能力的培养，专业类课程能体现系统设计和实现能力的培养。

(3) 工程实践与毕业设计(论文)(至少占总学分的25%)。设置完善的实践教学体系，并与企业合作，开展实习、实训，培养学生的实践能力和创新能力。毕业设计(论文)选题要结合本专业的工程实际问题，培养学生的工程意识、协作精神以及综合应用所学知识解决实际问题的能力。对毕业设计(论文)的指导和考核有企业或行业专家参与。

(4) 人文社会科学类通识教育课程(至少占总学分的15%)，使学生在从事工程设计时能够考虑经济、环境、法律、伦理等各种制约因素。具体课程由学校根据培养目标与办学特色自主设置。

本专业指南中对数学与自然科学、工程基础、专业基础、专业应用四类课程提出了基本要求。

1. 数学与自然科学知识领域

(1) 数学：微积分、常微分方程、级数、线性代数、复变函数、概率论与数理统计等知识领域的基本内容。

(2) 物理：牛顿力学、热学、电磁学、光学、近代物理等知识领域的基本内容。

2. 工程基础与大类专业知识领域

可根据自身特点，在工程图学与工程设计基础、电路、电子线路/电子技术基础、电磁场/电磁场与电磁波、计算机技术基础、信号与系统分析、系统建模与仿真技术、控制工程基础、机械工程基础(精密机械设计基础)等知识领域中，除工程图学与工程设计基础外至少包括4个知识领域的核心内容。

3. 专业基础知识领域

包括电机驱动与运动控制基础、机器人技术基础、工业机器人系统知识领域核心知识，并在机器人软件工程、机器人动力学建模与控制、机器人机构学、机器人环境建模、感知与交互等知识领域中，至少包括1个知识领域的核心内容；并设置1门综合课程设计覆盖其中2个以上知识领域(3门以上基础和专业基础课程)。

4. 专业知识领域

根据专业特点和学科优势自定。典型有多机器人系统建模与分析、模式识别与机器学习、数字图像处理、机器视觉、机器人环境建模、3D打印技术、水下机器人、智能车、无人驾驶技术、无人机技术、特种机器人、服务机器人、机器人系统集成与应用、机器人工装设计、智能制造技术等。专业必须在专业综合层次设置一门系统综合课程设计，覆盖团队合作工程设计全过程，综合应用基础、专业基础和专业知识，系统设计（题目/任务）场景来源于教师科研、企业项目、科研创新（任选一组实施）训练提高，要求完成完整的设计、报告和交流评估过程。

除科学基本素养和人文社会经济等通识知识、能力培养外需要在专业知识和职业技能、情绪教育及创新意识等达到以下要求：

（1）培养学生基本理解掌握自动化、计算机科学与技术、电子信息与电气工程、机械与精密光机电仪器、系统工程基础知识，并以其中一个作为核心或特长基础进行机器人专业人才的培养；

（2）应设置相应的教学环节，针对不同应用，使用上述基本概念和实用技能分析、设计、构建机器人和机器人系统。

5.3.2 课程设置

1. 课程体系

典型专业基础课程包括机器人导论、电路与电子学、嵌入式系统（编程）、机器人运动学、机械系统、微处理器、系统设计工具、统一机器人学或相应四方面的课程、系统建模与分析、机器人软件工程、工业机器人系统、综合课程设计、系统综合设计等。其中本专业特有的独立核心专业课程应在四方面（4门课角度）系统覆盖统一机器人学并强化相关教学内容：

（1）有效的电-机转换、运动能量传递、操作负荷和传递；

（2）环境交互（传感、反馈、决策过程）；

（3）驱动设计、嵌入式计算、复杂响应过程（振动概念与运动规划响应）；

（4）导航定位、通信（里程推算、路标更新、惯导传感、激光定位）。

在缺少条件的情况下可设置类似的课程替代，如电机驱动与运动控制、机器人技术基础、机器人定位导航、AI移动机器人等。必须保证本课程相关内容的教学要求。

机器人导论课程从技术和方法角度提供最初的认知；工业机器人（系统）课程作为必修课程围绕制造自动化的机器人，包括机器人语言编程、实验和设计；综合课程设计可以是机械设计类，也可以是计算机软件类、机器人信息处理（算法）类，但系统综合设计课程，应覆盖团队合作工程设计全过程，机器人综合应用基础、专业基础和专业知识，机器人系统设计，并形成可验收评估的实体创新成果。机器人学和机械电子学知识领域如图5-7所示。

2. 核心课程模块

PLC控制与编程技术、环境感知、运动控制、人机交互、操作系统及芯片几大技术模块的技术发展决定着机器人产品的应用落地程度，也是高校培养机器人工程专业人才需要设置的课程模块。对研究型或者应用型高校在上述课程模块设置上，应该结合本校实验室设备的实际情况在重点内容上有所区别。

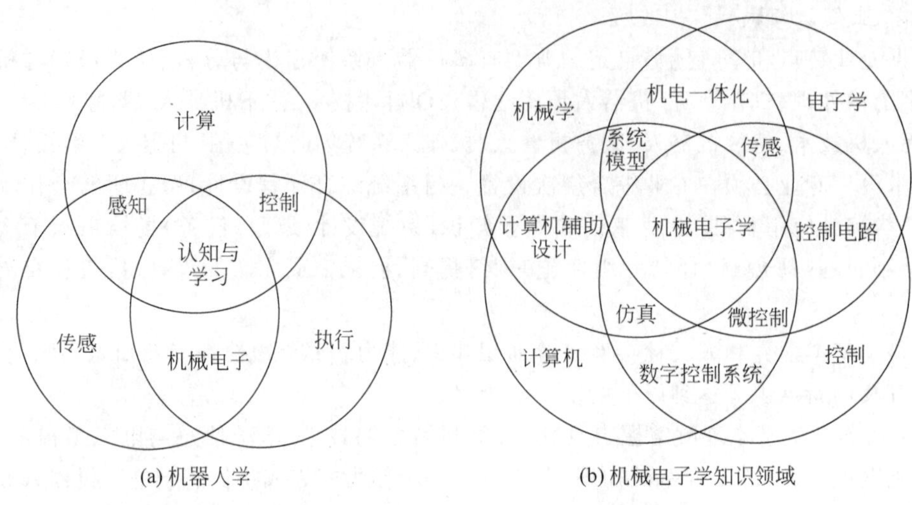

图 5-7 机器人学 Mechatronic 知识领域

PLC 是机器人(自动化)生产线的控制核心。PLC 控制与编程技术是应用型高校机器人工程本科专业课程设置的重点模块,也是工业机器人应用领域的重点。围绕机器人系统集成层次的培养目标,涉及自动化工程的许多知识,包括 PLC 控制、变频器、变压器、运动控制、传感、编程以及高低压电器件等。

环境感知技术是机器人技术体系实现的基础和前提条件,与智能机器人的地图构建、运动控制等功能息息相关。系统内的单个传感器通常仅能获得环境的信息段或测量对象的部分信息,而机器人需整合多渠道数据信息并处理复杂情况,因此机器人对环境的感知大多通过激光雷达、摄像头、毫米波雷达、超声波传感器、GPS 这五类传感器及其之间的组合来实现自主移动功能。

运动控制技术是机器人实现稳定运行的保障,定位导航与运动协调控制为两大重点研发方向。SLAM 技术是目前广泛应用的导航技术。舵机是服务机器人的核心零部件和基本构成,可以驱动和控制服务机器人的关节运动,关节越多,所需舵机数量越多,对舵机力矩的要求也越高。

基于语音的人机交互是当前人机交互技术中最主要的表现形式之一。它以语音为主要信息载体,使机器具有像人一样的“能听会说、自然交互、有问必答”能力,其主要优势在于使用门槛低、信息传递效率高,且能够解放双手双眼。体感交互是由即时动态捕捉、图像识别、语音识别、VR 等技术融合衍生出的交互方式,机器人未来有望成为高层次体感交互的载体。

操作系统能够有效地提高机器人研发代码的复用率,简化多种机器人平台之间创建复杂性和鲁棒性机器人行为的任务量。当前全球主流机器人操作系统为 Android 系统和 ROS 系统。中国自研智能机器人操作系统目前还在发展当中,大部分公司都是基于底层主流操作系统的开源架构做进一步开发,使其适合自身个性化应用。

机器人在定位导航、视觉识别、处理传输、规划执行等环节都需要用到不同类型的芯片,因此芯片对于机器人有至关重要的作用。一般在机器人中,几个支持芯片会将接口集合起来,之后再统一连接到微控制器上。中国的通用芯片技术发展水平与外国相比仍然存在很长的路要走，短期内无法完全扭转落后格局；而在人工智能芯片领域，中国的发展情况目前走在世界前端，有望通过现有技术优势提升国际影响力。

5.3.3 招生对象与学制

专业代码：080803T

专业名称：机器人工程

招生对象：普通高中毕业生或同等学力者

学制：全日制四年

5.3.4 毕业要求

工程教育专业认证是国际通行的工程教育质量保障制度，也是实现工程教育国际互认和工程师资格国际互认的重要基础。工程教育专业认证的核心就是要确认工科专业毕业生达到行业认可的既定质量标准要求，是一种以培养目标和毕业出口要求为导向的合格性评价。按照工程教育专业认证标准，对本专业毕业生要从以下12个方面对毕业要求做出规定：

1. 工程知识

能够将数学、自然科学、工程基础、专业基础和专业知识用于解决机器人工程相关领域的复杂工程问题。

(1) 能够运用数学、自然科学和专业所需的工程基本知识，对机器人相关领域工程问题进行识别、分析、正确表达和求解等；

(2) 掌握专业基础知识，并能将其用于机器人工程领域相关工程问题的推演、现象分析、电路工作原理或设备运行原理分析、元件或设备选型等；

(3) 掌握机器人工程专业知识，并能将其用于机器人相关领域的方案设计和优选、系统集成、产品设计开发、设备和系统的运维与管理等。

2. 问题分析

能够应用数学、自然科学和工程科学的基本原理，识别、表达、并通过文献查阅、研究分析机器人工程相关领域的复杂工程问题，获得有效结论。

(1) 能够运用数学、自然科学和工程科学的基本原理，理解、分析机器人相关设备及其系统的工作过程，必要时可通过列写并求解数学或电路方程进行辅助分析；

(2) 能够运用工程科学的基本原理，对机器人工程领域的复杂工程问题中的关键环节、问题或参数进行识别、理解和准确表达，必要时可对其进行定量的分析和计算；

(3) 能借助文献研究分析机器人工程相关领域的复杂工程问题，以获得有效结论。

3. 设计/开发解决方案

能够针对机器人应用领域的工程问题设计出满足标准规范和用户需求的解决方案，并能够在设计环节中结合社会、健康、安全、法律、文化以及环境等综合因素，体现出创新意识。

(1) 能够综合运用所掌握的专业知识、技术手段和开发工具，为特定需求的设备或系统提供技术支持；

(2) 利用专业知识、设计方法，为满足特定需求和标准的机器人工程设计项目提供解决方案；

(3) 在机器人工程相关领域复杂工程问题设计过程中,体现创新意识,考虑社会、健康、安全、法律、文化以及环境等因素。

4. 研究

能够基于科学原理并采用科学方法对复杂机器人工程问题进行研究,包括设计实验、分析与解释数据、并通过信息综合得到合理有效的结论。

(1) 针对复杂机器人工程问题,能够基于专业知识和技术文献,设计实验步骤;

(2) 能够根据实验方案操作实验装置,开展实验,获得有效实验数据或波形;

(3) 能够对实验结果进行合理的分析和解释,通过信息综合得出合理有效的结论。

5. 使用现代工具

能够针对机器人工程相关领域的复杂工程问题,开发、选择与使用恰当的技术、资源、现代工程工具和信息技术工具,包括对工程实际问题的预测与模拟,并能够理解其局限性。

(1) 具有计算机熟练应用和电气图纸绘制的技能;

(2) 熟悉至少一种仿真软件和一种硬件仿真工具,如Matlab、电气制图、离线编程等,能对工程问题进行模拟和预测;

(3) 能够根据工程实际问题检索电子文献,为工程问题的解决寻求和获取线上技术支持。

6. 工程与社会

能够基于工程相关背景知识进行合理分析,评价机器人专业工程实践和工程实际问题解决方案对社会、健康、安全、法律以及文化的影响,并理解应承担的责任。

(1) 具有工程实习和社会实践的经历,熟悉相关的技术标准、行业政策、法律、法规;

(2) 认识工程问题与社会伦理道德联系,具备高度的责任感从事工程活动;

(3) 能够评估机器人工程领域中的实际问题及其解决方案可能对社会、健康、安全、法律以及文化等方面产生的影响,并能正确认识由于这些影响对项目实施的反馈作用和所应当承担的责任。

7. 环境和可持续发展

能够理解和评价针对机器人应用工程项目中的实际问题的专业工程实践对环境、社会可持续发展的影响。

(1) 了解机器人技术对于可持续发展的影响,理解机器人行业与环境保护的关系;

(2) 熟悉环境保护的相关法律、法规,能够从经济效益、社会效益、利用效率、污染以及安全隐患多个方面贯彻环境保护和社会可持续发展的理念;

(3) 理解和评价机器人领域的工程实践活动对环境和社会的双重性,判断其可能对人类和环境造成损害的隐患。

8. 职业规范

具有人文社会科学素养、社会责任感,能够在机器人应用领域的工程实践中理解并遵守职业道德和规范,履行责任。

(1) 具有健全的人格,学会科学认识和理解政治、经济、社会、文化、历史等各种现象及发展规律,科学看待外部世界和自身;

(2) 了解国情,培育和践行社会主义核心价值观,维护国家利益,具有推动民族复兴和社会进步的责任感；

(3) 理解工程伦理的核心理念，了解机器人工程师的职业性质和责任，在工程实践中，能自觉遵守职业道德和规范，具有法律意识。

9. 个人和团队

能够在团队中承担个体、团队成员以及负责人的角色。

(1) 对企业生产或生产线运行过程有认知能力；

(2) 能够主动与其他学科的成员合作，胜任团队成员的角色与责任；

(3) 具有技术团队构建、运行、协调和负责的能力。

10. 沟通

能够就机器人工程相关领域的复杂工程问题与业界同行及社会公众进行有效沟通和交流，包括撰写报告和设计文稿、陈述发言、清晰表达或回应指令，并具备一定的国际视野，能够在跨文化背景下进行沟通和交流。

(1) 具备就机器人工程相关领域的工程实际问题进行人际交往和口头表达的能力；

(2) 具有撰写设计文稿、技术总结报告及项目申请报告的能力；

(3) 具备一种外语的应用能力，能够阅读相关专业外文文献，在跨文化背景下具有一定的沟通和交流能力。

11. 项目管理

理解并掌握工程管理原理与经济决策方法，并能在多学科环境中应用。

(1) 了解机器人工程相关领域工程管理与经济决策基本知识，理解并掌握相应的工程管理与经济决策方法；

(2) 能够在多学科环境中应用工程管理与经济决策方法进行工程设计与实践；

(3) 具有初步的项目实施过程中的运行和管理能力。

12. 终身学习

具有自主学习和终身学习的意识，有不断学习和适应发展的能力。

(1) 能够认识不断探索和学习的重要性，具备自主学习和终身学习的意识；

(2) 掌握自主文献检索、资料查询及运用现代信息技术跟踪并获取相关信息的基本方法；

(3) 能够针对个人或职业发展的需求，采用合适的方法自主学习、自我完善、自我提高、可持续发展。

5.4 机器人工程专业培养定位

5.4.1 专业培养规格

1. 知识结构

需要掌握从事机器人领域工作所需的数学、物理等自然科学知识，具有初步的工程经济、管理、社会学、法律、环境保护等人文与社会学的知识，系统地掌握本专业领域所必需的较宽的基础理论知识。

(1) 掌握高等教育阶段和专业基本素质必需的文化基础知识；

(2) 掌握必要的人文科学知识；

(3) 掌握一定水平的计算机基础知识；

(4) 掌握特殊工业软件的开发基础知识；

(5) 掌握机械设计、电气设计、装配钳工、维修电工的基本理论知识；

(6) 掌握液压与气动控制的基本理论知识；

(7) 掌握一般机电设备安装调试及维修的基本理论知识；

(8) 掌握常用传感器原理以及选型基础；

(9) 掌握机器人的结构与原理、运动学等基础知识；

(10) 掌握机器人控制与编程等理论基础知识；

(11) 掌握机器人系统二次开发理论知识；

(12) 掌握机器人工作站设计、安装与调试的基础理论知识；

(13) 掌握自动化生产线系统集成的基本知识。

2. 能力结构

(1) 具有较高的文化素养及职业沟通能力，能用行业术语与同事和客户沟通交流；

(2) 具有应用计算机和网络进行一般信息处理的能力，以及借助工具书阅读本专业英文资料的初步能力；

(3) 具有普通机械、电气、焊接、视觉等应用软件的设计开发能力；

(4) 能读懂机器人设备的结构安装和电气原理图；

(5) 能开发较复杂的 PLC 控制系统；

(6) 能编制工业机器人控制程序；

(7) 能够对特殊工控软件进行底层开发；

(8) 能够对机器人系统、视觉系统进行二次开发；

(9) 具有机器人工作站的日常维护与运行的基本能力；

(10) 具有机器人工作站常见故障诊断与排除技能；

(11) 具有机器人工作站周边设备的维护与调试的能力；

(12) 具备机器人工作站的设计、选型、功能开发等系统集成能力；

(13) 具备一定的现场总线应用技术能力；

(14) 具备自动化生产线系统集成能力。

3. 素质结构

(1) 热爱机器人工作岗位，有较强的安全意识与职业责任感；

(2) 有较高的团队合作意识，能吃苦耐劳；

(3) 能刻苦钻研专业技术，终身学习，不断进取提高；

(4) 有较好的敬业意识，忠实于企业；

(5) 严格遵守企业的规章制度，具有良好的岗位服务意识；

(6) 严格执行相关规范、标准、工艺文件和工作程序及安全操作规程；

(7) 爱护设备及作业器具；着装整洁，符合规定，能文明生产。

以工业机器人为例的机器人工程专业要求的要素、具体要求、支撑知识和对应课程之间的关系见表 5-2。

表 5-2　工业机器人专业人才具体要求

要　素	具体要求	支撑知识	对应课程
良好的思想政治、职业道德及修养	坚定的爱国主义信念； 了解国家有关法律法规及方针政策，无违法犯罪记录； 具有正确的世界观、人生观和价值观； 具有良好的社会公德和职业道德； 热爱机器人事业； 具有勤奋好学、爱岗敬业、诚实守信、团结协作、吃苦耐劳的优良品质，较强的法律、法治意识以及服从、服务意识	马克思主义理论知识； 机器人行业及企业要求； 职业道德及修养知识	《思想道德修养与法律基础》 《毛泽东思想概论》
健康的身体及心理	掌握现代体育运动基本知识和基本技能，具有文体特长； 身体健康、健美，达到《大学生体质健康标准》所规定的各项指标； 具有开朗、理智、真诚、坦荡的性格和良好的人际关系； 具有教育部《普通高校大学生心理健康工作实施纲要(试行)》所规定的要求，心理健康，人格完善； 具有较强的心理适应能力和健全的意志品质； 良好的形体、规范的礼仪	体育知识； 健康与安全知识； 心理学知识； 社会学知识	《军事训练》 《大学体育》 《心理健康教育》
较强的专业能力	能读懂进口设备相关英文标牌及使用说明； 能读懂机器人设备的结构安装和电气原理图； 能设计设备的电气原理图、接线图、电气元件明细表； 能设计简单单机机械部件零件图和装配图； 能应用操作机、控制器、伺服驱动系统和检测传感装置编制逻辑运算程序； 能开发较复杂的 PLC 控制系统； 能够进行单体工业机器人工作站系统集成； 能维护、保养设备，能排除简单电气及机械故障； 具有创新意识和创新能力，能根据企业的发展及需求改造和革新原有设备；	与本专业相适应的专业英语知识； 常用电子元器件、集成器件、单片机的应用知识； 传感器应用的基本知识； 应用机械传动的基础知识； PLC、变频器、触摸屏、组态软件控制技术的应用知识； 交流调速技术的应用知识； 机械系统绘图与设计的知识； 计算机接口、工业控制网络和自动化生产线系统的基础知识； 机器人原理、操作、编程与调试的知识； 检修机器人系统、自动化生产线系统故障的相关知识；	《大学英语》 《电工电子技术》 《电工电子技能训练》 《自动控制原理》 《电气控制与 PLC》 《单片机原理及应用》 《机械设计与制图》 《机械装置调试技能训练》 《传感器与检测技术应用技能训练》 《液压与气动技术》 《工业机器人技术基础》 《工业机器人离线编程与仿真技术》 《工业机器人系统集成与应用》 《C 语言程序设计》 《通信网络技术技能训练》

续表

要　素	具体要求	支撑知识	对应课程
较强的专业能力	具有一定的生产管理、质量管理能力，能够培训和指导本专业初级、中级技术工人进行生产活动； 有较强的灵活应变及突发事故、问题处理能力； 较强的客户关系管理及公关能力	本职业的相关"四新"知识； 生产管理和质量管理的基础知识； 具有同本职业工种相关行业的基础知识	《机器人技术技能训练》 《智能制造系统》 《机器人安装与调试技能训练》 《机器人现场编程技能训练》 《机器人故障诊断技能训练》
社会能力	安全与法律意识； 环境保护意识； 团队协作能力； 交际与沟通能力； 乐观意识； 形象意识； 抗压能力； 质量意识； 法律意识； 开拓精神	法律知识； 环保知识； 语言知识与沟通知识； 形象与礼仪知识； 心理学知识； 服务知识	融入所有课程的学习之中
方法能力	信息获取能力； 自主学习能力； 运用知识能力； 制定工作计划能力； 独立解决问题能力； 灵活应变能力； 持续改进能力； 组织能力	信息获取的方法、途径； 学习的习惯、方法； 计划的方法、内容及要求； 问题处理的原则、方法及技巧	融入所有课程的学习之中

5.4.2　就业岗位及要求

1. 主要就业单位

(1) 工业机器人本体制造企业：ABB、FANUC、YASKAWA、新时达等制造厂商；

(2) 工业机器人系统集成商：单项系统集成商、综合系统集成商；

(3) 工业机器人系统终端用户：工业机器人应用等自动化企业；

(4) 机电一体化专业的就业单位。

2. 主要就业部门及岗位

入职岗位：工业机器人工作站调试、编程，工业机器人工作站集成设计与开发助理、调试与技术支持，智能控制系统及设备的装配、调试、维护与维修，简单智能设备设计，过程控制设计，售后、技术支持、生产管理、销售推广等技术服务岗位，以及班组长等基层管理岗位。

晋职岗位：工业机器人系统集成商、应用企业的中层管理人员(包括经理、副经理、部门主管)，项目经理，集成开发工程师。

职业迁移岗位：工业机器人制造厂商、工业机器人应用企业及系统集成商等企业的机器人系统二次开发、生产线方案设计、技术改造、项目开发等技术服务、设计或管理工作。

以工业机器人为例的机器人工程专业毕业生就业岗位与能力要求之间的关系见表5-3。

表5-3 就业岗位及工作要求表

序号	核心工作岗位及相关工作岗位		岗位描述	能力要求
1	核心岗位	工业机器人系统集成设计与开发	工业机器人工作站方案设计；工业机器人工作站系统仿真设计；工业机器人工作站主控系统程序设计	(1) 能分析客户需求情况； (2) 能根据客户需求情况选择工业机器人； (3) 能根据客户需求选择外围控制系统； (4) 能设计机器人与主控的基本接口； (5) 能设计数控系统与主控的基本接口； (6) 能针对客户需求编制设计方案； (7) 能使用工业机器人仿真软件进行系统仿真； (8) 能使用电气软件进行控制系统仿真； (9) 能编制主控系统程序； (10) 能编制安全控制器系统程序； (11) 能根据对象对机器人视觉系统进行设置和开发； (12) 能对工业机器人工作站系统进行二次开发和设计
2	核心岗位	工业机器人电气系统设计与开发	工业机器人工作站电气系统开发和设计；工业机器人电气系统安装与调试；工业机器人程序编制；工业机器人工作站维护；工业机器人总控系统编程、调试(PLC、人机交互、总线通信等功能的设计和开发)	(1) 能读懂机械原理图； (2) 能设计工作站电气系统； (3) 能对工业机器人电气系统进行安装及调试； (4) 能根据现场情况对工业机器人进行编程和调试； (5) 能设计和开发工业机器人与外设的通信； (6) 能熟练掌握工业机器人的工作原理； (7) 能进行工业机器人大部分故障诊断和排查； (8) 能运行组态和触摸屏技术设计工作站总控系统的人机界面； (9) 能对工业机器人总控系统中PLC进行硬件设计和调试； (10) 能编程实现PLC、单片机和外围设备的通信控制
3	相关岗位	工作站系统运行维护	工业机器人工作站系统常规保养,故障排除,根据相关工艺要求调整工业机器人系统程序	(1) 能编写维护保养计划,对工业机器人及工作站系统进行维护保养； (2) 能识别工作站系统故障类型,并能排除常见故障； (3) 熟悉工作站系统生产工艺,熟悉系统整体程序架构,能根据生产要求,对工作站系统程序进行调整； (4) 能编写相关运行维护报告
4	相关岗位	技术销售	针对客户需求,设计和推荐相关工业机器人及系统方案	(1) 熟悉工业机器人产业情况及各个典型工业机器人公司产品； (2) 熟悉工业机器人典型行业应用情况； (3) 具有一定的交流沟通能力； (4) 能发现客户潜在需求,并制定相应系统方案； (5) 常用办公软件使用能力； (6) 具有吃苦耐劳精神及团队协作的能力
5	相关岗位	品质管理助理工程师	能够对工作站生产的产品进行检测,能够对工作站生产的产品进行质量控制	(1) 能熟练掌握产品原理图； (2) 能使用常用检测工具检测产品； (3) 能撰写产品质检报告； (4) 具备沟通能力,明确质量控制需求； (5) 能按照ISO质量控制流程进行质量控制； (6) 能撰写质量控制报告

5.5 机器人工程专业实验实训基地建设

5.5.1 基本条件要求

机器人工程专业可设置在具备工科教育环境的研究型大学、应用型本科院校相关院系或创新中心，在基本办学条件、基本信息资源、教学经费投入上达到专业规划人才培养目标所需的最低要求。

1. 生源及学习环境支持条件

(1) 具有吸引优秀生源的制度和措施。

(2) 具有完善的学生学习指导、职业规划、就业指导、心理辅导等方面的措施并能够很好地执行落实。

(3) 对学生在整个学习过程中的表现进行跟踪与评估，并通过形成性评价保证学生毕业时达到毕业要求。

(4) 有明确的规定和相应认定过程，认可转专业、转学学生的原有学分。

2. 教学运行支持条件

(1) 教室、实验室及设备在数量和功能上满足教学需要。有良好的管理、维护和更新机制，使得学生能够方便地使用。与企业合作共建实习和实训基地，在教学过程中为学生提供参与工程实践的平台。

基础课程与相关大类专业基础实验室在生均面积、生均教学设备在数量和功能及运行经费上满足教学需要，实验开出率应达到90%以上。每个实验既要有足够的台套数，又要有较高的利用率，原则上验证性实验1～2人/组；综合性实验可2～3人/组，综合设计不超过5人/组，但必须明确分工关系；指导教师(含助教、实验助手)与学生数比1∶30为宜；综合设计指导教师同时指导的学生不超过4组。

在实验条件方面具有相对独立的机器人工程专业基础与专业实验室，实验设备完好、充足，能满足各类课程教学实验和实践的需求。基础实验和实训设备由专业教学设备厂商提供，有根据设备资源结合本专业的特点、优势、特长和行业需求等编写的实验指导教材。实验设备的完好率应达到90%，实验开出率应达到90%以上。

建议实验室配备的实验设备：

桌面式机械臂、移动小车等——机器人技术基础认知与实验装置；

6DOF(3kg)串联式工业机器人及作业平台——机器人自动化与智能制造实验设备，建议为台式；实训系统可为6kg及以上工业机器人；

移动双臂服务机器人——智能服务与共融交互实验设备。

以机电系统为特色的专业可选配部分并联机构的工业机器人；

以自动化及智能化为特色的专业可选配具有实时操作系统背景的嵌入式系统或工控机模块(带Ether CAT工业以太网接口)，选配Ether CAT交流伺服驱动器和200～400W小型伺服电机。

有条件的专业实验室还可选配小型机器人自动化生产线。

机器人专业实验室系统应重视相关模拟仿真软件的使用，在认知和实物实验尽量充分进行模拟实验，并广泛收集机器人工程相关计算机（机器人）开源硬件和开源软件的代码等资源，并以合理形式提供给学生，作为课内和课外实践参考。

机器人专业实验室应配有专职实验室管理人员，负责设备的安全操作培训、设备维护，操作臂负载3kg（不含）以上、臂展超过500mm的机器人必须设立安全区进行隔离。

应有一定数量且相对稳定的专用实习基地（可在校外工厂、公司、研究所中建立）；专业实习要有具体的实习大纲，明确的实习内容，原则上到相关的技术开发或生产应用企业，也可在校内省级以上重点专业实验室从事技术开发或产品试制等研究实习工作。

（2）计算机、网络以及图书资料资源能够满足学生的学习以及教师的日常教学和科研所需。资源管理规范、共享程度高。

5.5.2　应用型本科机器人工程专业实验实训基地*

应用型高校与研究型高校在培养目标上的差别决定了各自在实验室建设方面一定有所区别。应用型高校培养的学生既不同于研究型高校培养的研究或设计层次，也不同于高职院校培养的实际操作型层次，应该是介于二者之间的系统集成层次的应用型人才，要求既要熟悉机器人工程相关设计理论又要会工程操作维护。所以，相应的实验室建设就要求既有供学生自主研究、二次开发的创新型设备，又要有实际操作的工业设备，且设备台套数量一定与学生数量相匹配。

新松机器人实训基地由辽宁省机器人驱动与控制工程实验室、重载机器人标准化研究与验证联合实验室、机器人实训基地三部分组成。面向机器人驱动与控制、智能制造领域培养应用型人才的同时，面向区域行业企业开展产品研发、技术改造、标准化研究与验证等技术服务，并承担引领地方机器人产业发展、培养行业企业骨干技术人员的任务。

基地建设总投资2436余万元，占地总面积约4723.67m^2，设备累计投资约1236万元，拥有自平衡小车、履带小车、机器人教学系统、NAO机器人、四旋翼飞行器、安川机器人、四自由度SCARA机器人、智能移动机器人、数控精密测量与控制系统、三坐标测量仪、运动控制卡（器）、水平多关节视觉分拣系统、并联机器人分拣系统、智能制造实训生产线、基础应用实训单元、半实物仿真实训系统、离线编程软件、虚拟教学软件、搬运码垛智能应用实训系统、工业机器人拆装工作站等。基地建设有应用开发中心、综合应用实训中心、智能制造应用实训中心、机器人半实物仿真实验室、机器人基础应用实训中心、机器人结构综合实训中心、工业机器人技术研究实验室、学生创新工作室等。涵盖了从机器人离线编程软件-仿真软件-半实物仿真-基础工作站-拆装实训-典型系统应用-智能制造生产线的完整的机器人实训体系，可容纳300人同时开展教学、培训、实训业务。

1. 工业机器人拆装工作站

本实验室有新松机器人整体拆装平台1套，安川工业机器人系统1套。

工业机器人拆装维护工作站，以真实的工业机器人为基础，可以对其本体进行零件级的拆解和安装，让学生充分了解工业机器人本体的组成结构和装配过程，可以对内部的常见故障进行排除，完成简单的维修操作，并对本体精度进行标定和参数复位。

工业机器人拆装维护工作站主要针对学生培养安装操作技术而设计开发，让学生深入学习工业机器人内部构成，理解工业机器人的运动过程、驱动传动方式，掌握部分核心部件的安装及配合要点，具备工业机器人本体装配、故障排查、简易维修及零件更换技能，使故障工业机器人尽快恢复生产，缩短工厂停工时间，节约成本，可以服务于工业机器人本体厂商、维修企业和二手机器人经销商。机器人拆装工作站如图 5-8 所示。

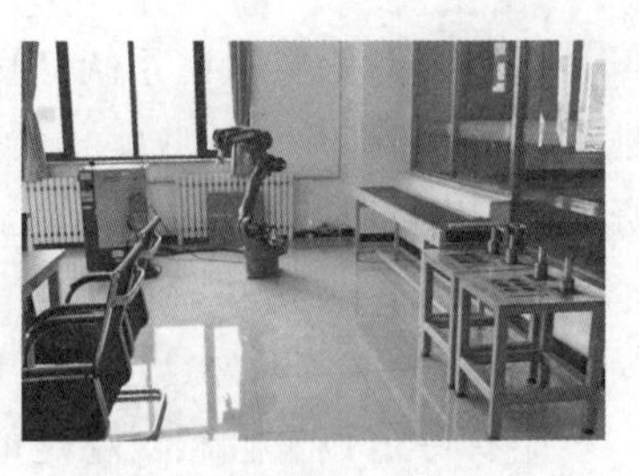

图 5-8 拆装工作站

拆装工作站设备各系统组成如表 5-4 所示。

表 5-4 拆装工作站设备各系统组成

新松机器人整体拆装平台			安川工业机器人系统		
序号	名　称	数量	序号	名　称	数量
1	工业机器人	1	1	工业机器人	1
2	吊装工具	1	2	控制器	1
3	安装工作台及定位工具	1	3	示教器	1
4	辅助翻转台	1	4	空气压缩系统	1
5	拆装工具	1	5	实验台	2
			6	传送带	1
			7	实验零件	若干

2. 基础应用实验室

本实验室有工业机器人基础教学实训系统共 8 套。

系统由工业机器人、教学模块、安全围栏等组成；可通过机械、电气、编程等方面的实训，让学生掌握工业机器人系统集成控制的基础知识。该系统侧重工业机器人的基础操作与应用。通过对机器人码垛拆垛、绘图等操作，让学生掌握工业机器人最基础的操作；基础教学工作站有一定的拓展性，学生可以自行设计和改造机器人夹手，设计不同的教学实验，用工业机器人实现不同的功能。基础应用实验室如图 5-9 所示。

图 5-9 基础应用实验室

基础应用实验室设备系统组成如表 5-5 所示，功能模块如表 5-6 所示。

表 5-5 基础实验室单套系统组成

序号	名　称	数量	序号	名　称	数量
1	工业机器人	1	5	轨迹造型模块	1
2	工作站外围组件	1	6	焊接模块	1
3	机器人底座	1	7	搬运、码垛模块	1
4	基础工作平台	1	8	装配模块	1

表 5-6 基础实验室 STSBA-01 设备功能模块

配置模块	设备型号	配置参数
工业机器人	SR10C-E	6 轴，负载 10kg，运动范围 1390mm
一体式工作站		长宽高：1800mm×1800mm×2000mm
轨迹造型模块		直线、圆弧、样条曲线等多种轨迹
焊接模块		角焊缝、立焊缝、V 型焊缝、搭接焊等
搬运码垛模块		井字形、回字形、纵横交错式等
装配模块		轴类、盘类等零部件装配

机器人本体主要参数如下：

结构形式 6 轴串联；负载不小于 10kg；重复定位精度±0.05mm；最大工作半径不小于 1390mm；

运动范围：

1 轴：±170°；2 轴：+90°～−155°；3 轴：+190°～−170°；4 轴：±180°；5 轴：±135°；6 轴：±360°；

最大运动速度：

1 轴：125°/s；2 轴：150°/s；3 轴：150°/s；4 轴：300°/s；5 轴：300°/s；6 轴：400°/s；

手腕允许力矩：4 轴：15N·m；5 轴：12N·m；6 轴：6N·m；

手腕允许惯量：4 轴：0.32kg·m^2；5 轴：0.2kg·m^2；6 轴：0.06kg·m^2；

本体重量：160kg；电源容量：1.5kVA；防护等级：IP65；

预装信号线(1 轴～3 轴处)：24 芯，单芯线径 0.3mm^2。

3. 智能生产线实验室

本实验室有工业机器人智能制造应用中心共一套。

系统包括立体仓库、AGV 小车、工业机器人、机器人自动力控装配系统、物料输送系统、视觉物料分拣系统、激光标示系统、搬运码垛装盒系统、物流管理系统、总控系统等，组成一套完整的智能制造系统，培养学生掌握现代物流流程设计、系统集成与工程安装、搬运机器人运作机理、视觉系统、力控系统等技术。训练机器人集成化生产线各环节设计，重点培养学生智能制造方向实训，掌握机器人技巧、现代物流、智能制造等多领域的融合。智能生产线实验室如图 5-10 所示。

图 5-10 智能生产线实验室

智能生产线实验室设备系统组成如表 5-7 所示，其中的数控加工中心技术参数如表 5-8 所示。

表 5-7 智能生产线系统组成

序号	名 称	数量	组成或参数
1	智能立体仓库	1	立体库货架、堆垛机、堆垛机控制系统、工装托盘、输送系统、立体仓库操作一体机、立体仓库管理软件、立体仓储安全防护装置
2	智能 AGV 系统	1	背负举升式、磁带导航、最大速度 30m/min、弯道最大速度 12m/min、导航精度±10mm、停车精度±10mm、AGV 系统中所有系统软件
3	机器人上下料系统	1	机器人本体、机器人控制器、机器人示教器、机器人移动轨道、机器人夹具、视觉系统、换面装置、AGV 对接平台、数控加工中心、自动清洗单元
4	自动码垛系统	1	机器人本体、机器人控制器、机器人示教盒、AGV 对接平台、机器人端拾器

表 5-8 数控加工中心技术参数

组成系统名称		参 数	单 位
工作台	工作台尺寸	650×430	mm
	允许最大荷重	300	kg
	T 形槽尺寸	14×3	mm/个
加工范围	工作台最大行程 X 轴	580	mm
	滑座最大行程 Y 轴	420	mm
	主轴最大行程 Z 轴	520	mm
	主轴端面至工作台面距离 最大	620	mm
	主轴端面至工作台面距离 最小	100	mm
	主轴中心到导轨基面距离	537	mm
主轴	锥孔 (7:24)	BT40	
	转数范围	60～10000	r/min
	额定输出扭矩	35.8	N. m
	主轴电机功率	7.5/11	kW
	主轴传动方式	同步齿形带	
刀具	刀柄型号	MAS403 BT40	
	拉钉型号	MAS403 BT40-Ⅰ	
进给	快速移动 X 轴	48	
	快速移动 Y 轴	48	m/min
	快速移动 Z 轴	48	
	三轴拖动电机功率($X/Y/Z$)	1.8/2.9/2.9	kW
	进给速度	1～20000	mm/min
刀库	刀库形式	圆盘机械手式	
	选刀方式	双向就近选刀	
	刀库容量	20	把
	最大刀具长度	300	mm
	最大刀具重量	8	kg
	最大刀盘直径 满刀	ϕ80	mm
	最大刀盘直径 相邻空刀	ϕ125	mm
	换刀时间	1.8	s

续表

组成系统名称		参　数	单　位
定位精度		GB/T18400.4-2010	
	X 轴	0.012	mm
	Y 轴	0.012	mm
	Z 轴	0.012	mm
重复定位精度	X 轴	0.008	mm
	Y 轴	0.008	mm
	Z 轴	0.008	mm
机床重量		3000	kg
电气总容量		23	kVA
机床轮廓尺寸		2020×2700×2473	mm

机器人上下料系统机器人本体主要参数如下：

结构形式 6 轴串联；负载不小于 20kg；重复定位精度±0.05mm；最大工作半径不小于 1750mm；本体重量 270kg；电源容量 3kVA；防护等级 IP65；预装信号线(1 轴～3 轴处)24 芯，单芯线径 0.5mm^2；

运动范围不小于：

1 轴：±180°；2 轴：+95°～−155°；3 轴：−195°～255°；4 轴：±175°；5 轴：±140°；6 轴：±360°；

最大运动速度不小于：

1 轴：195°/s；2 轴：175°/s；3 轴：180°/s；4 轴：360°/s；5 轴：360°/s；6 轴：550°/s；

手腕允许力矩：4 轴：43.7N·m；5 轴：43.7N·m；6 轴：19.6N·m；

手腕允许惯量：4 轴：1.09kg·m^2；5 轴：1.09kg·m^2；6 轴：0.24kg·m^2。

自动码垛系统机器人本体参数：

通过专用码垛机器人实现工件的自动搬运、码垛过程，同时配合加工生产线、AGV 系统，完成一套完整的机器人搬运码垛系统。

结构形式为 4 轴串联，码垛专用机器人负载≥13kg；本体重量≤160kg；重复定位精度≥±0.06mm；最大工作半径≥1410mm；电源容量≤3kVA；防护等级 IP65；预装信号线(1 轴～3 轴处)16 芯，单芯线径 0.2mm^2；标准循环 1800～2100 次/h；

运动范围：S 轴(回转)：±170°；L 轴(下臂)：−110°～+40°；U 轴(上臂)：−130°～+20°；4 轴：±360°；

最大运动速度：S 轴(回转)125°/s；L 轴(下臂)150°/s；U 轴(上臂)150°/s；4 轴 400°/s；

4. 搬运码垛实验室

本实验室有新松工业机器人智能搬运码垛应用实训系统 1 套。

系统由工业机器人、输送线、教学工件、挡停机构、料理平台、吸盘夹手、工件托盘、安全围栏和搬运码垛控制系统组成，能进行机器人自动上料、码垛、料理、自动定位等功能的实训。另可选配离线编程、视觉系统、二次开发接口等扩展应用。搬运码垛实验室如图 5-11 所示。

图 5-11 搬运码垛实验室

搬运码垛实验室设备系统组成如表 5-9 所示,机器人本体技术参数如表 5-10 所示。

表 5-9 搬运码垛设备系统组成

序号	名　称	数量	序号	名　称	数量
1	码垛机器人	1	8	顶升移栽机	1
2	工作站外围组件	1	9	气缸拨料装置	1
3	机器人底座	1	10	搬运码垛端拾器	1
4	皮带输送机	1	11	工件桌	1
5	辊筒输送机 1	1	12	教学工件	20
6	辊筒输送机 2	1	13	安全防护	1
7	倍速链输送机	1	14	搬运码垛控制系统	1

表 5-10 码垛机器人主要技术参数

型号 Type		SRM13A
负载能力 Payload		13kg
工作范围(水平)Range		1430mm
自由度数 DOF		4
标准循环 Standard cycle		1800～2100 次/h
每轴最大运动范围 Range of Motion	S	±170°
	L	+40°,−110°
	U	+20°,−130°
	4-axis	±360°
每轴最大运动速度 Maximum Moving Speed	S	125°/s
	L	150°/s
	U	150°/s
	4-axis	400°/s
本体重量 Body Weight		160kg
电源容量 Power Requirement		3kVA
防护等级(手腕)Protection(Wrist)		IP65
预装信号线(1 轴→4 轴处)Reserved Signal Wire		16 芯,单芯线径 $0.2mm^2$
		16 cores,$0.2mm^2$ per conductor

5. 分拣实验室

本实验室包含由 Delta 并联机器人和 SCARA 机器人为主所构成的分拣实训系统 2 套。

主要功能是采用机器人、传输带、视觉系统等来训练学生，能够实现工件的抓取摆放作业。该实验室可满足机器人示教、机器人与工业相机手眼标定、机器人与MES系统通信等内容。分拣实验室如图5-12所示。

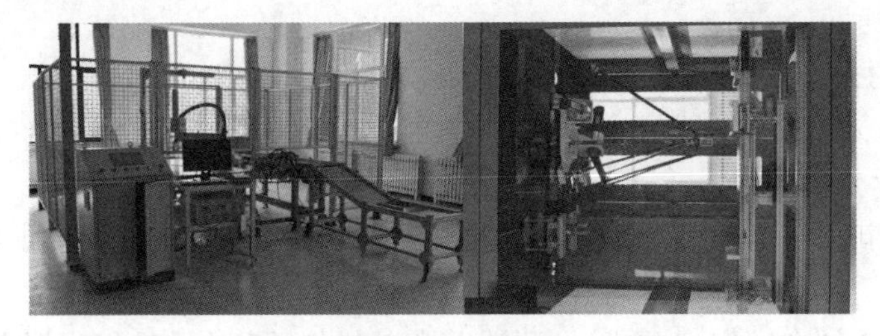

图5-12　分拣实验室

分拣实验室设备各系统组成如表5-11所示。

表5-11　各设备系统组成

水平多关节视觉分拣系统组成			并联机器人分拣系统组成		
序号	名　称	数量	序号	名　称	数量
1	水平多关节机器人	1	1	并联机器人本体	1
2	传送线系统	1	2	机器人控制系统	1
3	定位机构	1	3	机架结构	1
4	安全防护	1	4	视觉系统	1
5	视觉系统	1	5	气动翻料系统	1
			6	物料输送系统	1
			7	工件	20

1）SCARA机器人本体主要参数

（1）结构形式4轴串联。

（2）负载不小于10kg。

（3）重复定位精度不低于：X、$Y\pm0.05$mm，$Z\pm0.02$mm。

（4）最大工作半径不小于1000mm。

（5）运动范围：1轴不小于±105°；2轴不小于±160°；3轴不小于215°；4轴不小于±360°。

（6）最大运动速度：1轴不小于220°/s；2轴不小于450°/s；3轴不小于1100°/s；4轴不小于1200°/s。

（7）四轴允许惯性力矩：4轴不小于0.26kg·m^2。

（8）本体重量不大于72kg。

（9）平均功率不大于800W。

2）Delta机器人本体主要参数

（1）最大负载：不低于7kg。

（2）工作范围：ϕ1100mm。

（3）Z向工作高度：250+150mm。

（4）重复定位精度：≤±0.05mm。

(5) IP 等级：IP54。

(6) 循环时间：不低于 0.36s。

(7) 最大速度：不低于 10m/s。

(8) 最大加速度：10G。

(9) 碳纤维主副臂长度(320mm、820mm)。

(10) 结构形式：4 轴并联。

6. 半实物仿真实验室

本实验室有新松公司半实物仿真系统 6 套，鞍山星启数控科技公司半实物仿真系统 1 套。

系统采用虚实结合的实训方式，保证学生能亲自在真实的示教编程器上进行编程操作，不断设计、修正虚拟工业机器人的动作及轨迹。系统软件部分是在计算机中利用三维技术构造虚拟的六自由度工业机器人，并对其应用的环境进行实时动态模拟，使学生具备工业机器人编程能力。半实物仿真实验室如图 5-13 所示。

图 5-13 半实物仿真实验室

半实物仿真实验室设备组成如表 5-12 所示。

表 5-12 半实物仿真实验室设备组成

新松公司半实物仿真系统组成			鞍山星启数控科技公司半实物仿真系统组成		
序号	名称	数量	序号	名称	数量
1	工业机器人示教盒	6	1	桌面式工业机器人演示实体	1
2	控制柜	6	2	机器人示教盒	2
3	虚拟工业机器人软件	6	3	机器人控制器	1
4	计算机工作站	6	4	机器人电控系统	1
			5	实训工作台	1
			6	计算机	1
			7	机器人 3D 仿真软件	1

7. 机器人离线编程实验室

本实验室有新松公司离线编程 SRVWS 软件 80 套。

离线编程软件提供一种区别于示教再现的编程方式，可以在电脑上实现机器人整个工作过程的程序编辑，能够仿真离线生成的机器人程序。离线编程软件及仿真系统具备模拟布局、优化机器人轨迹、模拟机器人速度/加速度、生成作业程序等功能，同时支持插件式开发，可动态扩展工艺模块。使用离线编程软件，可以从枯燥的机器人作业示教中解放出来，通过导入三维模型或数据，在软件中生成并优化机器人运动和路径，并检验机器人可达范围，最后生成机器人作业，通过发送或复制到机器人控制器中，实现机器人自动作业。通过对机器人离线编程软件的学习，可以大大加强学生对机器人应用的理解，提高学生使用机器人的能力，让机器人完成各种复杂的工作。

本软件支持CAD导入及创建虚拟工作站并离线编程，可利用图形描述对机器人和工作单元进行仿真，实现对碰撞的自动检测。具备模拟布局、优化机器人轨迹、模拟机器人速度/加速度、生成作业程序等功能。机器人离线编程实验室如图5-14所示。

图5-14 机器人离线编程实验室

8. 虚拟教学实验室

本实验室有虚拟教学软件80套。

虚拟教学软件采用虚拟仿真技术开发，覆盖工业机器人相关专业及岗位群，由虚拟工作站、虚拟设备构成，具有高仿真度、高情景化、高沉浸感、高参与性等特色。工业机器人虚拟教学软件以“作业”为引领，可进行机器人工作站搭建、示教编程、陪产运行、维修保养等全过程模拟仿真操作，是一款可自动跟踪、记录、评价的虚拟仿真软件。

机器人仿真实训系统：以工业机器人实训系统1∶1建立的3D模型开发，含多视图、缩放、旋转、快捷视图等功能以便全面观察、学习。

包含机器人的原理认知、安装调试、机器人维护、柔性制造系统仿真系统四个部分。

(1) 原理认知部分：包含全三维环境下的工作原理讲解，包含上电、示教器使用、机器人手臂的运动过程、物料拾取、上下料等全部工作过程。

(2) 安装调试部分：包含全三维环境下的系统设备安装讲解，包含设备拆箱、搬运、定位、电气连线、安装后调试等全部安装调试工作过程。

(3) 机器人维护部分：提供相应维护工具的1∶1三维虚拟模型、工具工作原理，学生可以在全三维环境下多角度、自由缩放方式了解工具、设备。

(4) 柔性制造系统仿真系统：柔性制造系统仿真系统充分体现了工业4.0的设计思路，即智能制造和高度数字化制造的概念。柔性制造系统仿真系统应该由总控实训区、物流实训区(立体仓库)、上下料实训区、MC(加工中心)加工制造实训区、打磨实训区等组成。

9. 运动控制实验室

运动控制室始建于2014年，设备总投资30万元。主要设备有：DM-GUC-400-TPV型四轴一体化运动控制器5台；DM-X200-DC-ICM开放式一维直线运动控制系统10台；DM-R200-DC-ICM惯量可调转子运动控制系统；TS-2812A型F2812工业控制实验开发系统 10 台；DM-XY20XY 工作台和实验桌等部分。

本实验室是学生学习机器人专业底层运动控制的基础实验室。实验室将最为常用的运动控制小型化、模块化，配合基于 PC 和运动控制器的通用运动控制系统或者运动控制专用系统等，组成完全符合工作过程导向的实训和教学系统平台。通过实验将机器人和自动化主要课程融合到一起，培养学生具有运动控制技术基本设计能力，并激发学生综合创新应用兴趣，使学生具有运动控制领域从业的发展潜能。运动控制实验室如图 5-15 所示。

图 5-15 运动控制实验室

10. 学生创新活动中心

本实验室是学生自主学习、自主实验和自主创新的场地，为学生提供一个全天候开放的实验场所，同时也配套有专门的讨论室，同学之间可对某些问题进行开放性学术讨论。

本实验室有各种型号的小型机器人、小车，各种动手实验所需的工具，计算机等。在本实验室，学生只要有新的创意和想法，都可自己动手，按照自己的思路进行电路设计、硬件搭建、元器件焊接、软件调试等工作。学生创新活动中心如图 5-16 所示。

图 5-16 学生创新活动中心

11. 机器人竞赛活动中心

本实验室是学生进行国家机器人大赛的实训场地，有 Innobot 教育版高级套件、“创意之星”模块化机器人套件(标准版)、“创意之星”模块化机器人套件(高级版)、“卓越之星”标准版、“卓越之星”高级版、世界机器人大赛/中国机器人大赛指定平台等设备。

学生在本实验室主要进行机器人比赛所需的机器人搭建、程序调试、场地模拟等工作，与学生创新活动中心共同支撑本专业学生参加各种创新大赛室内场地的需要。机器人竞赛活动中心如图 5-17 所示。

图 5-17 机器人竞赛活动中心

12. 机器人系统实验室

该实验室有NAO机器人(H25)1套,机器人系统创新套件(基于ROS)的Bobac智能移动机器人2套,四旋翼飞行仿真器(GHP3001)1套,自平衡小车1台(GBOT2001),履带式智能小车1套(基于ROS系统),固高GUC系列运动控制器8套,四自由度SCARA机器人(GRB3014)1套。

本实验室主要用于智能机器人方向相关的实验、设计、开发和科研工作,提供机器人与无人机系统领域运动控制、算法研究、路径规划以及视觉技术的研究平台。通过本实验室的训练,师生可以对基于ROS操作系统的程序移植、开发有深入了解,可以对机器人与无人机系统运动控制算法的开发与应用有清晰的认识,在智能机器人方向所涉及的主要问题有系统的把握。机器人系统实验室如图5-18所示。

图5-18 机器人系统实验室

实验室设备中四旋翼飞行仿真系统的主要技术参数如表5-13所示;自平衡小车的主要技术参数如表5-14所示;四自由度SCARA机器人的主要技术参数如表5-15所示;四自由度SCARA机器人控制系统的主要技术参数如表5-16所示。

表5-13 四旋翼飞行仿真器系统技术参数

项 目	型号或主要参数
外形尺寸(长×宽×高)(mm)	102×78×541
俯仰角	−150°～150°
翻转角	−150°～150°
巡航角	任意角度
电源输入	AC220V 50Hz 2A
运动控制器	GT-400-SV
永磁直流电机	24V 5000r/min
俯仰编码器	1000P/R
翻转编码器	1000P/R
巡航编码器	600P/R
集电环	18线

表 5-14　自平衡小车技术参数

长×宽×高	426mm×574mm×710mm
直流伺服电机功率	85W
电机减速比	10∶1
运动控制器	基于 DSP 和 FPGA 技术的嵌入式运动控制器；3 轴电机控制通道加模拟量控制模块
软件环境	Win98 操作系统下 MATLAB 6.5 软件环境
最大移动速度	1.6m/s
电源模块	镍氢电池 8.5Ah,24V
电源持续工作时间	1.5h 左右
最大爬坡角度	20°
陀螺仪	供电电压 9～12V；测量范围(－360～25)°/s；工作电流＜30mA；检测最大角速度 ±300°/s(25℃)；响应频率 150Hz；温度漂移－0.025～0.025(°/s)/min；工作温度范围－40～50℃；模拟量输出 0～4.096V；重复测量精度 0.1°
运动控制器	基于 DSP 和 FPGA 技术的嵌入式运动控制器；具有自主知识产权且通过 CE 认证；4 轴电机控制通道；每块卡可控制 4 个伺服/步进轴；可编程伺服采样周期，四轴最小插补周期为 250μs，单轴点位运动最小控制周期为 25μs；运动方式：单轴点位运动、直线插补、圆弧插补、速度控制、手脉输入、电子齿轮；可编程梯形曲线规划和 S 曲线规划，在线刷新运动控制参数。所有计算参数和轨迹规划参数均为 32 位。用户可定义坐标系，便于编程。四轴联动，2～4 轴直线插补，任意 2 轴圆弧插补。具有连续插补功能。可编程事件中断：外部输入中断、事件中断(包括位置信息、特殊运动事件等)以及时间中断

表 5-15　四自由度 SCARA 机器人技术参数

项　目		指　标
负载能力		额定 2kg
臂长	第 1-2 轴臂	600mm
最大运动速度	第 1-2 轴	6800mm/s
	第 3 轴	1100mm/s
	第 4 轴	2000°/s
自由度数		4
重复定位精度	第 1-2 轴	±0.02mm
	第 3 轴	±0.01mm
	第 4 轴	±0.01°
每轴最大运动范围	第一轴	±127°
	第二轴	±145°
	第三轴	170mm
	第四轴	±360°
每轴最大运动速度	关节 1	6.54rad/s
	关节 2	6.54rad/s
	关节 3	300mm/s
	关节 4	18.84rad/s
标准循环时间		0.42/s

续表

项目		指标
第四轴允许惯性力矩		额定 0.01kg·m^2，最大 0.12kg·m^2
本体重量		≤19kg
电机功耗	第一轴	400W
	第二轴	400W
	第三轴	100W
	第四轴	100W

表 5-16 四自由度 SCARA 机器人控制系统技术参数

型号	GTC-RC800	
CPU	Inter ATOM N455 1.66GHz	
内存	DDR3 2GB	
二级缓存	512KB	
VGA 接口	Gen3.5 DX9，200MHz，VGA：1400 * 1050	
eHMI	包含 LVDS、USB、CON、键盘、IO 扩展信号	
键盘鼠标	支持 PS2 协议标准键盘鼠标	
存储	DOM 盘 4GB	
通信接口	USB 接口	2 路 USB2.0
	网络接口	2 路 100M/1000M 以太网自适应
	RS232	1 路 DB9 公头
	RS485	RS422/RS485/RS232(option)
	CAN	支持 CANopen 协议
	I/O 扩展	支持 gLink I/O
运动控制轴接口	8 轴脉冲/模拟量控制，轴接口带断线检测	
手脉接口	包含 A、B 相信号，7 路数字光电隔离输入	
本地 I/O	数字量输出	20 路数字输出，光电隔离；MOS 管漏型输出；最大输出电流 500mA
	数字量输入	16 路数字输入，光电隔离；漏型/源型(每 4 路有 COM 端选择，默认源型输入)
	模拟量输出	4 路，非隔离；输出电压：－10～＋10V；16 位 DAC；最大驱动电流 10mA
	模拟量输入	4 路，非隔离；输入电压：－10～＋10V；14 位 ADC
	PWM 输出	4 路，电压 24V；频率：1～24kHz；MOS 管漏型输出；最大驱动电流：500mA
操作系统	WinCE6.0＋Googel Runtime	
电源	DC24V，3A	
CE 认证	工业 3 级标准	
尺寸	287mm * 160mm * 78mm	
安装	水平安装	

1）Bobac 智能移动机器人组成

电机安装支架：3 个；全向轮：3 个；差动轮：2 个；轮子安装支架：5 个；超声波安装位：6 个；防跌安装位：6 个；碰撞传感器：3 个；kinect 安装位：1 个；下位机控制器安装

位：1个；上位机安装位：1个；结构：3+1层，铝合金材料；支撑柱：若干；安装工具：1套；超声波传感器：6个；防跌传感器：6个；碰撞传感器：3个，适用电源3.3V～5V，触点耐压125V AC，触点寿命10万次；电池套装：1块，锂电池24V，10000mAh；组合后尺寸：320mm*320mm*(730～1077mm高度可调)；显示器：1台，13寸，分辨率1440*900，屏幕比例16：9；上位机控制器：1台，I5CPU，4G内存，64G硬盘；下位机主控器：1；直流伺服电机3台。

2) NAO机器人(H25)技术参数

(1) 25个自由度。头部：2个；手臂：10个，每臂5个；胯部：1个；腿部：10个，每腿5个；手部：2个，每手1个。

(2) 尺寸：574mm×275mm×311mm；重量：5.4kg；制作材料：ABS-PC/PA-66/XCF-30。

(3) 齿轮组：关键部位金属齿轮，其余为金属-ABS混合物齿轮。

(4) 音频：2个扬声器：直径=36mm；阻抗=8Ω；声道音量=87dB/w+/-3dB；音频范围=可达约20kHz；输入=2W；4个扩音器：敏感度：-40+/-3dB；音频范围：20Hz～20kHz；信噪比=58dBA。

(5) 制动器：36个霍尔效应传感器，12位精确度，例如每转4096约相当于精确度0.1°；dsPIC微控制器；采用三种类型直流空心杯电机，1型空载转速8300r/min±10%，2型空载转速8400r/min±12%，3型空载转速10700r/min±10%，1型连续转矩最大16.1mN·m，2型连续转矩最大4.9mN·m，3型连续转矩最大6.2mN·m。

(6) 传感器：36个霍尔效应传感器；1个三轴陀螺仪；1个三轴加速计；2个碰撞器；超声波系统：2个发射器，2个接收器，频率：40kHz，敏感度：-86dB，分辨率：1cm，检测范围：0.25～2.55m，有效锥形：60°；2个红外线仪，波长：940nm，发射角：+/-60°，功率：8mW/sr；摄像头：2个，有效像素1288*968，分辨率1.22MP，30帧/秒(FPS)，聚焦范围：30cm～无限远，视野：72.6° DFOV[60.9°HFOV，47.6°VFOV]，数据格式：YUV422。压力传感器：0-110N，每只脚上4个。

(7) 发光二极管(LED)。眼部：2套8个全彩RGB发光二极管；耳部：2套10个16级蓝色发光二极管；胸部：1个全彩RGB发光二极管；脚部：2个全彩RGB发光二极管；头部：12个16级蓝色发光二极管。

(8) 本体内部主版。CPU：ATOM Z530，高速缓冲存储器：512KB，时钟速度：1.6GHz，FSB速度：533mHz；RAM：1GB；闪存：2GB；MICRO SDHC卡：8GB。

(9) 嵌入式软件：操作系统：嵌入式GNU/Linux (32 bit x86 ELF)，基于Gentoo的发行套件。

(10) 编程语言：机器人本体支持C++/Python编程语言，上位机支持：C++、Python、Java Script、Java、Choregrahpe编程语言。

(11) 网络连接：WiFi无线网络连接(IEE 802.11b/g)；以太网连接1*RJ45-10/100/1000 BASE T。

(12) 电力输入：100-240VAC-50/60Hz-最大1.2A；输出：25.2VDC-2A；电池类型：锂电池，额定电压/容量：21.6V/2.15Ah，能量：48.6Wh，充电用时：5h，自主动力：60min(活跃使用)/90min(正常使用)。

(13) 软件开发包与智能控制系统,智能刚度功能、防自撞功能、跌落自保护功能、物体识别、面部探测与识别、自动语音识别(支持16种语言,其中文、英文语音识别免费提供)、语音合成(支持19种语言,其中文、英文为免费提供)、声源定位。

13. 校外实训基地建设

学校与沈阳新松集团公司合作建有辽宁省普通高等学校大学生校外实践教育基地1个,校外实训基地紧贴机器人发展需求,充分利用沈阳新松机器人公司资源,有利于探索系统培养,推进人才培养模式改革,加强校内外实习基地的建设,优化教学团队和实习指导团队的结构等。校外实践教学基地通过校企深入合作,可以促进高校和行业、企事业单位、科研院所、实务部门等联合培养人才新机制的建立。在推动高校转变教育思想观念,改革人才培养模式,加强实践教学环节,提升高校学生的创新精神、实践能力、社会责任感和就业能力等方面非常重要。

依托辽宁省机器人驱动与控制工程实验室以及校内外实验实训基地,可以有效提高应用型人才培养的质量,机器人工程本科专业人才培养方案中实践教学环节学分比例见表5-17。

表5-17　机器人工程本科专业实践教学环节

实践教学环节名称		学分	学期	占总学分比例
通识实践教学	入学教育	1	1	学校统一安排,不计入毕业成绩,计入毕业审核
	军事技能训练	2	1	
	公益劳动	1	2	
	创新创业教育	6	8	
基础实践教学	金工实习	2	2	3.3%
	电子实训	2	3	
	电工电机实训	2	4	
专业实践教学	工业机械臂半实物仿真实训	1	3	24.4%
	单片机实训	1	4	
	工业机器人离线编程	1	5	
	工业机器人工作站拆装与调试实训	2	5	
	工业机器人系统集成实训	2	6	
	机器视觉与传感器实训	1	6	
	机器人综合应用实训	20	7	
	毕业设计(论文)	16	8	
	合计(占总学分%)			27.7%

第6章

机器人领域产学研机构

本章主要对机器人领域相关的著名公司、大学、研究院所等机构进行简单介绍，同时对机器人工程专业学生需要了解的机器人领域国内外有关期刊、会议等也做了介绍。通过本章的介绍可以使学生对本专业相关行业知识有所了解，从而引导学生及时通过网络资源了解本专业领域最新技术发展和跟踪自己感兴趣的专业研究方向。

6.1 机器人公司介绍

近年来机器人产业在全球范围内迅速崛起，目前已经形成了欧洲、美国、日本、中国、韩国五大机器人集中发展区，有代表性的机器人企业达35家。瑞士ABB、日本发那科公司、日本安川机器人、德国库卡机器人并称为工业机器人领域的“四大家族”。这些巨头占据中国机器人产业70%以上的市场份额，并且几乎垄断了机器人制造、焊接等高端领域。

中国有“一定影响力”的机器人公司已有700～800家，上市公司有80家，从事机器人研究的科研院所有300余家。但国内工业机器人大多集中于相对简单的搬运、码垛及家电、金属制造领域，高精尖的多关节机器人仅占有10%，焊接机器人仅占有16%，汽车组装机器人仅占有10%的市场份额，在产业链中偏低端且并未进入主流市场。国内主要的智能机器人企业有新松、广州数控等。工业机器人“四大家族”如图6-1所示。

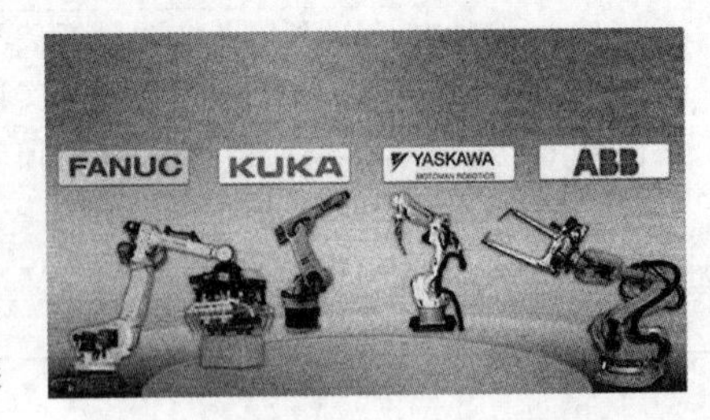

图6-1 工业机器人“四大家族”

6.1.1 瑞士ABB公司

1. 企业概况

ABB全称为Asea Brown Boveri Ltd.，于1988年成立，是电力和自动化技术领域的全球领导厂商，全球四大机器人厂商之一。ABB名列全球500强，总部坐落于瑞士苏黎世。

它的业务涵盖电力产品、电力系统、离散自动化与运动控制、过程自动化、低压产品五大领域。ABB致力于在增效节能、提高工业生产率和电网稳定性方面为各行业提供高效而可靠的解决方案。它与中国的关系可以追溯到20世纪初的1907年，当时ABB向中国提供了第一台蒸汽锅炉。1974年ABB在中国香港设立了中国业务部，随后于1979年在北京设立了永久性办事处。

ABB是一家由两个具有100多年历史的国际性企业瑞典的ASEA(阿西亚公司)和瑞士的BBC Brown Boveri(布朗·勃法瑞公司)在1988年合并而成的。ABB发明、制造了众多产品和技术，其中包括全球第一套三相输电系统、世界上第一台自冷式变压器、高压直流输电技术和第一台电动工业机器人，并率先将它们投入商业应用。ABB拥有广泛的产品线，包括全系列电力变压器和配电变压器，高、中、低压开关柜产品，交流和直流输配电系统，电力自动化系统，各种测量设备和传感器，实时控制和优化系统，机器人软硬件和仿真系统，高效节能的电机和传动系统，电力质量、转换和同步系统，保护电力系统安全的熔断和开关设备。这些产品已广泛应用于工业、商业、电力和公共事业中。ABB工业机器人产品族谱如图6-2所示。

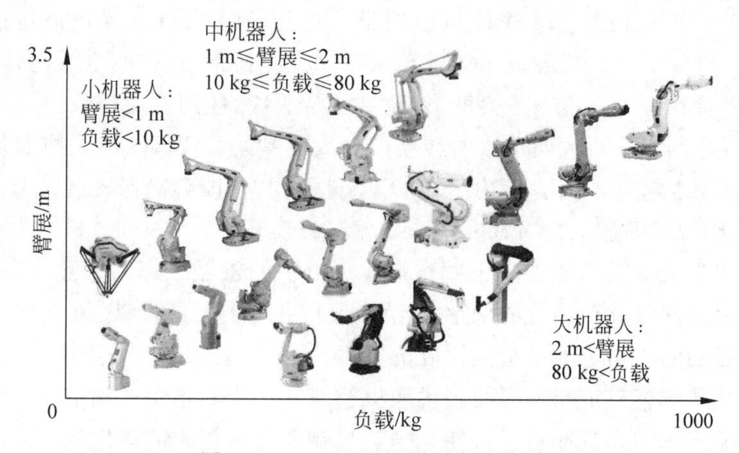

图6-2 ABB工业机器人产品族谱

ABB原下设五大业务部门，即电力产品部、电力系统部、离散自动化与运动控制部、低压产品部、过程自动化部。为了进一步提高市场盈利能力，2016年ABB将上述5大业务部门以市场为导向整合成电气产品、机器人及运动控制、工业自动化和电网四大事业部，并于2017年1月1日起正式实施。

其中机器人及运动控制事业部成为提供机器人技术与智能运动控制解决方案的业务部门，主要由原来的离散自动化与运动控制业务部门为基础，可提供广泛的产品、解决方案和相关服务，助力提高工业生产效率和能源效率。机器人及运动控制事业部的产品包括电机、发电机、变频器和机器人，能够为众多自动化应用提供电力和运动控制。ABB将继续投资工业电机和传动业务，巩固其全球第一的地位。通过关注快速增长的机器人市场，并充分利用ABB的技术平台和全球规模，公司目标是将领先位置从目前的第二位提升至第一位。

ABB致力于研发、生产机器人已有30多年的历史，拥有全球超过20万套机器人的安装经验。ABB是工业机器人的先行者以及世界领先的机器人制造厂商，在瑞典、挪威和中国等地设有机器人研发、制造和销售基地。

2005年,ABB在中国上海开始制造工业机器人并建立了国际领先的机器人生产线,同年机器人研发中心也在上海设立。ABB集团是最早在华从事工业机器人研发和生产的国际企业。2006年,ABB机器人全球业务总部落户中国上海,2009年,迁址上海浦东康桥工业园区,占地面积超过7.2万m^2。同年发布全球精度最高、速度最快的六轴小型机器人IRB 120。2010年,ABB全球最大的工业机器人生产基地和全球唯一的喷涂机器人生产基地、中国首个机器人整车喷涂实验中心成立。2011年,发布全球最快码垛机器人IRB 460。

在中国,ABB先进的机器人自动化解决方案和包括白车身、冲压自动化、动力总成和涂装自动化在内的四大系统正为各大汽车整车厂和零部件供应商以及消费品、铸造、塑料和金属加工业提供全面完善的服务。

2. 机器人产品优势分析

作为六轴电动伺服机器人的发明者,ABB有着许多独一无二的技术和服务优势。大致来说,分为以下几项优势:

(1) 重复定位精度最高。以IRB 1410机器人为例,其重复定位精度高达±0.05mm。

(2) 机器人刚性最高。机器人本体的承接部件全是铸钢,机体刚性最高,该机器人自重高达235kg。手臂在恶劣环境下不会变形,精度不会丢失,使用寿命超长。

(3) 为了屏蔽因为重量大而造成的转动惯量大的缺陷,ABB机器人均加装了电子稳定路径功能。在考虑加速度、重力、阻力、惯性等条件的同时,能够确保机器人遵循其预定运行路径。该功能通过ABB独有的TrueMove技术加以实现。

(4) ABB机器人是唯一能够真正做到本体免维护的机器人产品。除ABB外几乎所有品牌的机器人六轴伺服驱动部分的功率输出都是采用同步皮带传动,该方式的故障隐患在于皮带抗疲劳强度的不确定性及磨损程度的不可检测性。ABB则采用齿轮齿条传动技术,所有维护保养仅限于客户定期按照使用说明更换或加注齿轮箱中的润滑油。机器人本体的平衡装置采用免维护的弹簧形式。机器人马达机械零位的校正简单快速,不需特殊的仪器。

(5) ABB机器人的功率输出几何路径最短,功率源的误差放大最小,以上优势是ABB机器人伺服电机的安装位置来确保的,此优势与第(1)条有直接关系。

(6) 投资ABB机器人就是投资安全。在比较恶劣的工作环境和高负荷、高频率的节拍要求下,ABB重载机器人的主动安全(Active Safety)和被动安全(Passive Safety)功能可以最大化地保证万一发生事故时人员、机器人和其他财产的安全。其主要构成为:碰撞检测功能(显著减小碰撞力);自动制动系统,在确保机器人在维持其运行路径的同时对制动予以控制,为获得最佳性能,机器人通过自调节功能来适应实际有效载荷,该功能以快速移动(Quick Move)技术为基础;被动制动功能,包含负载识别、活动机械挡块、双保险限位开关。

(7) ABB机器人的示教器为触摸屏式,只有8个快速访问按钮,是所有品牌机器人示教器中最少的。其操作界面基于Windows系统界面,操作便捷。所有菜单真正做到下拉式,操作者无须去记忆烦琐的操作指令。机器人的程序是文本格式,用普通的文本编辑器可编写程序,而不需要专门的支持软件。

(8) ABB机器人全球总部于2006年从美国迁到中国上海,足以看出ABB对中国和亚太市场的重视，因而 ABB 在华的售后服务远领先于竞争对手。ABB 机器人部门在中国有超过 100 人的售后服务团队，甚至超过绝大部分竞争对手在华员工的总人数。ABB 的故障解决时间最短。ABB 机器人在汽车生产线上的应用如图 6-3 所示。

图 6-3 ABB 机器人在汽车生产线上的应用

(9) 强有力的培训体系。ABB 在上海有完善的培训教室和应用专家级教师团队，能够在使用和维护保养培训方面具体针对客户的实际需求制定培训课程，帮助客户在最短时间内成为机器人的使用专家。

6.1.2 德国库卡公司

1. 企业概况

库卡公司是全球领先的工业机器人制造商之一，全球四大机器人厂商之一。德国库卡公司是世界几家顶级为自动化生产行业提供柔性生产系统、机器人、夹具、模具及备件的供应商之一。1996 年，库卡机器人有限公司成为独立企业。1996 年 1 月 KUKA Schweissanlagen＋Roboter GmbH（库卡焊接和机器人有限公司）分成两个在市场上独立运作的公司，即 KUKA Roboter GmbH（库卡机器人有限公司）及 KUKA Schweissanlagen GmbH（库卡焊接设备有限公司）。库卡的客户几乎遍及所有的汽车生产厂家，同时也是欧洲、北美洲、南美洲及亚洲的主要汽车配件及综合市场的主要供应商。

1973 年库卡研发了第一台拥有 6 个机电驱动轴的工业机器人 Famulus，KUKA 作为机器人技术先锋被载入史册。1996 年库卡机器人公司的工业机器人开发取得实质性的飞跃，由库卡公司开发的首个基于 PC 的控制系统投放市场，由此开创了以软件、控制系统和机械设备完美结合为特征的、“真正的”机电一体化时代。

库卡机器人集团属于高科技企业，除了进一步开发采用 PC 的控制系统以及驱动技术以外，还重点开发新的应用技术。为了在日益主要的控制系统领域立于不败之地，库卡公司还致力于自行研制开发控制系统（库卡运动控制）。

机器人和控制技术的持续发展使机器人技术的应用范围日益扩大，柔性机器人不仅在汽车零部件制造方面，而且在优化汽车生产工艺流程和汽车生产灵活性方面发挥越来越重要的作用。在此，多个机器人可以同步工作，例如一起加工零件以缩短循环时间或者共同抬起重物。另一个新方案是用于改进处于重叠工作空间内的人与机器人之间的配合关系，以达到最佳的自动化程度，全盘优化的功能包变得日益重要。

在除汽车行业以外的一般工业中的发展，则以开发新市场，特别是物流、塑料、金属加工、铸造、医疗设备或娱乐业的市场为主要目标。新功能包还为库卡机器人技术开辟了新的应用领域，比如物流（装货盘、卸货盘）、机场行李搬运、在折弯工艺时的搬运任务或者座椅检测机器人都成为焦点。

库卡是世界领先的机器人制造商之一。库卡在 2007 年进行了业务重组。重组后库卡的业务部分为机器人部和系统集成部，是“最纯粹”的机器人企业。库卡的机器人本体业务和集成业务水平均为全球领先。

库卡机器人(上海)有限公司是德国库卡公司设在中国的全资子公司,成立于2000年,是世界上顶级工业机器人制造商之一。库卡可以提供负载量为3～1000kg的标准工业6轴机器人以及一些特殊应用机器人,机械臂工作半径为635～3900mm,全部由一个基于工业PC平台的控制器控制,操作系统采用Windows XP系统。

库卡机器人部分型号如图6-4所示。

图6-4 部分型号的库卡机器人

近年来,库卡本体业务增速高于集成业务,本体业务营业利润也高于集成业务,主要原因是中国等新兴市场集成业务外包比较多,这一点也反映为库卡机器人本体利润好于系统集成利润。

2. 机器人产品优势分析

(1) 库卡机器人是唯一具有6个轴都有快速电子校零功能的高精度焊接机器人,每个零点复位不超过1min,有效地减少了机器人工作时的累积误差,确保了较高的位置精度,而且不像日系机器人需要经常更换安装轴位记忆电池。库卡所有的定位控制都不是采用普通的,而是选用抗震、抗温和抗干扰最好的德国专利的分解器,这样就能有效避免焊接过程中高温、电磁波和意外碰撞的干扰。

(2) 库卡专利的防撞系统可以实时监控每个轴伺服电机的电流,误动作引发碰撞电流变化时防撞控制系统会立即停止机器人所有动作。而且系统对电机反常电流反应的灵敏度可根据现场状况来设定。库卡是业内公认最安全的机器人。

(3) 库卡机器人是唯一能实现第一轴370°转动的焊接机器人,能有效解决软管缠绕,运动轨迹可有更多选择,有效简化了对夹具位置的设计要求,连对外排他性很强的日系本田、丰田汽车也选用了库卡点焊机器人。

(4) 库卡机器人全铝制造,质量轻机械磨损小,全系列均可悬挂倒装实现大范围工作,也是唯一轴承位可终身不需注油保养的机器人。其随机监控功能可实时记录任何操作参数,包括不正常状态也能随时收录。

(5) 库卡机器人是业内唯一采用开放式个人计算机控制平台的机器人。通信能力更强,部件更标准化,培训更容易。通用的个人计算机备件在普通市场就能买到,使用户的使用维护成本大大降低的同时更为便捷。

(6) 库卡机器人还是唯一得到第三方确认,平均故障间隔达到75000h,平均故障恢复时间只需28min。这也是库卡机器人能在可靠性要求极高的汽车行业得到推崇的主要原因。

(7) 库卡机器人独有的专利航空六轴鼠标能让操作者快速编制曲线轨迹,简化操作要求,大大提高编程工作效率。汉化的界面更是考虑了中国客户的人性化设计。

(8) 库卡机器人有断电复位记忆功能，在停电恢复后不需重新复位就能在原来停下的位置继续工作。

(9) 库卡机器人运行速度比一般工业机器人快15%～25%。这归功于库卡机器人的铝合金本体、有限元分析设计和先进的动态模型控制技术。库卡独有的高速运动曲线中动态模型优化技术使其机器人的加速性能比普通机器人快25%，有利于客户提高系统寿命，优化工作节拍。

(10) 库卡机器人通过互联网，可以远程诊断故障、编程和维修，从而提高了机器人的可用率和整合速度。库卡机器人每一组件都能快速拆换，不像其他机器人要拆除机臂才能换腕部。

库卡机器人在汽车生产线上的应用如图6-5所示。

图6-5 库卡机器人在汽车生产线上的应用

6.1.3 日本发那科公司

1. 企业概况

发那科公司是当今世界上数控系统科研、设计、制造、销售实力最强大的日本企业。发那科公司于1956年创建，1959年首先推出了电液步进电机，在后来的若干年中逐步发展并完善了以硬件为主的开环数控系统。目前发那科是全球最大的数控装置、机器人、智能化设备企业，全球四大机器人厂商之一，是世界上最大的专业数控系统生产厂家，占据了全球70%的市场份额。

进入20世纪70年代，计算机、微电子技术、功率电子技术得到了飞速发展，发那科公司毅然舍弃了使其发家的电液步进电机数控产品。一方面从GETTES公司引进了直流电机控制技术，1976年发那科公司成功研制数控系统，另一方面又与SIIEMENS公司联合研制了具有先进水平的数控系统，从那时起，发那科公司逐步发展成为世界上最大的专业数控系统生产厂家。

自1974年发那科首台机器人问世以来，其致力于机器人技术上的创新，是世界上唯一一家由机器人来做机器人的公司，是世界上唯一提供集成视觉系统的机器人企业，是世界上唯一一家既提供智能机器人又提供智能机器的公司。发那科机器人产品系列多达260种，负载为0.5～2300kg，广泛应用在装配、搬运、焊接、铸造、喷涂、码垛等不同生产环节，满足客户的不同需求。2008年6月，发那科机器人销量突破20万台；2015年，发那科全球机器人装机量已超40万台；2020年，发那科机器人的全球装机量已超64万台。

在中国，由发那科公司与上海电气集团联合投资的上海发那科机器人有限公司于2002年在宝山建设新工厂后，又相继在广州、武汉、重庆设立了全资子公司，依托当地的优势产业聚集区，整合优势技术资源，构建智能制造生态系统，并于天津、太原、沈阳、烟台、柳州、郑州等多地设立办事处，辐射全国范围，为用户提供优质的智能制造解决方案和及时周到的售后服务。宝山工厂拥有近6万m^2的占地面积，其中近4万m^2的系统工厂用于系统集成的研发制造、安装调试和出厂检查。上海发那科三期项目堪称机器人界的“超级智能工厂”，占地431亩，建筑面积30万m^2，充分利用日本发那科强大的工程集成及技术服务能力，利用发那科AI等智能制造技术，建成集生产、研发、展示、销售和系统集成中心及服务总部，建成一个继日本之外全球最大的机器人生产基地，实现年产值达100亿元。发那科部分机器人如图6-6所示。

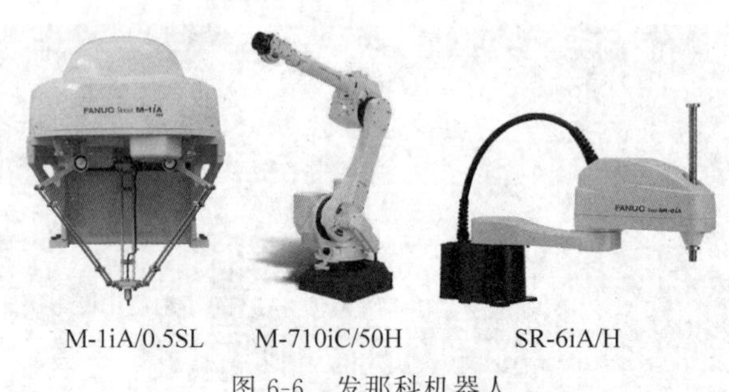

图6-6 发那科机器人

2. 机器人产品优势分析

(1) 模具铜电极的加工领域。由于发那科加工中心是使用其集团最新、最强大、最稳定的数控系统FANUC-311的版本，在数控处理速度、预读功能等方面大大优于发那科其他版本或其他品牌的数控系统，独具优势，特别是手机模具的铜电极加工，具有压倒性的优势，而且它的性价比是其他同层次无法比拟的。

(2) 精密零件加工领域。高稳定性、少故障是客户惠顾发那科加工中心的一个首要原因。数据处理速度快，导致效率高，表面的品质高(特别是表面粗糙度)，广泛应用于通信、IT、汽配、电子、数码产品、机械加工等。

(3) 高加速度定位。高速控制，最佳扭矩加减速控制，发那科小型加工中心三轴均可达1.3g的高加速度。加速度即意味着机床运动时的反应速度，加速度越高，调整运动方向运动的时间就越短。

(4) 高精度高稳定性。发那科小型加工中心装备超高分辨率的脉冲编码器，进行以纳米(nm)为单位的插补和反馈，最小的精度单位可设置为0.0005mm。发那科机床的大多数用户是长期每月30天工作，机床能保持精度稳定不变，故障率极低。

(5) AI热变位补偿功能。标准配置的三轴AI热变位补偿功能，对主轴及进给轴的动作所引起的热变位进行补偿处理，以确保加工的高精度。

(6) AI轮廓控制Ⅱ。借助伺服延迟大幅减少形状误差，借助AI轮廓控制Ⅱ可实现极其平滑的加工表面。

(7) 机器人自动化生产线。发那科公司本身也生产机械手产品，数控系统也是使用发那科系统，在产品兼容性方面完全没有问题，使客户在将来要组建自动化生产线时，无论是从小的加工单位还是大规模的流水生产线,更容易兼容及方便。

(8) 使用领域更广,多方面分解了客户风险。发那科小型加工中心除了可以加工精密零件外,也可以加工模具的铜电极。在客户的订单不是很充足时,也可以承接类似铜电极的加工。

(9) 四轴/五轴联动加工。发那科小型加工中心是市场上拥有四轴/五轴联动加工技术的厂家之一,其他竞争对手品牌的钻铣中心机绝大部分是假四轴/假五轴加工,无法做到四轴/五轴联动加工。

发那科机器人在装配线上的应用如图 6-7 所示。

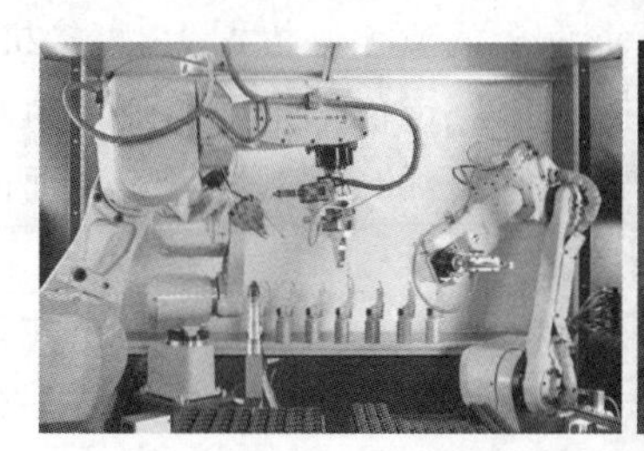

图 6-7　发那科机器人在装配线上的应用

(10) 卓越的安全性。对应中国安全标准,发那科的操作门加装了铁栅子,加固操作门的刚性,防止加工过程中所产生的危险。符合欧洲安全标准,双检安全功能,带电磁锁定的前门。在加工过程中,发那科机床是不能打开操作门的,以保证生产的安全性。

6.1.4　日本安川公司

1. 企业概况

安川为全球领先的传动产品制造商,全球四大机器人厂商之一。

安川电机(中国)有限公司是由有近 100 年历史的日本安川电机株式会社全额投资的外商独资企业,于 1999 年 4 月在上海注册成立,注册资金 3110 万美元。安川电机(中国)有限公司是安川电机在中国的总公司,前身为安川电机在上海市的销售子公司,统一管理位于上海、北京、辽宁省沈阳市的六家子公司,并在管理、销售、生产方面实现相互协作。随着业务范围和企业规模的不断扩大,公司除上海总部外还在广州、北京、成都等地开设了分公司,并在中国各地区设立了代理店和经销商,组成一个强大而全面的服务网络,使客户能快捷地获得专业的咨询服务。公司设有销售部、技术部、售后服务部、物流部等部门,企业规模在不断地扩大。

安川电机(沈阳)有限公司于 2008 年 6 月 20 日在沈阳成立,公司经营范围包括伺服装置、电动机、控制机器、医疗器械及相关零部件研发等。

安川机器人之所以能成为全球四大机器人厂商之一,主要是得益于其在驱动控制、运动控制、系统控制等方面多年来的技术积累。

驱动控制:安川电机的驱动控制事业部把多样的革新及世界最新技术整合到变频器之中并进行了产品化,取得了行业的领先地位。这些最尖端的技术作为世界标准已经渗透到各个领域,而变频器的品质、性能、功能享誉于世界。

运动控制:安川电机是运动控制领域专业的生产厂商,是日本第一个做伺服电机的公司，其产品以稳定快速著称，性价比高，是全球销售量最大、使用行业最多的伺服品牌，配有速度频率响应为1.6kHz的伺服驱动器、控制轴数量多达256轴的控制器等最尖端产品。在国内，安川电机多年来占据了一定市场份额，从一般工业用机械到半导体、电子零部件制造设备，都能提供适合于各种用途的最匹配的伺服、控制器产品。

系统控制：以面向冶金、电力、水泥、市政、石化等行业用高压变频器的销售和技术服务为主，同时从事日本安川电机系统工程部门的CP系列控制器、高低压交直流传动装置、高低压交直流电机、相关配套器件等各类工程型产品的销售和服务窗口工作。

2012年3月安川(中国)机器人有限公司成立，工厂坐落在江苏省常州市武进国家高新技术产业开发区，主要生产工业机器人(包括垂直多关节工业机器人、焊接机器人、机器人控制系统)以及机器人自动化系统设备、控制器等。工厂定位未来面向亚洲市场重要的机器人生产基地，年产各类机器人5000台，未来年产1.2万台的目标，协助实现面向亚洲市场的远景规划。

安川首钢机器人有限公司，其前身为首钢莫托曼机器人有限公司，由北京首钢股权投资管理有限公司和日本株式会社安川电机共同投资，注册资金700万美元。专业从事工业机器人及其自动化生产线设计、制造、安装、调试及销售。自1996年8月成立以来，始终致力于中国机器人应用技术产业的发展，在提高制造业自动化水平和生产效率方面，发挥着重要作用。

安川机器人有限公司在中国设有三大技术中心，分别位于上海、广州、成都。技术中心分为机器人中心、解决方案中心、售后服务中心，是集产品展示、教育培训、样品测试、方案服务以及售后服务等五大功能于一体的全方位技术中心，主要目标是提供更多的自动化解决方案，帮助工厂实现生产自动化。安川系列机器人如图6-8所示。

图6-8 安川系列机器人

2. 机器人产品优势分析

安川电机的MOTOMAN工业机器人是世界上使用最广泛的工业机器人之一；运动控制部提供各式运动控制、驱动装置等，以实现高效率与高生产力的生产系统；系统工程为不同类型的工厂提供合适的机器人外围设备构建，使得安川电机各个业务相互配合紧密。

(1) 安川机器人体系优化集成技能：安川机器人选用交流伺服驱动技能以及高精度、高刚性的RV减速机和谐波减速器，具有杰出的低速稳定性和高速动态响应，并可完成免维护功能。

(2) 和谐控制技能：控制多机器人及变位机和谐运动，既能保持焊枪和工件的相对姿态以满足焊接工艺的要求，又能避免焊枪和工件的磕碰。

(3) 精确焊缝轨道盯梢技能：结合激光传感器和视觉传感器离线工作方式的长处，选用激光传感器完成焊接过程中的焊缝盯梢，提高焊接机器人对复杂工件进行焊接的柔性和适应性，结合视觉传感器离线观察取得焊缝盯梢的残余误差，根据误差计算取得补偿数据并进行机器人运动轨道的修正，在各种工况下都能取得最佳的焊接质量。

安川机器人及其应用如图 6-9 所示。

图 6-9 安川机器人及其应用

(4) 对比安川机器人和 ABB 机器人，二者均为六轴机器人，在机器人坐标方面大同小异，活动范围同类型的差不多，手柄按键有些差异，跟操作习惯有关系；在喷涂刷子控制方面安川会更人性化一些，在传动方面 ABB 可能会愈加安静，噪声会小一些。

6.1.5 四大家族机器人技术比较

全球范围内，机器人行业的第一梯队分别是日本的发那科、安川电机、瑞士的 ABB 和德国的库卡。机器人四大家族在全球市场占有率近 50%，居于绝对主导地位。

要评判多家产品之间的技术差距，并给出具有说服力的结论，至少需要对几家机器人的典型产品都深入使用和分析过，这需要大量资源支持和长时间的实践；其次是需要技术人员自身具备非常深厚的技术积累，才能给出基本正确的分析结果。本节参考了网上一些观点，并结合实验室产品，仅代表个人观点。

工业机器人作为一个发展比较成熟的产品，从普通用户角度很难评判几个领头厂家产品之间的技术差距。就好比有人问奔驰和宝马的造车技术有何优劣，普通群众只能说一句"坐奔驰，开宝马"。造车用的绝大部分关键技术，奔驰有的宝马肯定也有，其他"营销性技术"的区别，不会影响到技术竞争格局。工业机器人行业也是如此，从实际应用的角度来看，技术差距造成的影响远比使用习惯/功能设计差异造成的影响要小，除非技术存在代次上的差距。

1. ABB：专业严谨，实力派，核心领域在控制系统

ABB 成立于 1988 年，是电力和自动化技术领域的领导厂商，业务涵盖电力产品、离散自动化、运动控制、过程自动化、低压产品五大领域。

1) 专业性首先体现在机器人控制技术上

ABB 的运动控制技术不说业界领先，至少也是超一流水平，四十多年的专业机器人研发和工程经验。同时 IRC5 提供非常完善的工艺软件包，基本上能用机器人的地方，ABB 都提供了解决方案。

2) 专业之处其次体现在 ABB 的技术文档上

ABB 公司的产品随机文档非常良心，其内容充实，排版专业，版本控制严谨，强烈推荐阅读，其内容可以完胜绝大部分国内以 ABB 机器人为原型编写的培训教材。

而追求实用化的ABB产品，外观不出彩，配件选型不追新，实用够用再来点好用。在控制系统方案上，ABB现款IRC5的主控制器采用了x86架构，运行VxWorks系统，负责机器人任务规划、外部通信、参数配置等上层任务；伺服驱动部分由单独的Axis Computer完成，配备独立的放大模块；示教器Flex Pendant采用ARM+Windows的方案，通过TCP/IP与主控制器Main Controller通信，每一个模块都是常见方案，不追新不取巧，但是用户又不会有太多怨言。实用至上的特点在机械设计上体现得更为明显，ABB的机器人在机械方案上属于中规中矩的类型，特别出彩的设计很少，各主要机械部件定制化水平相对其他三家来讲也是偏低的，由此导致ABB机器人的颜值不如KUKA和FANUC的同类产品，但是对于ABB这种大厂来讲，通过“高颜值”这种非功能特性提升客户信心不是必要需求。

总之，ABB的机器人有强大的技术水平及完善的支持文档。

2. 库卡：任性的时髦精，核心在于系统集成应用与本体制造

库卡最早于1898年成立，1956年向德国大众提供第一条焊接专线进入汽车领域，1973年研发了名为FAMULUS的第一台工业机器人，1995年库卡机器人独立成立有限公司，2017年被美的收购。其客户主要来自汽车制造领域，是汽车工业机器人当之无愧的第一名，且在其他工业领域的运用也越来越广泛，目前具有机器人、系统集成与瑞仕格(医疗与仓储机器人)三大业务。

伴随着被美的(Midea)收购的新闻，库卡着实火了一把，估计很多不是工业机器人圈里的人都知道有一家德国机器人公司要被中国人收购了。同是欧洲企业，库卡产品给人的感觉远比ABB要现代、活泼很多，如果把ABB比作国企里按部就班的高级工程师，那库卡就是新鲜思想随时迸发的互联网产品经理，追新、时尚是库卡的标签。

KUKA是四大家族中最“软”的机器人厂商，最新的控制系统KRC4同样使用了基于x86的硬件平台，运行VxWorks+Windows系统，把能软件化的功能全部用软件来实现了，包括Servo Control, Safety Controller, Soft PLC等。示教器的实现方式与ABB不同，KRC4人机交互界面运行在主控制器上，示教器使用远程桌面登录Mian Controller来访问HMI,同时使用EtherCAT FSoE传输安全信号，减少接线和安全配件，可以提高可靠性。

理论上，用软件来实现硬件功能可以减少元件数量，提升系统灵活性并降低成本，不过里面很多东西都是外包协作开发，不知道成本是降了还是升了。

总而言之，库卡是一家“不走寻常路”的厂商，非常注重产品在技术先进、操作手感、产品外观酷炫等方面的宣传。虽然技术水平相对ABB较弱，但仍然代表了业内一流水平。

3. 发那科：专注于上下游产业链整合，核心在于数控系统

发那科成立于1956年，是当今世界上数控系统科研、设计、制造、销售实力最强大的企业。公司依靠数控系统及伺服系统、机器人和机床三大业务板块紧密结合，形成统一平台进行控制与集成。2017年发那科机器人累计销量达50万台，产品市场占有率位居全球首位，具有强大竞争力。发那科的总部坐落在富士山下，得益于其在工业自动化领域的巨大成就，被人们称为“富士山下的黄色巨人”，同时发那科也是最早为人所熟知真正使用机器人制造机器人(不是用来炒作的噱头)的企业。

在工业机器人四大家族中，把工业感和设计感结合最好的是发那科的产品，让人一眼看

上去就知道是工业领域的产品，但又有一种说不出的精致感。而这种精致感并不仅仅是工业设计的功劳，而更多来自设计、制造、调试的良好平衡。这种平衡来自发那科的多年专注以及上下游产业链整合。

按照发那科的说法，三大板块的控制部分采用了统一的平台(Common Control Platform)，以提高集成度，降低成本和集成难度。因此 FANUC 的机器人在上游有自家一流的伺服系统和运动控制系统构成机器人控制器，还有自家一流的机床和机器人负责机械的加工及生产；下游有巨量的 CNC 集成应用支持(发那科机床全球出货量已经达到 200 多万台)，这种成本和技术上的优势，对于其他家机器人厂商来讲很难模仿和超越。

在集成软件包方面，发那科为用户提供了大约 70 个选项包，可以满足绝大部分应用需求。同时发那科也是目前业内唯一在机器人控制器内集成视觉的厂商，只需要购买普通的工业相机即可完成各种复杂的视觉应用。FANUC 还有着在工业圈很难想象的高利润率。不知道有多少人注意到了一个事实，那就是在网络上很难搜索到 FANUC 的技术或产品资料，而这种情况源自 FANUC 的有意为之。

在 2009 年，发那科通知著名的工业机器人论坛 Robot forum Support for Robot programmer and Users-Index 删除其网站上所有网友分享的 FANUC 机器人的随机文档和技术资料，有理由相信其他的讨论平台同样收到了类似的通知。

但实际上目前几乎所有的机器人厂商在其官方网站上都或多或少提供了产品技术文档供用户下载，即使是被人们认为“不够开放”的其他日系厂商，比如 Denso、Mitsubishi 等，都提供了足够使人了解该品牌机器人绝大部分功能的文档。

开放的文档不仅可帮助用户更快地熟悉产品，实际上也减少了厂商技术支持的工作量，但是发那科显然不这么想，相反，发那科针对二手机器人技术支持的规定又为人诟病。

如果你购买了一台二手发那科机器人，在正式使用前必须要向发那科缴纳大约 1 万美元(Re-license Fee)，以便让发那科在它的数据库中将那台机器人的主人变更为你。如果不缴纳，则没有技术支持，没有软件升级，没有修理配件，再加上你可能连说明书都没有。

4. 安川电机：核心在于伺服电机与运动控制器

安川电机成立于 1915 年，具有自动控制、机器人业务、系统集成三大业务板块，其三大支柱变频器、伺服电机、机器人风靡全球，传承近百年的电气电机技术，安川的 AC 伺服和变频器市场份额稳居世界第一。因为安川有自己的伺服系统和运动控制器产品，并且其技术水平在日系品牌中应该处于第一梯队，因此其机器人的总体技术方案与发那科非常相似，除去减速器外购，其他诸如控制器、伺服系统和机械设计都是自己完成。

安川机器人的设计思路是简单够用。在四大家族中，安川机器人的综合售价最低，再加上背后有首钢莫托曼的本土支持，国内使用安川机器人的应该不在少数。

安川电机主要生产的伺服和运动控制器都是制造机器人的关键零件。安川电机之所以可以掌握核心科技与其有着近百年专业电气的历史密不可分，这让安川电机在开发机器人方面有着独特优势。安川电机相继开发了焊接、装配、喷涂、搬运等各种各样的自动化作业机器人，其核心的工业机器人产品包括点焊和弧焊机器人、油漆和处理机器人、LCD 玻璃板传输机器人和半导体芯片传输机器人等，是将工业机器人应用到半导体生产领域最早的厂商之一。

工业机器人四大家族在技术领域内各有所长。库卡专注工业机器人产品，屡次获国际设计大奖，2017 年春季率先投产的轻量型七轴协作医疗机器人 LBR iiwa 代表了未来发展的大趋势——更安全、更智能，是目前世界上第一台不需要护栏的工业机器人；ABB 在工业机器人、高低压电网产品具有非常大的市场占有率；安川具有较强的伺服系统和运动操控器产品，并且其技能水平在日系品牌中名列前茅；发那科有一流的核心零件、控制系统和机床，具有成本和技术优势。

工业机器人四大家族技术可以用表 6-1 进行简单比较。

表 6-1 工业机器人四大家族技术比较

公司	国家	核心/主要业务	公司优势	机器人主要应用领域及特点
安川电机	日本	伺服＋运动控制器、电力电机设备、运动控制、伺服电机、机器人本体	日本第一个做伺服电机的公司，典型的综合型机器人企业，各业务部门配合紧密，且伺服机、控制器等关键部件均自给，性价比高	电子电气、搬运 “简洁实用，性价比高”
发那科	日本	数控系统、自动化、机器人	专注数控系统领域，标准化编程、操作便捷，除减振器以外核心部件都能自给，盈利性极强	汽车制造业、电子电气 “技艺精湛，整合能力极强”
库卡	德国	系统集成＋本体、焊接设备、机器人本体、系统集成、物流自动化	“最纯粹”的机器人公司，汽车行业拥有奔驰、宝马等核心业务，高端制造业客户行业广泛，机器人采用开放式的操作系统，北美是库卡在全球的第一大市场	汽车制造业 “最为炫酷，爱好黑科技”
ABB	瑞士	控制系统、电力产品、电力系统、低压产品、离散自动化与运动控制，以及过程自动化、系统集成业务	电力电机和自动化设备巨头，集团优势突出，拥有强大的系统集成能力，运动控制核心技术优势突出，中国已经成为 ABB 全球第二大市场	电子电器、物流搬运 “极度严谨，实用至上”

总之，四大家族在各个技术领域内各有所长，ABB 的核心领域在控制系统，KUKA 在于系统集成应用与本体制造，发那科在于数控系统，安川在于伺服电机与运动控制器领域。

发那科整体营收增速最快，库卡机器人板块增速最快，安川净利增速最快，ABB 体量最大；发那科研发占营收比例最高，盈利能力强大，库卡略逊一筹。

工业机器人本体中最好的当属欧洲产品，以库卡最为顶级。而当四大家族进入亚洲市场后，ABB 机器人国产化的质量有所下降，日本的安川、发那科与欧美产品相比则 CP 值较高，更加符合中国用户的需求。

如今，机器人厂商通常更喜欢与知名品牌车厂进行合作绑定，如福特汽车只用库卡、通用主要用发那科、欧系品牌更钟情于 ABB 等，这与产业四大家族的策略调整息息相关。

四大家族的起家皆是从事机器人产业链相关的业务，如 ABB 和安川电机从事电力设备电机业务，发那科研究数控系统，库卡最初从事焊接设备。最终它们能成为全球领先的综合型工业自动化企业，都是因为掌握了机器人本体及其核心零件的技术，并致力投入研究而最终实现一体化发展，这才有了今日工业机器人四大家族的美誉。

6.1.6　新松(SIASUN)机器人公司

我国工业机器人起步于20世纪70年代初期,经过40多年的发展,大致经历了3个阶段:20世纪70年代的萌芽期,80年代的开发期和90年代的适用化期。1972年,中国科学院沈阳自动化所开始了机器人的研究工作。1977年,南开大学机器人与信息自动化研究所研制出我国第一台用于生物试验的微操作机器人系统。1985年12月12日,我国第一台重达2000kg的水下机器人"海人一号"在辽宁旅顺港下潜60m,首潜成功,开创了机器人研制的新纪元。以后的近10年中,我国在步行机器人、精密装配机器人、多自由度关节机器人的研制等逐步缩小了与世界先进水平的差距。如今,机器人产业正在中国蓬勃发展,大量优秀的工业机器人企业涌现,以沈阳新松、广州数控、上海新时达、深圳大疆、南京埃斯顿、安徽埃夫特为代表的企业为我国机器人行业的发展不断添火加薪。

1. 企业概况

新松机器人自动化股份有限公司(以下简称"新松")成立于2000年,隶属于中国科学院,是一家以机器人技术为核心、致力于数字化高端装备制造的高科技上市公司。作为中国机器人领军企业及国家机器人产业化基地,新松拥有完整的机器人产品线及工业4.0整体解决方案。新松本部位于沈阳,在上海设有国际总部,在沈阳、上海、杭州、青岛、天津、无锡、潍坊建有产业园区,在济南设有山东新松工业软件研究院股份有限公司。同时,新松积极布局国际市场,在韩国、新加坡、泰国、德国等地设立多家控股子公司及海外区域中心,现拥有4000余人的研发创新团队,形成以自主核心技术、核心零部件、核心产品及行业系统解决方案为一体的全产业价值链。

新松公司在工业机器人、智能物流、自动化成套装备、洁净装备、激光技术装备、轨道交通、节能环保装备、能源装备、特种装备及智能服务机器人等领域呈产业群组化发展。公司立足自主创新,形成了以独有技术、核心零部件、领先产品及行业系统解决方案为一体的完整产业链。服务遍及欧、美、亚洲等十多个国家和地区,全方位满足工业、交通、国防、能源、民生等国民经济重点领域对以机器人及自动化技术为核心的高端装备需求。公司在北京、上海、杭州、深圳及沈阳设立五家控股子公司,正以前沿的创新理念、齐全的产业线以及行业的权威影响,力争攻克制约我国高端制造装备的关键技术,在推动产业转型升级中发挥关键作用。

新松公司作为一家以先进制造技术为核心的解决方案提供者,其核心业务主要表现在以下几方面:先进制造技术装备、轨道交通自动化装备、能源自动化装备、先进机器人技术等。同时,公司围绕自身的核心业务,现已建成了自己的产业发展基地——新松产业园,为产业的持续成长提供了良好的发展平台,业务领域互相促进、共同发展。在系统集成成套设计能力和实施交钥匙工程综合能力方面,公司形成了极强的综合竞争优势和差异化比较竞争优势。

新松紧抓全球新一轮科技革命和产业变革契机,聚焦核心技术,发挥人工智能技术的赋能效应,以工业互联网、大数据、云计算、5G网络等新一代尖端科技推动机器人产业平台化发展,打造集创新链、产业链、金融链、人才链于一体的生态体系。新松不断推进科研成果深度应用,为新型基础设施建设、国家重大工程建设提供内生动力,为产业协同创新、造福民生福祉赋予澎湃动能。新松机器人系列产品如图6-10所示。

(a) 工业机器人系列

(b) AGV系列

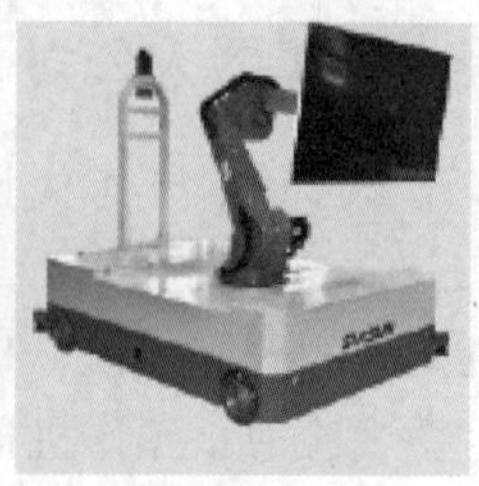
(c) 复合机器人系列

(d) 服务机器人系列

图 6-10 新松机器人系列产品

2. 机器人产品优势分析

新松是国内最大的机器人产业化基地，与沈阳自动化所渊源较深的新松机器人无疑是国产机器人的龙头企业。在北京、上海、杭州、深圳及沈阳设立 71 家控股子公司，杭州高端装备园与沈阳智慧园将会成为南北两大数字化高端装备基地，也是全球最先进的集数字化、智能化为一体的高端智能加工中心。

用机器人生产机器人，率先开展制造模式根本性变革。

“国家认定企业技术中心”“国家 863 计划机器人产业化基地”“国家博士后科研基地”“全国首批 91 家创新型企业”“全国名牌”“中国驰名商标”。起草并制定了多项国家与行业标准。

公司是世界上机器人产品线最全厂商之一，也是国内机器人产业的领导企业。公司的机器人产品线涵盖工业机器人、洁净(真空)机器人、移动机器人、特种机器人及智能服务机器人五大系列。多关节机器人、DELTA 等工业机器人、洁净机器人、AGV 自动导引车等产品系列齐全，有力地保障了其系统集成能力。

数字化工厂经验已渐成熟，政府资源的倾斜、军工领域的需求是不争的优势。产能逐渐释放，预计新松的触角将遍及中国主要工业重地。新松机器人及其应用如图 6-11 所示。

图 6-11 新松机器人及其应用

工业机器人产品填补多项国内空白，创造了中国机器人产业发展史上 88 项第一的突破；洁净(真空)机器人多次打破国外技术垄断与封锁。

大量替代进口，移动机器人产品综合竞争优势在国际上处于领先水平，被美国通用等众多同际知名企业列为重点采购目标；特种机器人在国防重点领域得到批量应用。

作为中国机器人产业头雁，新松已创造了百余项行业第一。成功研制了具有自主知识产权的工业机器人、协作机器人、移动机器人、特种机器人、服务机器人五大系列百余种产品，面向智能工厂、智能装备、智能物流、半导体装备、智能交通，形成十大产业方向，致力于打造数字化物联新模式。产品累计出口40多个国家和地区，为全球3000余家国际企业提供产业升级服务。

6.1.7　波士顿动力(Boston Dynamics)公司

波士顿动力是一家专注于研发腿足型机器人和人类模拟仿真软件的工程公司。1992年Marc Raibert创立了波士顿动力，波士顿动力是全世界腿足机器人的先驱者和领导者。起初，波士顿动力受到美国军方的资助，奉行“技术优先”推出了各种逆天的腿足机器人。2013年成名之后的波士顿动力被大名鼎鼎的Google收购，并被归属到了Google X项目。因为波士顿动力是学术派企业，只专心于机器人的研究，商业化并不理想。2017年6月9日软银集团(Soft Bank Group)宣布从Alphabet手中买下波士顿动力机器人公司，“技术优先”不得不向“商业落地”低头，垂心于技术的创始人Marc Raibert在2020新年伊始卸任CEO，黯然离场。2020年12月22日，现代汽车对外宣布：集团近日已与软银集团就正式收购波士顿动力(Boston Dynamics)公司多数股权的主要交易条款达成一致。根据协议，交易达成后，现代汽车集团将持有波士顿动力公司约80%的股权，软银集团则将通过其关联公司继续持有约20%的股权。

注：①Alphabet(Alphabet Inc.，NASDAQ：GOOG)是位于美国加州的控股公司，于2015年10月2日成立，由Google公司组织分割而来，并继承了Google公司的上市公司地位以及股票代号。Google公司重整后成为Alphabet最大的子公司。②波士顿动力不是唯一一个被软银收购的机器人公司，赫赫有名的法国人形机器人公司Aldebaran早就被软银投资收购了。Aldebaran公司诞生了首款智能双足人形机器人NAO，广泛应用在全球2000多所高校和实验室中。NAO也是Robocup机器人世界杯的官方标准平台，NAO机器人定义了小型双足智能人形机器人，它的外观设计、编程界面影响了整个行业。此外，Aldebaran还推出了全球首款情感服务机器人Pepper，标志着世界服务机器人元年的开始。

软银的收购标志着波士顿动力商业化的开始，随着Spot Mini＋arm的开放售卖，新版Handle＋pick物流搬运机器人的推出，波士顿动力腿足机器人商业化路线越来越清晰。从波士顿的技术发展和应用探索方面看，基本是由技术研究到应用研究再到商业应用这个路线。波士顿动力腿足机器人主要是四足机器人和双足机器人两大类，其中四足机器人产品主要有Littledog、Bigdog、LS3、Cheetah、Wild Cat、Spot系列(Spot Mini)、SandFlea、RHex、RisE等，而双足机器人产品主要有Petman、Atlas系列、Handle等。其中代表性产品如图6-12所示。

图6-12　波士顿动力腿足机器人代表产品

1. 创始人 Marc Raibert 介绍

Marc Raibert 是典型的学院派创业者，其在麻省理工学院获得博士学位后，在卡耐基·梅隆大学创立了 CMU leg 实验室，并担任副教授一职。1986 年，Marc Raibert 重新回到麻省理工学院，继续从事机器人的开发和研究工作，并最终于 1992 年离开 MIT，创建了如今的波士顿动力公司。

直到 2020 年 1 月卸任前，Marc Raibert 一直是公司的 CEO 和公司的代表人物，20 多年来，他穿着标志性的夏威夷风情衬衫活跃在各大机器人论坛上，成为波士顿动力“热情大胆”的显著名片。在成立 20 多年里，波士顿动力给我们贡献了很多经典腿足机器人代表作，每一次的产品发布都吸引了全球目光，刷新了人类对机器人“天际线”的认知。

2. 波士顿动力四足机器人的发展介绍

波士顿动力的腿足机器人主要分为四足仿生和双足人形两大类。

1）主要的四足仿生系列

(1) Big dog：机器大狗(2005)。Big Dog 被人们亲切地称为“大狗”，是波士顿动力公司于 2005 年推出的一款四足机器人，也是波士顿动力的成名之作。Big Dog 高度约为 1m，重量约为 109kg，可以背负 45kg 的有效负载进行自由行走或奔跑，最快移动速度可达 6.4km/h，最大爬坡角度可达 35°。波士顿动力的 Big Dog 如图 6-13 所示。

图 6-13　波士顿动力的 Big Dog

Big Dog 从典型的四足动物的运动特点出发，利用仿生设计思想，对机构、驱动和传动等环节进行设计，具有 16 个自由度。Big Dog 是由一台汽油发动机液压驱动。“大狗”的平衡感惊人，即使在不慎翻倒后，它也能自动控制站立起来，Big Dog 能够在崎岖的路面行走，通过自带的传感器可以感知周围环境，并可以进行简单的路径规划。Big Dog 最大的缺点是噪声太大，行动迟缓。

(2) LS3：大力士机器骡子(2012)。LS3 是 Alpha Dog 的升级版，于 2012 首次公开亮相。LS3 是步兵班组支援系统(Legged Squad Support System，LS3)的缩写，又名“阿尔法狗”，是 BigDog 的军用加强版，由 DARPA 和美国海军出资赞助的步兵支援系统。LS3 身形与骡子相当，与其说 LS3 是一只“机器狗”，还不如说是一只“机器骡子”，因为它的主要任务是帮助陆战队员在行军时运载装备。

与 Big Dog 相比，LS3 的体型更为庞大，负载能力更强，移动速度也更快。LS3 高度约为 1.7m，重量约为 509kg，可以背负 181kg 的有效负载进行自由行走和奔跑，最快移动速度可达 45km/h。它具有 12 个自由度，由柴油发动机液压驱动。在燃料充足的情况下，LS3 可运行 24h，最远行驶里程可达 32km。在自主控制方面，LS3 除了继承了 Big Dog 的动态平衡和环境感知能力，LS3 采用计算机视觉技术，实现了目标物体自动跟踪，能够跟在士兵后面穿过复杂地形。LS3 噪声问题仍然突出，且故障维修难度较大。

(3) Wild Cat：飞毛腿机器野猫(2013)。Wild Cat 又称“野猫机器人”，是波士顿动力公司于 2013 年推出的一款四足机器人，其前身是 Cheetah，即“猎豹机器人”。Cheetah 的躯体上方连接着多根线缆，这也注定它只能是一款在实验室中运行的机器人。Cheetah 采用关节型的背部结构，这使得 Cheetah 的背部结构能够在其奔跑过程中灵活运动，以更好地协调整体姿态，提高步幅和奔跑速度。Cheetah 创下了 48km/h 的奔跑速度纪录。

Wild Cat 可以看成是 Cheetah 的“无线版本”，它高度约为 1.17m，重量约为 154kg，最快移动速度可达 32km/h。Wild Cat 可以适应多种地形，在复杂路况条件下也能以 16km/h 左右的速度保持前行，除此之外，Wild Cat 还能够实现快速跳跃和快速转身等动作，相较于 Big Dog 和 LS3 而言，灵活性有了大幅提升。Wild Cat 具有 14 个自由度，由一台甲醇发动机液压驱动。虽然 Wild Cat 采用了甲醇发动机，重量更轻了，但电池续航有限，且运行噪声依然较大。

(4) Spot 系列：勇敢的机器大狗(2015)。在美国国防部的资助下，波士顿动力公司先后研发了 Big Dog、LS3 和 Cheetah 三款军用四足机器人，尽管这些机器人在性能方面表现尚可，但噪声问题实在难以忍受，最终都没有得到美国军方的认可。2015 年 2 月，波士顿动力重新打造了一款名为“Spot”的轻型四足机器人，标志着一个时代的开始，如图 6-14 所示。

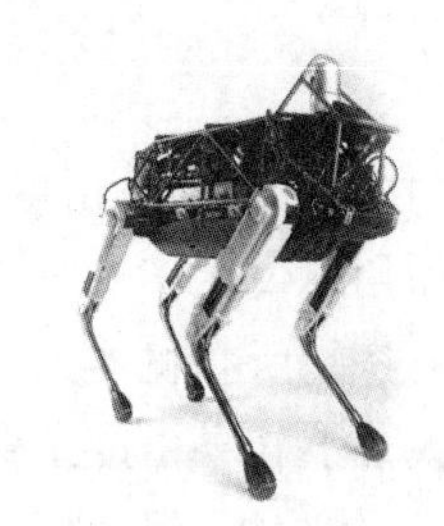

图 6-14 波士顿动力 Spot

Spot 参数：身高 0.94m，自重 75kg，最大负载 45kg，电池供电，液压驱动，360°全景雷达，12 个关节点。

Spot 可背负 45kg 的有效负载进行自由行动或奔跑。Spot 具有 12 个自由度，采用电池能源供电，极大地降低了重量和噪声，但牺牲了续航能力。在充满电的情况下，Spot 可以连续运行 45min 左右，这与 LS3 最长连续运行 24h 的时间形成了鲜明对比，但 Spot 爬坡速度更快，步伐更灵敏。Spot 采用激光雷达传感器和立体视觉传感器感知周边路面信息，从而有效避开路面障碍，合理协调四肢动作。

这是一款专为室内外环境设计的四足机器人，基于早先版本的机器人开发而得来，具备狗的外形以及很强的机动性能和稳定性。采用雷达和立体视觉用于感知环境，可以保持自身平衡并在复杂环境中实现全自主导航。

(5) Spot 系列：Spot Mini。2016 年 6 月，波士顿动力推出了迷你版 Spot Mini，但是在关节设计上还有一些不足，外形像一个工程样机。2017 年被软银收购以后，商业化成为生存下去的唯一选择，决心要把 Spot Mini 产业化的波士顿动力发布了新版黄色的 Spot Mini，关节灵活性大大提升，更加活泼可爱，如图 6-15 所示。

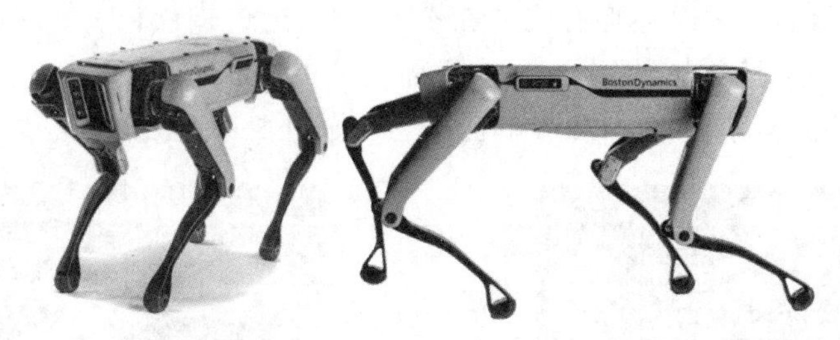

图 6-15 波士顿动力 Spot Mini

2017 年 11 月，波士顿动力对外展示了最新款四足机器人 Spot Mini，即 Spot Mini+arm 版，如图 6-16 所示。与 Spot 相比，Spot Mini 的外形更加小巧，并且在头部增设了一副机械臂，机械臂的顶端是一个夹手，可以灵活操控物体。

新版小黄狗 Spot Mini 高度约为 0.84m，和真狗差不多大小；重量约为 30kg，最大负载 14kg，充完电可以运行 90min。Spot Mini 继承了 Spot 的所有移动特性，并具有 17 个自由

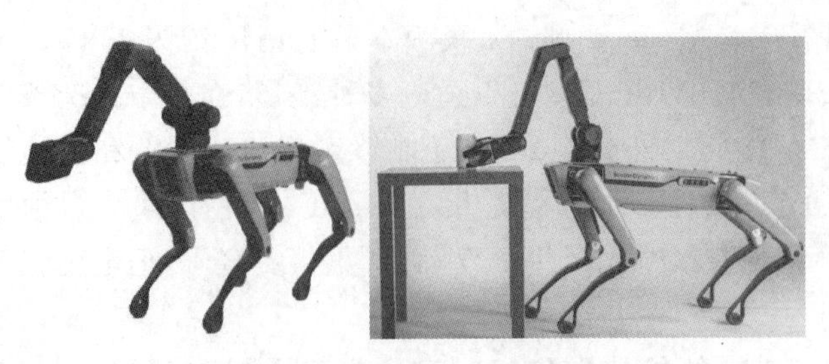

图 6-16 波士顿动力 Spot Mini+arm

度，其中有 5 个自由度位于其顶部的机械臂上，其余 12 个自由度平均分布于四肢。机械臂的作用不仅在于操纵物体，还可以在 Spot Mini 跌倒时辅助其重新站立。

这是所有机器人中静音效果最好的一款产品，可用于办公室和家庭环境中。由 Spot 机器人加上 5 自由度手臂而组成，从而具备了移动抓取物体的功能。传感器系统包括深度相机、立体相机、惯导模块和位置/力传感器，最终实现机器人全自主导航功能。

从该结构我们可以看出，该机器人平台配合手臂可以实现一般的物品抓取功能，而且能够开关门等，满足简单的应用。如果需要满足特定行业应用，可能需要重新设计手抓部分和手臂的负载能力。2019 年 6 月 Spot Mini 开始售卖。

(6) Sand Flea。从外观来看，Sand Flea 和我们小时候玩的玩具赛车差不多，如图 6-17 所示。在平整的地面上，其运行和玩具赛车也并无二致。它最强悍的地方在于可以越过最高 9m 的障碍物。Sand Flea 重约 5kg，尺寸为 33cm×46cm×15cm，一次充电可行驶 2h，或者是跳跃 25 次。在跳跃时，Sand Flea 后轮会弹出两个支撑杆，进入垂直状态，之后启用活塞制动器，完成跳跃。活塞制动器采用一次性二氧化碳墨盒。其跳跃高度可在 1～9m 进行控制，并通过内置陀螺仪保持在跳跃过程中的平衡，而特质的橡胶轮胎可以起到很好的缓冲作用。

(7) RHex。RHex 最显著的特征是便携，且具有高机动性，无论是崎岖的山路、雨后泥泞的土路、雪地，还是戈壁滩、楼梯，它都能够应付自如，最大可以爬上 60°的斜坡。RHex 采用模块化设计，六只脚可以单独控制。它还配备有无线电，覆盖范围在 400～700m，通过摄像头进行视频实时回传，同时还拥有一个负载区，可以运输轻量包裹。在两节 BB2590 电池供电的情况下，RHex 可连续使用 6h。在腿部未伸展的状态下，RHex 尺寸为 55.88cm×40.64cm×13.21cm，重量为 12.47kg(不含电池)，如图 6-18 所示。

图 6-17 波士顿动力 Sand Flea

图 6-18 波士顿动力 RHex

2) 主要的双足人形系列

(1) Petman 是 Boston Dynamics 开发的人形机器人，用于化学防护服的测试。Petman

可以模拟士兵在各种极端压力下可能做出的动作并以此测试防护服的耐用性，它同时可以根据人体生理学来控制调节防护服内的温度、湿度以及模拟人体出汗，从而达到更好的测试效果。

（2）Atlas 系列。该系列双足人形机器人主要经历了 2012 年 10 月 Atlas prototype，2013 年 7 月 Atlas，2016 年 2 月 Atlas Ⅱ，2018 年 5 月 Atlas new 等几个改进阶段，目前仍在不断改进中。

2013 年 7 月 11 日，Atlas 首次向公众亮相时还比较笨拙，步履蹒跚，就像人类的幼儿，需要外接电源，拖着长长的尾巴。后来经过改进去掉了外接电源，走起路来常摔跟头。

2016 年 2 月，当 Atlas 机器人再次出现在人们的视野中时，已经可以完成独立雪地行走，平衡能力已经很强大了，摔倒了还能爬起来，还能主动打开房门，已经可以搬运货物。

2017 年 11 月，再次出现时，它的技术推进速度开始让人震惊。展示了一波双腿跳远，双腿立定跳高，还有后空翻技能。

2018 年 5 月份 Atlas 机器人再次升级。它可以野外在草地上慢跑了，轻松跨过类似于横木的障碍物。Atlas 的腿、伺服和液压线已经都嵌入到了结构中。Atlas 不仅能够单脚跃过障碍物，还可以连续跳上多层平台。

2019 年 9 月 24 日，波士顿动力公司在网上公布了双足机器人 Atlas 最新进展视频。继表演跑酷、后空翻等绝技之后，Atlas 又掌握了一项新技能：体操。

2013 年 7 月的 Atlas 如图 6-19 所示。

Atlas 技术参数：身高 1.5m，自重 75kg，最大负载 11kg，电池供电，液压驱动，雷达和立体相机系统，28 个关节点。

Atlas 是波士顿公司开发的最新一款人形机器人，控制系统协调手臂、身体和腿的运动，使之行走起来更像人的姿态，能够在有限的空间内完成较为复杂的工作。硬件采用 3D 打印技术最大化地减少重量和体积，提高了负载自重比。基于立体相机和其他传感器机器人可自主行走于崎岖地形，即使摔倒也能自己爬起来。

该人形机器人具备人的工作特点，那就是在有限空间内可以完成复杂的任务，根据不同任务，搭载对应的传感器即可。比如搭载武器系统，就成为一名士兵；搭载烹饪系统，可能就成为一名优秀的厨师等。如果本体系统足够稳定，未来生活中的很多场景我们都有机会看到它们的身影。

（3）Handle 系列。2017 年 2 月，波士顿动力发布了一款用于科学研究的轮式机器人 Handle，该机器人的站立高度可达 6.5 英尺，每小时可行驶 9 英里，跳跃高度可达 4 英尺。作为一款电动机器人，Handle 的原理并不复杂，但是它只用了 10 个驱动关节，与已有站立式机器人相比其设计更简单。波士顿动力 Handle 如图 6-20 所示。

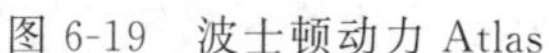

图 6-19　波士顿动力 Atlas

图 6-20　波士顿动力 Handle

2019年4月,波士顿动力发布了Handle机器人的改进版本,即Handle+pick,新版Handle变成了一款可搬运货物的移动机器人。新版Handle可以自主地将货物箱子从一个货物架上取下来,并搬运到另一个货物架,然后重新摆放整齐。波士顿动力Handle+pick如图6-21所示。

图6-21　波士顿动力Handle+pick

主要参数:身高2m,自重105kg,最大负载15kg,电池供电,电气驱动,深度相机,10个关节点。这是一款由轮子和腿组成的高度灵活的机器人,专为物流场景而设计。只需一台机器人即可实现托盘上取货、堆垛和卸货等一系列工作。基于运动、动力学和平衡学的原理设计,并且具备强大的动力和灵活性,能够帮助人类从辛苦的搬运工作中解放出来,并且无须其他额外的设备配合完成工作。

该机器人可完成仓储环境中代替人类对货物箱子实施抓取并放置到目标点的任务,在设置好任务以后,具备独立完成任务的能力,而无须再搭载其他设备配合,这就大大降低了实现该方案的成本。特别是一些复杂环境下的仓储,自动化设备无法实现时,该机器人的优势将更大明显。2020年3月,Handle机器人在物流行业开始应用。

6.2　机器人方向知名研究机构

在工业机器人领域,由于美国、德国、英国以及日本等国在信息、计算机等领域起步比我国要早,技术领先我国相应领域,导致国内工业机器人技术整体水平比国外要差一些,研究知名度也小;相对于工业机器人,我国的服务机器人虽然在控制、工艺等方面与国外略有差距,但服务机器人产业与发达国家基本同步。

在机器人研究方面也存在类似上述产品的问题,国内研究机构的技术、装备、成果等较国外还存在一定差距。

我国在机器人领域共有两家国家重点实验室,分别是机器人学国家重点实验室(依托单位:中国科学院沈阳自动化研究所)和机器人技术与系统国家重点实验室(依托单位:哈尔滨工业大学)。

1. 麻省理工学院

麻省理工学院(Massachusetts Institute of Technology,MIT)是美国一所研究型私立大学,位于马萨诸塞州(麻省)的剑桥市,查尔斯河(Charles River)将其与波士顿的后湾区(Back Bay)隔开。

麻省理工学院无论是在美国还是全世界都有非常重要的影响力,培养了众多对世界产生影响的人士,是全球高科技和高等研究的先驱领导大学。

麻省理工几乎是领跑者、顶尖技术的代名词。它的计算机科学和人工智能实验室已经创作出了一系列机器人。其著名校友有机器人之父科林·安格尔,iRobot公司创始人之一的海伦·格雷纳,波士顿动力公司创始人马克·雷伯特,还有卡内基·梅隆大学机器人研究所的负责人马特·梅森。

2. 卡内基·梅隆大学

卡内基·梅隆大学(Carnegie Mellon University,CMU)坐落在美国宾夕法尼亚州的匹兹堡(Pittsburgh),是一所享誉世界的私立顶级研究型大学,该校拥有全美顶级计算机学院和戏剧学院,该校的艺术学院、商学院、工学院以及公共管理学院也都在全美名列前茅。该校由工业家兼慈善家安德鲁·卡内基于1900年创建,当时名为卡内基技术学校,建立之初的教育目标是"为匹兹堡的工人阶级子女提供良好的职业培训"。1912年改名为卡内基技术学院,开始向以研究为主的美国重点大学转变。2012年在与中山大学合作建立中山大学——卡内基·梅隆大学联合工程学院(SYSU-CMU Joint Institute of Engineering,JIE),实现强强联合和优势互补,为国内外学生提供世界一流的工程教育。

卡内基·梅隆大学还是NASA航空航天科研任务的主要承制单位之一,该校的机器人研究所从事过自动驾车、月球探测步行机器人、单轮陀螺式滚动探测机器人的研究。

3. 斯坦福大学

斯坦福大学(Stanford University)始建于1885年,由利兰·斯坦福建立,是一所四年制私立大学,其占地35km^2,位于加利福尼亚州的帕洛阿尔托市,邻近旧金山。斯坦福大学是世界上拥有资产最多的大学之一,学校图书馆藏有超过670万本书籍及4万多本期刊,校内另设有7千多部电脑供学生去使用。

斯坦福大学的人工智能实验室成立于1962年,一直致力于推动机器人教育。斯坦福在计算机理论、硬件、软件、数据库和人工智能等各个领域都居于美国乃至世界领先地位。该大学人工智能方面的本科学位涵盖的课程非常全面,也非常前沿,包括计算生物学、语音识别、认知和机器学习等。学校提供计算机科学理学学士学位和内置人工智能课程,还提供计算机科学理学硕士学位,以及人机交互课程。

在全球知名的IT公司中,由四位斯坦福校友创立的SUN公司名称实际上就是Stanford University Network的首字母缩写,而Yahoo公司的创始人杨致远也曾在斯坦福大学就读。另外,值得一提的是前百度的首席科学家吴恩达便是斯坦福大学计算机科学系和电子工程系副教授,人工智能实验室主任。吴恩达是人工智能和机器学习领域国际上最权威的学者之一。

4. 约翰斯·霍普金斯大学

约翰斯·霍普金斯大学(The Johns Hopkins University),简称霍普金斯大学,成立于1876年,是全美第一所研究型大学,也是世界一流的著名私立大学,属于全球顶级名校。该校主校区位于美国马里兰州巴尔的摩市,分校区位于美国首都华盛顿特区,距离白宫约1km,并在中国南京、意大利博洛尼亚、新加坡设有教学校区。

该校的计算机感知和机器人实验室的研究方向是:在机器人科学和工程领域,创造知识,促进创新。这是通过让学生接触到各种各样的机器人来实现的。其肢体实验室,探究了动物感官的指导原则,并研究如何将它们应用于机器人。该校的计算机交互和机器人实验室研究了很多人机交互和机器人空间意识方面的难题。

5. 哈尔滨工业大学机器人技术与系统国家重点实验室

哈尔滨工业大学为工业和信息化部直属重点大学,首批"211工程""985工程"、双一流A类重点建设院校。哈尔滨工业大学机器人研究所成立于1986年,是国内最早开展机器人技术方面研究的单位之一,1986年就研制出中国国内第一台点焊机器人。学校设有国家

“863”计划智能机器人机构研究网点开放实验室。

“机器人技术与系统国家重点实验室”源自哈尔滨工业大学机器人研究所，该所始建于1986年，是我国最早开展机器人技术研究的单位之一，在20世纪80年代研制出我国第一台弧焊机器人和第一台点焊机器人。实验室依托机械工程(第四次学科评估A+)、控制科学与工程(A+)、电气工程(A-)等一级学科组建。于2007年开始建设，2007年8月通过可行性论证，2010年7月通过建设验收，2013年首次评估良好，2018年第二次评估优秀。

实验室定位：立足国际机器人技术的发展前沿，面向国民经济发展与科技发展的战略目标和重大需求，凸显航天、国防特色和军民融合发展理念，开展战略性、前沿性、前瞻性的先进机器人基础研究、应用基础研究，通过多学科交叉，积极开展高水平学术交流与合作，将实验室建设成为具有国际影响力的机器人技术自主创新研究、高端人才培养与社会服务的国家级基地。

实验室目标：攻克一批机器人领域前沿理论与核心技术，支撑国家重大科技工程的实施，引领我国机器人技术的跨越式发展；突破一批制约机器人产业化的技术瓶颈，促进科研成果的转化，提升国产机器人国际竞争力；培养和汇聚一批高端人才，促进学科交叉融合，形成特色鲜明、国际一流的学科体系。

主要研究方向：形成了多学科交叉融合、富有特色的4个研究方向，即机器人设计方法与共性技术、机器人认知与智能行为控制、人机交互与和谐共存的理论与技术、机器人及机电一体化系统集成技术。

实验室队伍：实验室具有一支高素质的教学、科研队伍，经过多年的发展，形成了一支由院士、杰青、长江学者、资深教授等为学术带头人的学术梯队，具备年招收硕士研究生200余名、博士研究生100余名、入站博士后20余名的人才培养能力。先后与美国、德国、日本、英国、法国、意大利、俄罗斯、澳大利亚、新加坡等国家和地区建立了学术交流与合作关系。

6. 北京航空航天大学

北京航空航天大学为工业和信息化部直属的一所综合性全国重点大学，国家“985工程”“211工程”、双一流A类重点建设高校，是首批16所全国重点大学之一，带有航空航天特色和工程技术优势的综合性大学。

机器人研究所于1987年由张启先院士创建，是一个集教学、科研、开发为一体的研究实体，主要从事现代机构学及机器人技术方面的理论研究和技术开发。该研究所现有教授12名(博士生导师13名)，副教授8人，讲师6人；其中长江学者特聘教授2名，国家杰出青年科学基金获得者2名，教育部新(跨)世纪优秀人才3人，北京市科技新星6人。教师中具有博士学位者占90%以上。在站博士后8人，博士、硕士研究生共计180余人。该研究所是北京航空航天大学“机械设计及理论”全国重点学科的主要依托单位；具有“机械设计及理论”与“机械电子工程”两个博士点，设立有“机械工程”博士后流动站。现拥有“虚拟现实技术与系统”国家重点实验室(共建)、“飞行器装配机器人装备”北京市重点实验室、中国机械工业联合会“机械工业服务机器人技术”重点实验室、“面向高端装备制造的机器人技术”北京市国际科技合作基地。经过长期的学科建设及“211工程”“985工程”的重点资助，该研究所在现代机构学、机器人学及服务机器人方面的研究处于国内领先水平，在国际上也有一定影响。

近年来，机器人研究所承担了国家自然科学基金重大国际合作项目、国家杰出青年科学基金项目、国家自然科学基金面上项目、国家“863计划”重大(重点)项目、国家科技支撑项目、国防重大基础科研项目、国家“973”项目、北京市重大科技项目等多项重要科研任务,取得了一大批高水平学术研究成果,先后获得国家科学技术进步二等奖1项、各类省部级科技奖18项,获授权发明专利百余项,出版各类著作30余部。

7. 上海交通大学

上海交通大学为教育部直属,中国首批七所“211工程”、首批九所“985工程重点建设”、“世界一流大学”建设高校之一。

1979年上海交大就成立了机器人研究所,是我国最早从事机器人技术研发的专业机构之一。机器人研究所在机器人学、先进电子制造、生物机电一体化系统、工业机器人、特种机器人、机电设备及自动化生产线的设计与开发等方面有显著的特色与优势,主持过多项国家级重大项目,并取得了丰硕的成果。曾成功主持“十五”国家自然科学基金重大项目“先进电子制造的重要科学技术问题研究”,目前承担国家“973”课题3项,国家“863”项目7项,国家自然科学基金项目14项,年均科研经费超过1300万元。在机器人学和制造科学研究方面取得了重要理论成果,在IEEE Trans. on Robotics and Automation、IEEE Trans. on Robotics、《中国科学》《科学通报》等国内外权威杂志发表论文数十篇。近三年,研究所获国家科技进步二等奖1项(2007),上海市自然科学一等奖1项(2009),上海市科技进步一等奖1项(2006),获省部级自然科学奖二等奖2项,科技进步二等奖2项,发明三等奖1项。

上海交大机器人研究所主要研究特色是医用机器人领域。研发仿人假肢手,在分析人手常用动作的基础上,优化设计结构、外形、控制系统,可复现人手90%左右的动作,通过自制的肌电臂带控制,随心所动。该仿人机械手在操作灵便性、解码准确率等指标方面达到国际先进水平,减少了残障人士日常生活的不便,极大地提高了其生活质量。

研究所拥有1500m^2的实验室,是国家“863”高技术机器人装配系统网点开放实验室的依托单位,建有安川机器人技术服务中心、国家精密微特电机工程技术研究中心、飞利浦-上海交通大学电子制造联合实验室、上海交通大学-ABB研发中心机器人研究所联合实验室,有各类机器人近20台、高速高精运动平台1套、引线键合机1台、芯片倒装机2台、密管脚芯片返修机1台、高加速度气浮平台1套、大惯量气浮平台1套以及视觉系统和各类检测设备等共计60余台。

8. 早稻田大学

早稻田大学,具有浓厚田园色彩的校名,它是日本最负盛名的大学之一。它的科研水平一直走在世界大学的前列。早在1964年早稻田大学就开始了机器人制造和使用的研究。早稻田大学对较多种类的机器人都有一定的研究和探索,特别是“日本机器人之父”加藤一郎教授创立的加藤实验室对于两足机器人的研究更是对机器人的发展做出了卓越的贡献。纵观早稻田大学的机器人发展史几乎可以说是加藤实验室的研究史。加藤一郎教授是开创两足步行机器人研究的先驱,20世纪70年代研发了人工肌肉驱动的下肢机器人,90年代研发了以液压、电机驱动的WL系列下肢机器人,90年代WABIAN系列开始带有上肢才具有拟人形。

可以说早稻田大学的机器人研究是日本最早的,1973年,WABOT1号机器人在“早大”有关研究室协作下完成。该机器人身高约2m,体重160kg。有2只手,2条腿,在胸部有2只眼睛、耳朵和1张嘴巴。全身共有26个关节,手上还装有触觉传感器。

9. 大阪大学

大阪大学是日本七大旧制帝国大学之一，直属文部省领导，日本国内大学综合排名第3，世界排名前50。大阪大学机器人专业非常强大，该研究所的仿人机器人非常出名。2010年，日本大阪大学智能机器人学教授石黑浩带领的科研小组开发出可模仿人类表情的女性替身机器人，并于4月3日在大阪市公开展示。这个名叫“Geminoid TMF”的机器人以一位日本年轻女性为原型，坐着时高140cm，重量大约为30kg。在12个控制器的作用下，她可以同步模仿真人的表情。通过一个表情遥控器，你可以让她时而露齿微笑，时而眉头紧皱。2014年5月5日，大阪智能机器人研究所研制出一款智能机器人，该机器人外形极其逼真，能够完成点头、眨眼等动作，并可以进行简单的交谈。

10. 筑波大学

筑波大学(University of Tsukuba)是在20世纪70年代大学竞争引起的大学改革过程中作为新型大学的试验学校，于1973年10月废止东京教育大学，将其资产全部继承，在现在的筑波市创立了新型的大学，即筑波大学。与那些历史悠久，靠丰硕的学术成果培养了不计其数名士要人而扬名世界的老牌大学相比，它的出名是由于它顺应世界科技发展的潮流，站在日本大学改革的前沿，成为全国第一所新型国际化国立大学。截至2015年2月，筑波大学占地约258公顷，是日本面积最大的大学之一。学校下设9个学群，54个专业，有3名教授获诺贝尔奖。

筑波的Cybernics研究中心专门研究机器人，是日本顶尖的智能机器人研究中心。2004年，筑波大学研制出一款远程机器人，它能够通过远程操作进入发生地震后的大楼及地下街进行搜寻幸存者、故障发生处置等工作。

11. 卡尔斯鲁厄理工学院

卡尔斯鲁厄理工学院(Karlsruher Institut für Technologie，KIT)，坐落于德法边境名城卡尔斯鲁厄，是公认的德国最顶尖理工科大学之一，也是在自然科学和工程技术等领域享有盛誉的世界顶尖研究型大学，被誉为“德国的麻省理工”。其校友和教授中诞生过“电磁波的发现者”海因里希·赫兹，“液晶之父”奥托·雷曼，“合成氨之父”弗里茨·哈伯，“氢弹之父”爱德华·泰勒，“高分子化学之父”赫尔曼·施陶丁格，“汽车之父”卡尔·本茨等世界著名科学家、企业家和社会名人。因其在教学和科研方面的突出表现和卓越的创新精神，KIT于2006年被德国科研联合会(DFG)评为首批三所德国精英大学(Elite-Uni)之一。2019年7月KIT再次入选德国精英大学。同时，KIT是德国亥姆霍兹联合会成员，是一所国家级的大型研究中心，是德国九所卓越理工大学联盟(TU9)成员、欧洲航天局(CLUSTER)成员等。

卡尔斯鲁厄理工学院计算机系在所有德国高校同系中排名第一，不仅历史古老，而且在教学质量和科研成果上首屈一指，尤其在机器人领域处于领先地位。

在大学整体排名方面，卡尔斯鲁厄理工学院在2020年QS世界大学排名中位列世界第124位。在学科排名方面，KIT的众多学科排名世界前100，其中化学排名德国第1，工程学排名德国第2，材料科学排名德国第2，地球科学排名德国第3，物理学排名德国第4。另外，KIT拥有德国高校同领域中公认的综合实力强劲的计算机科学与技术专业，不仅设立最早，而且在教学质量和科研成果上更是首屈一指，蜚声国际。

12. 中国科学院沈阳自动化研究所机器人学国家重点实验室

中国科学院沈阳自动化研究所成立于1958年，主要研究方向是机器人、智能制造和光电信息技术。研究所拥有正式员工1200余人。其中，中国工程院院士2人，具有高级职称的技术人员近400多人。研究所在沈阳拥有南塔街、新岛街和创新路三处所区，在广州、义乌、扬州、苏州、昆山拥有5个分支机构。

作为中国机器人事业的摇篮，在中国机器人事业发展历史上创造了二十多个第一，引领中国机器人技术的研究发展，成功孵化了沈阳新松机器人自动化股份有限公司、沈阳中科博微科技股份有限公司等10余家高技术企业。

建有"机器人学国家重点实验室""机器人技术国家工程研究中心""国家机器人创新中心""国家机器人质量监督检验中心(辽宁)"等10个国家级和省部级平台，主办中国科技核心刊物《机器人》和《信息与控制》。研究所拥有博士培养点5个、硕士培养点8个，博士后流动站2个。

多年来，沈阳自动化所着眼国民经济和国家安全发展重大战略需求，凝练研究方向。在水下机器人、工业机器人、工业自动化技术、信息技术方面取得多项有显示度的创新成果。其中"'CR-01'6000m无缆自治水下机器人"科研成果被评为1997年中国十大科技进展之一，并获得1998年国家科技进步一等奖；工业机器人成功实现产业化，"工业机器人研究开发及工程应用"项目获2000年国家科技进步二等奖；工业现场总线技术打破国外垄断，研发出基于FF现场总线技术的系列化产品；"基于现场总线的新一代全分布式控制系统(中科SIACON)"2001年被评为"九五"国家重点科技攻关计划优秀科技成果，"现场总线分布控制系统开发及应用"获2002年国家科技进步二等奖；研制电视跟踪与测量设备多次成功地执行了"神舟"号系列飞船发射、回收的跟踪与监测任务，受到了中央军委、国防科工委及军委装备发展部的表扬与嘉奖。

今天的沈阳自动化所已发展成为一个环境优美、功能配套，具有现代化科研与工作条件、具有一流科学家和科技队伍的国立科研机构。以振兴中国制造业为己任，以为国家战略高技术及其产业发展提供技术基础为发展理念，沈阳自动化研究所将为国家科技发展、经济建设、国防安全做出更多、更大的创新性贡献。

机器人学国家重点实验室(State Key Laboratory)依托于中国科学院沈阳自动化研究所，在2007年由科技部批准成立。前身是中国科学院机器人学开放实验室。中国科学院机器人学开放实验室始建于1989年，是我国机器人学领域最早建立的部门重点实验室，我国机器人学领域著名科学家蒋新松院士1989—1997年曾任实验室主任。近20年来，实验室在机器人学基础理论与方法研究方面与国际先进水平同步发展，并在机器人技术前沿探索和示范应用等方面取得一批有重要影响的科研成果，充分显示出实验室具有解决国家重大科技问题的能力。在机器人学国家重点实验室诞生了我国的"探索""潜龙""海翼""海星""海斗"等无人潜水器，也诞生了"蛟龙"号载人潜水器的控制系统。目前，该实验室机器人学研究总体水平在国内相关领域处于核心和带头地位，是国内外具有重要影响的机器人学研究基地。

13. "仿生机器人与系统"教育部重点实验室

"仿生机器人与系统"教育部重点实验室(北京理工大学)经由工信部科技司组织的评审和推荐，于2010年12月获得教育部批准进行立项建设，2011年5月通过教育部组织的建设计划评审，2013年10月21日通过了教育部组织的专家组验收。实验室依托北京理工大学机械工程国家一级重点学科中的机械电子工程二级国家重点学科、仿生技术二级学科以及控制理论与控制工程二级国家重点学科；得到国家“111计划”“特种机动平台世界一流学科创新引智基地”“仿生、微小型无人系统”和“地面无人机动武器平台”国防科技创新团队以及“仿生机器人与系统”科技部重点领域创新团队的支撑。

实验室的总目标：综合运用仿生学、机构学、信息传感技术、自主控制技术、人工智能技术等多门学科与前沿科学技术的交叉与融合，重点研究生物及其器官的特殊功能、结构和机理，突破运动仿生学、生物感知与交互机理、仿生控制与系统集成等理论方法和技术，解决一系列重大、前沿的科学问题，建立仿生机器人和无人机动系统等高端科学研究的技术集成平台，在仿生机构、感知与控制等方面取得一批原始创新成果，引领智能机器人和系统技术的发展，为机器人战略性新兴产业和若干国家安全领域等提供技术支撑与储备，成为国家科技创新和人才培养的重要基地。

全世界范围内著名的研究机构比较多。除了以上列出的之外，还有很多研究机构在各自研究领域做出了卓越的贡献，例如日本的东京大学、东京工业大学、九州大学、京都大学、东京理科大学、北海道大学、名古屋大学；美国的科罗拉多矿业大学、加利福尼亚大学伯克利分校(UCB)、哥伦比亚大学(CU)、南加利福尼亚大学(USC)、圣路易斯华盛顿大学(WU)、佐治亚理工学院(Georgia Tech)；国内的浙江大学、北京理工大学、西安交通大学、同济大学、吉林大学、华南理工大学、天津大学、中国科学院自动化研究所、北京机械工业自动化研究所等。

6.3 机器人期刊与学术会议

机器人学是一门涉及机械、控制、计算机和电子等领域的交叉学科，所以其涉及的概念和技术也非常多，市面上关于机器人学的期刊多种多样，文献更是数不胜数。感兴趣的读者可以在网络上搜索学习。由于各种期刊的影响因子(IF)每年都在变化，本教材列出的仅供参考，可根据以前的数据推算期刊的水平和影响力。

各种学术期刊对稿件的质量要求与期刊本身定位一致，读者可以根据自身条件和论文研究的内容、深度等综合选择适合的期刊。

6.3.1 机器人领域期刊

1. 国际期刊

1) The International Journal of Robotics Research (IJRR，0278-3649)

中科院1区(机器人学，2015)，JCR1区(机器人学，2015)，IF：2.540 (2014)，2.149 (2015)。IJRR可以说是目前机器人领域顶级的期刊，国内大学以中国人作为第一作者的文章屈指可数，但是近年来，以中国人作为第一作者的文章越来越多。本期刊的文章不仅需要高水平的实物创新，还注重机器人领域的基本理论创新。目前该期刊侧重于机器人感知和运动规划。近年来可能由于发表数量越来越多，影响因子有所下滑。

2）Soft Robotics（2169-5172）

JCR1区（机器人学，2015），IF：6.130（2015）。软体和柔性机器人的研究近年来越来越热，由于本期刊从2014年发刊以来发文数量不多，加之文章质量比较高，Soft Robotics在2015年JCR公布的机器人领域排名第一。

3）IEEE Transactions on Robotics（TRO，1552-3098）

中科院2区（机器人学，2015），JCR1区（机器人学，2015），IF：2.432（2014），2.028（2015）。TRO是IEEE Transactions on Robotics and Automation在2004年停刊后分出来，也非常注重交叉学科研究的基础研究和理论创新，目前侧重未知的非结构化环境中智能设备系统的研究。

4）Journal of Field Robotics（JFR，1556-4959）

中科院2区（制造，2015），JCR2区（机器人学，2014），JCR1区（机器人学，2015），IF：1.43（2014），2.059（2015）。本期刊致力于提高非结构化和动态环境中机器人的研究，专注于野外（包括农林、海底、搜救、工地等）军事和太空机器人的实用研究。这个期刊的影响因子在2014年以前都非常高，2010年的IF是3.333。此期刊上国内大学的中国学者作为第一作者的文章较少。

5）Robotics and Computer-integrated Manufacturing（0736-5845）

中科院2区（制造，2015），JCR1区（机械制造，机器人学，2014/2015），IF：2.305（2014），2.077（2015）。本期刊注重将计算机科学和机械制造系统的结合，侧重于算法，平均审稿周期至少半年。

6）Bioinspiration & Biomimetics（1748-3182）

JCR3区（仿生材料，2014），JCR2区（仿生材料，2015），JCR1区（机器人学，交叉工程，2014/2015），IF：2.235（2014），IF：2.891（2015）。本期刊致力于发表仿生系统方面的研究。

7）Swarm Intelligence（1935-3812）

中科院3区（机器人学，2015），JCR2区（人工智能，机器人学，2014），JCR1区（人工智能，机器人学，2015）IF：2.16（2014），2.577（2015）。本期刊致力于发表群体智能的研究，主要集中群体机器人的研究和算法。

8）IEEE Robotics & Automation Magazine（RAM，1070-9932）

中科院2区（机器人学，2015），JCR1区（机器人学，自动化和控制系统，2014），JCR2区（机器人学，自动化和控制系统，2015），IF：2.413（2014），1.822（2015）。和TRO一样，是IEEE RAS（机器人与自动化协会）主办的期刊杂志。本期刊更注重技术创新以解决实际问题。

9）Autonomous Robots（0929-5593）

中科院3区（机器人学，2015），JCR2区（人工智能，机器人学，2014/2015），IF：2.066（2014），IF：1.547（2014）。本期刊目前侧重于自给自足的自动机器人研究，特别是仿生机器人，同步定位与地图构建和自主导航研究。

10）Robotics and Autonomous Systems（RAS，0921-8890）

中科院4区（机器人学，2015），JCR3区（自动化和控制系统，人工智能，2014），JCR2区（自动化和控制系统，人工智能，机器人学，2015），IF：1.256（2014），1.618（2015）。RAS

侧重自动系统的理论、计算和实验研究，平均审稿周期约1年。

11）Journal of Mechanisms and Robotics（1942-4302）

JCR3区（机械制造，2014），JCR3区（机器人学，2014/2015），IF：1.143（2014），IF：1.044（2015）。本期刊的主要特色在于机构和机器人的基础研究，包括算法、设计和制造。

12）Journal of Intelligent & Robotic Systems（0921-0296）

JCR3区（人工智能，机器人学，2014/2015），IF：1.178（2014），IF：0.932（2015）。本期刊致力于发表智能机器人和智能系统的理论和实际相结合的研究。

13）International Journal of Humanoid Robotics(0219-8436)

中科院4区（机器人学，2015），JCR3区（机器人学，2014），JCR4区（机器人学，2015），IF：0.691(2014)，0.547(2015)。本期刊致力于发表仿人机器人方向的研究。

14）Robotica（0263-5747）

中科院4区（机器人学，2015），JCR3区（机器人学，2014/2015），IF：0.688(2014)，0.824(2015)。本期刊鼓励机器人领域的多学科研究，基本上只要和机器人相关的文章都可以往这个期刊上投。

15）Industrial Robot And International Journal（0143-991X）

中科院4区（工业工程，2015），JCR4区（工业工程，机器人学，2014/2015），IF：0.635（2014），0.422（2014）。本期刊始于1973年，主要发表工业机器人方面的研究。

16）Advanced Robotics（AR，0169-1864）

中科院4区（机器人学，2015），JCR4区（机器人学，2014/2015），IF：0.572（2014），0.516（2015）。AR由日本机器人协会主办，和Robotica一样，基本上只要和机器人相关的文章都可以往这个期刊上投。

17）International Journal of Advanced Robotic Systems(1729-8806)

JCR4区（机器人学，2014/2015），IF：0.526(2014)，0.615（2015）。本期刊注重机器人技术方面的研究。

18）International Journal of Robotics and Automation（0826-8185）

中科院4区（自动化和控制系统，机器人学，2015），JCR4区（机器人学，2014/2015），IF：0.572（2014），0.318（2015）。

19）International Journal of Social Robotics（1875-4791）

JCR3区（机器人学，2014/2015），IF：1.207(2014)，1.407(2015)。本期刊主要发表服务型机器人方面的研究。

以上列出的国际期刊汇总不包括Nature和Science这类顶级综合期刊。

基本上2分区以上的期刊，投稿难度都很大，排名一般是IJRR＞JFR＞TRO＞RAM。IJRR作为全球顶级的机器人期刊，中国人以第一作者、国内机构作为第一单位的文章创刊以来似乎寥寥无几，难度可想而知。JFR是一个非常有特点的机器人期刊，它专注于野外、现场机器人，侧重实用、实战。TRO和RAM是IEEE RAS(机器人与自动化协会)主办的期刊杂志，其影响也绝无仅有的。TRO侧重理论创新，RAM是为数不多的、在自己的投稿范围里面明确写着侧重技术创新的(投稿要求中明确全文一般不超过10个公式)。3分区期刊的投稿难度中等。Autonomous Robots侧重于机器人自主性方面的，例如SLAM、自主导航等；Robotics and Computer-Integrated Manufacturing侧重计算机层面的机器人学，例如各种智能控制算法。4区的IF都小于1,其投稿难度对于博士生来说,经过努力可以成功。International Journal of Medical Robotics and Computer Assisted Surgery是唯一一个聚焦于医疗机器人方向的SCI期刊;Robotica几乎囊括了机器人领域所有的内容。Int. J. of Humanoid Robotics为仿人机器人方向的;Industrial Robot为工业机器人方向。

2. 国内期刊

1) 机器人

《机器人》是由中国科学院主管,中国科学院沈阳自动化研究所、中国自动化学会共同主办的科技类核心期刊,主要报道中国在机器人学及相关领域具有创新性的、高水平的、有重要意义的学术进展及研究成果。

《机器人》创刊于1979年,原名《国外自动化》。1987年更名为《机器人》。现为双月刊。有91名有突出成就的机器人学领域专家组成的编委会(其中院士10名),还拥有一支工作在机器人学领域科研一线的优秀审稿专家队伍。该刊的读者包括国内外高校、科研机构和相关技术领域的教师、研究人员、工程技术人员和博士、硕士研究生等。《机器人》主要报道中国在机器人学及相关领域中的学术进展及研究成果,机器人在一、二、三产业中的应用实例,发表机器人控制、机构学、传感器技术、机器智能与模式识别、机器视觉等方面的论文。该刊优先报道在上述领域获国家级、省部级奖励,取得重大社会效益的科研成果;达到国际或国内先进水平的应用基础研究成果和技术实现成果;国家和省部级重大科技项目、攻关项目的成果;国家自然科学基金资助的有应用前景的科技成果;青年作者优秀论文等。

2) 仿生工程学报

《仿生工程学报》(Journal of Bionic Engineering)(ISSN 1672-6529,CN 22-1355/TB),是经国家新闻出版总署批准,吉林大学主办,中华人民共和国教育部主管,国内由著名的科学出版社出版发行,国际由最负盛名的Elsevier出版公司出版发行的以工程仿生学科为特色的国际性英文学术期刊,是国际仿生工程领域唯一的学术类英文专业期刊。

3) 自动化学报

《自动化学报》由中国科学院自动化研究所、中国自动化学会主办,1963年创刊,1966年停刊,1979年复刊,月刊。科学出版社出版,国内外公开发行。《自动化学报》刊载自动化科学与技术领域的高水平理论性和应用性的科研成果,内容包括自动控制、系统理论与系统工程、自动化工程技术与应用、自动化系统计算机辅助技术、机器人、人工智能与智能控制、模式识别与图像处理、信息处理与信息服务、基于网络的自动化等。《自动化学报》被国外著名检索刊物,如美国工程索引(EI)、英国科学文摘(SA)、日本科学技术文献速报(JICST)、俄罗斯文摘杂志(AJ)等多种检索刊物和数据库收录。《自动化学报》于1985、1990、1996年分别荣获中国科学院优秀期刊三等、一等、二等奖,1997年获全国第二届优秀科技期刊评比三等奖,2002年和2005年连续获得国家期刊奖,入选2013年度、2015年度“百强报刊”,并多年荣获“精品科技期刊”“百种杰出学术期刊”“中国最具国际影响力学术期刊”等荣誉称号。多年来持续获得中国科学院出版基金和中国科协出版基金等资助。

4) 控制理论与应用

《控制理论与应用》是教育部主管、由华南理工大学和中科院数学与系统科学研究院联合主办的全国学术刊物。该刊于1984年创刊,月刊,国内外公开发行。《控制理论与应用》主要报道系统控制科学中具有新观念、新思想的理论研究成果及其在各个领域中,特别是高科技领域中的应用研究成果和在国民经济有关领域技术开发、技术改造中的应用成果。内容包括：系统建模、辨识与估计；数据驱动建模与控制；过程控制；智能控制；网络控制；非线性系统控制；随机系统控制；预测控制；多智能体系统及分布式控制；鲁棒与自适应控制；系统优化理论与算法；混杂系统与离散事件系统；工程控制系统；航空与航天控制系统；新兴战略产业中的控制系统；博弈论与社会网络；微纳与量子系统；模式识别与机器学习；智能机器人；先进控制理论在实际系统中的应用；系统控制科学中的其他重要问题。

5）机械工程学报

《机械工程学报》(中文刊)创刊于1953年，由中国科学技术协会主管、中国机械工程学会主办，是中国机械工程领域的顶级学术刊物，主要报道机械工程领域及其交叉学科具有创新性的基础理论研究、工程技术应用的优秀科研成果。刊物获得了我国期刊界的最高荣誉。1999年、2003年、2005年连续三届荣获“国家期刊奖”；2001年被列为“中国期刊方阵”双高期刊；2011年荣获“第二届中国出版政府奖期刊奖”；2013年入选“百强科技期刊”。英文版迄今为止获得“全国优秀期刊”等10余项奖励；被列为“中国期刊方阵”双效期刊。1997年至今，连获中国科协期刊项目支持、国家自然科学基金主任基金项目支持。刊物被EI、CA、SA、AJ、中国期刊网全文数据库等国内外多家知名检索系统收录。近年来，刊物的学术影响力指标和出版能力指标快速增长，总被引频次、影响因子和综合评价总分在机械工程类期刊中位居前列。

6）中国工程机械学报

《中国工程机械学报》*Chinese Journal of Construction Machinery*（双月刊）2003年创刊，刊登内容为机械工程领域具有创新性的综述、基础理论、工程技术应用方面的优秀科研成果，是机械工程领域最具权威的学术期刊之一。读者对象上至机械工程领域的大家、名家，下至机械工程专业的大专院校学生，中间更有一大批活跃在大专院校、科研院所、国家级重点实验室的教师、科研人员和学科带头人。

7）控制与决策

《控制与决策》创刊于1986年，由教育部主管、东北大学主办。本刊是自动控制与管理决策领域的学术性期刊，月刊。本刊瞄准国家重大需求与国际前沿方向刊载了一大批控制与决策领域理论和应用研究方面具有原创性的、高水平的研究成果，受到广大读者的一致好评。《控制与决策》主要刊登以下内容：自动控制理论及其应用，系统理论与系统工程，决策理论与决策方法，自动化技术及其应用，人工智能与智能控制，机器人，以及自动控制与决策领域的其他重要课题。主要栏目有综述与评论、论文与报告、短文、信息与动态等。《控制与决策》是研究生教育中文重要期刊，中文核心期刊，被国内外重要检索系统收录。国内检索系统有：科技部中国科学技术信息研究所《中国科技论文统计源期刊》，中国科学院文献评价中心《中国科学引文数据库来源期刊》，北京大学图书馆《中文核心期刊要目总览》《中国学术期刊综合评价数据库》《中国期刊网》，中国知识资源总库中国科技期刊精品数据库。国外检索系统有：美国《工程索引(EI)》，Scopus，英国《科学文摘(SA)》，美国《剑桥科学文摘(CSA：EEA)》，美国《数学评论(MR)》，德国《数学文摘(ZM)》，俄罗斯《文摘杂志(AJ)》。

以上期刊要求层次较高，比较适合研究生。适合应用型高校机器人工程本科生投稿的期刊有：

8）机器人技术与应用

《机器人技术与应用》是由国家“863”机器人技术主题专家组和北方科技信息研究所共同主办的一本综合信息类刊物，是我国唯一一本介绍机器人信息，传播机器人知识的刊物。该刊为国际机器人联合会（IFR）会员单位，创刊于1988年，是中国学术期刊（光盘版）与《中国期刊网》全文收录期刊，在国内自动化领域享有很高的声誉。《机器人技术与应用》主要报道工业自动化、智能化机械及零部件、数控机床、机器人技术领域所取得的新技术、新成果、科技动态与信息。传播企业信息和市场行情，交流业内创新成果，推动行业技术进步。主要栏目有专家访谈、企业家访谈、主题工作动态、产品介绍、机器人比赛及综述等，涵盖面广，集知识性与趣味性于一体，具有很强的技术性和可读性。读者对象主要是从事自动化、工程机械、数控机床、机械等行业的广大管理人员、技术人员、销售人员以及院校师生和机器人爱好者。

9）智能机器人

《智能机器人》（双月刊）由创刊于2004年的《伺服控制》升级而来。《伺服控制》是由中国自动化学会专家咨询委员会、中国电工技术学会支持，中自传媒和广东省自动化学会共同创办的。2016年4月，《伺服控制》正式更名为《智能机器人》，由东方国际科技传媒有限公司主办，国内第一本伺服技术市场的专业期刊，一体化运动控制解决方案，深度报道分析伺服及运动控制领域的技术、市场及应用，智能检测运动控制会议论文选定刊物。《智能机器人》致力于为机器人配件与整机制造商、销售商、用户、研发人员和科研院校搭建一个平台，达到沟通信息、交流技术和经验以及资源共享的目的。内容上主要包括：论述机器人系统组件和整机设计（包括各类伺服系统及机器人伺服、传感系统、控制系统、各类智能系统、机器人应用平台系统、伺服电动机、减速器、控制器、制动器、高速视觉系统、定位与动作控制系统）的技术趋势及新应用技术；论述各类机器人技术、智能制造技术在行业中的应用案例；论述智能控制系统设计；阐述系统建模与仿真、诊断与测试的方法，软件分析与设计；论述机器视觉技术、控制策略、控制方法；报道工业与服务型机器人的前沿技术、机器人生产标准化与重点应用、行业信息、应用案例、伺服器件、传感器、工业通信、新产品介绍等文章。

6.3.2　国际（国内）学术会议

机器人毕竟和人工智能以及信息学科分不开，同时机器人领域涉及很多研究方向，例如视觉、算法、控制等，也涉及各种领域，例如采矿、农业、信息产业等，所以导致机器人方向的学术会议非常多。当然，会议的层次有高有低，内容质量有好有坏，会议也是每年变化（淘汰或新增）。下面列出的只是与机器人联系比较紧密的会议。

（1）ISRR：The International Symposium on Robotics Research（机器人研究国际研讨会ISRR）自1970年以来，国际机器人研讨会每年在世界不同国家举行。ISRR不仅是最古老的会议之一，到2021年已经成功连续举办53届，同时也是最权威的机器人国际会议之一。会议通过提供一个生动、亲密、前瞻性的论坛，讨论和辩论机器人技术的现状和未来趋势，强调其造福人类的潜在作用，促进了对社会有益的机器人技术突破性研究和技术创新的发展和传播。会议寻求具有挑战性的新创意、开放式主题以及机器人学和研究衍生应用新方向的讨论，包括机器人设计、控制、机器人视觉、触觉、人机交互、机器人学习、抓取和操纵、规划、推理和集成机器人系统等。ISRR汇聚了来自美洲、欧洲和亚洲的顶尖机器人专家，在该领域做出了一些最基本和最持久的贡献。

(2) RSS：Robotics：Science and Systems (RSS)。这个会议国内投稿相对较少，总的稿件量也少(每年基本在100～120篇)，但是论文质量很高，难度非常大。网站可免费下载历年发表的文章。

(3) ICRA：IEEE International Conference on Robotics and Automation，即IEEE机器人和自动化国际会议，由IEEE Robotics and Automation Society (RAS，机器人和自动化学会)主办，是该领域规模(千人以上)和影响力最大的顶级国际会议。至今(2021年)已经成功举办了29届，只在中国举办过一次(2011年，中国上海)。ICRA每年都设立一个主题(Theme)，另外，ICRA附带有一个精彩的展览，例如ICRA2012上露面的包括全球第一个宇航机器人Robonaut、当今最先进的医疗机器人Davinc。ICRA一般每年9月截止收稿，次年5月中上旬举行会议，全EI光盘版收录。

(4) IROS：IEEE\RSJ International Conference on Intelligent Robots and Systems，即IEEE\RSJ智能机器人与系统国际会议，主要由IEEE RAS，RSJ (the Robotics Society of Japan)等五个协会发起，是规模(千人左右)和影响力仅次于ICRA的顶级国际会议。IROS始于1988年的日本，曾在中国举办过两次：2006年北京和2010年台湾。与ICRA一样，IROS一般也有主题并附带一个机器人展览。一般每年3月截止收稿，同年10月中旬举行会议，全EI光盘版收录。录用率大概在30%～50%。

(5) ROBIO：IEEE International Conference on Robotics and Biomimetics，即IEEE机器人学和仿生学国际会议，同样是IEEE RAS门下的系列会议之一。规模(数百)与影响力次于前两者。特别要提一下的是，ROBIO目前实力比前两者是差些，但它是该领域华人区着力打造的品牌国际会议，ROBIO经常光临中国。一般每年7月中旬截止收稿，同年12月初举行会议，一般也是全EI光盘版收录。

(6) AIM：IEEE\ASME International Conference on Advanced Intelligent Mechatronics，即IEEE\ASME先进智能机电一体化国际会议。由IEEE RAS，IEEE IES (Industrial Electronics Society)和DSCD (ASME Dynamic Systems and Control Division)主办。一般1月中旬截稿，同年7月初举行会议。

(7) ICMA：IEEE International Conference on Mechatronics and Automation，即IEEE机械电子自动化国际会议。IEEE RAS主办，2004年发起于中国成都，所以相对而言，ICMA是比较中国化的国际会议，但又与国内大学举办的国际会议有着本质区别，与ICRA、IROS一样，只是影响力不同。

(8) Humanoid：IEEE International Conference on Humanoid Robots，即IEEE仿人机器人国际会议，仍然由IEEE RAS主办。

(9) 世界机器人大会(World Robot Conference，WRC)是由中国科学技术协会、工业和信息化部、北京市人民政府共同举办，旨在积极推动创新驱动发展战略，实现中国机器人技术与产业跨越发展的机器人产业盛会。大会围绕世界机器人研究和应用重点领域以及智能社会创新发展，开展高水平的学术交流和最新成果展示，搭建国际协同创新平台。

(10) CCC：中国控制会议(Chinese Control Conference (international))是中国科学院数学所的中国自动化学会控制理论专业委员会主办的国际性学术会议，每年举办一次。中国控制会议原称全国控制理论及其应用学术会议，由中国自动化学会控制理论专业委员会负责有关的组织、筹备工作。1994 年,在广泛征求意见的基础上,控制理论专业委员会决定并经中国自动化学会批准将“全国控制理论及其应用学术会议”正式改名为“中国控制会议”。自 1979 年至今已经举办过 30 多届。CCC 现已成为有关控制理论与技术的国际性学术年会。大会采用会前专题讲座、大会报告、专题研讨会、分组报告与张贴论文等形式进行学术交流。自 2005 年起会议论文集由 ISTP 收录,自 2006 年起会议论文集进入 IEEE CPP (Conference Publications Program),2006 年起会议论文集由 EI 收录。

(11) CCDC:中国控制与决策会议,是由《控制与决策》编辑委员会联合中国自动化学会应用专业委员会、中国航空学会自动控制专业委员会等学术组织,于 1989 年创办的大型学术会议,是在国内举办的信息与控制领域的重要会议之一,是高水平的有重要影响的国际学术会议,每年举办一届,至今已举办 22 届。

(12) CAC:中国自动化大会(The China Automation Congress)创建于 2009 年,是由中国自动化学会主办的国内最高层次的自动化、信息与智能科学领域的大型综合性学术会议,每两年举办一次。中国自动化大会活动包括开幕式、大会报告、分会场报告、专题研讨会、特色论坛、展览,以及其他专项活动等。中国自动化大会旨在增进国内自动化领域内工作者之间的学术交流,为年轻学者提供一个全国性学术交流平台,加强不同学科专业之间的相互借鉴和交叉融合,为助力地方国民经济的发展提供良好契机。

另外,网络上有很多可以学习的资源,一是各种机器人论坛,二是各大机器人厂商的网站。

6.4 世界知名研究所及论坛

6.4.1 世界知名机器人研究所

以下内容来源:工业机器人,微信号 indRobot

1. 美洲

(1) Adaptive Behavior Research Group, Case Western Reserve University, Cleveland, OH

(2) Aerospace Robotics Laboratory, Stanford University, Palo Alto, CA

(3) Artificial Muscle Project, MIT Artificial Intelligence Laboratory, Cambridge, MA

(4) Berkeley Robotics and Human Engineering Lab, Berkeley-University of California, Berkeley, CA

(5) Biologically Inspired Robotics Lab, Case Western Reserve University, Cleveland, OH

(6) Center for Automation, Robotics, and Distributed Intelligence-Research Projects, Colorado School of Mines, Golden, CO

(7) Center for Intelligent Systems, Intelligent Robotics Lab, Vanderbilt University, Nashville, TN

(8) Center for Medical Robotics and Computer Assisted Surgery, Carnegie Mellon, Pittsburgh, PA

(9) Center for Robotics and Embedded Systems, University of Southern California, Los Angeles, CA

(10) Deep Submergence Laboratory, Woods Hole Oceanographic Institute, Woods Hole, MA

(11) Dynamical & Evolutionary Machine Organization, Brandeis University, Waltham, MA

(12) Entertainment Technology Center Projects, Carnegie Mellon University, Pittsburgh, PA

(13) Field Robotics Center, Carnegie Mellon University, Pittsburgh, PA

(14) Humanoid Robotics Group, MIT Artificial Intelligence Laboratory, Cambridge, MA

(15) Intelligent Systems and Robotics Center, Sandia National Labs, Albuquerque, NM

(16) KISS Institute Robotics Projects, KISS Institute for Practical Robotics , Norman, OK

(17) Laboratory for Human and Machine Haptics, MIT Artificial Intelligence Laboratory, Cambridge, MA

(18) Machine Intelligence Laboratory, Florida State University, Gainesville FL

(19) MIT Leg Laboratory, MIT Artificial Intelligence Laboratory, Cambridge, MA

(20) Mobile-Autonomous Robot, The Cooper Union for the Advancement of Science and Art, New York, NY

(21) Mobile Robot Laboratory, Georgia Institute of Technology, Atlanta, GA

(22) Mobile Robotics Lab, University of Michigan, Ann Arbor, MI

(23) Mobile Robotics Program, Penn State Abington, Abington, PA

(24) NASA Jet Propulsion Robotics Lab, California Institute of Technology, Pasadena, CA

(25) Palo Alto Rehabilitation Research and Engineering Laboratory, Stanford University, Palo Alto, CA

(26) Robot Vision Laboratory, Purdue University, West Lafayette, IN

(27) Robotics Projects, Space and Naval Warfare Systems Center, San Diego, CA

(28) Robotics Research Group, University of Southern California, Los Angeles, CA

(29) Stanford Robotics Lab, Stanford University, Palo Alto

(30) The Robotics Institute-Index to Robotics Projects Underway, Carnegie Mellon, Pittsburgh, PA

(31) University Research Program in Robotics, University of Michigan, Ann Arbor MI。

(32) MIT 媒体实验室：最负盛名的 MIT 机器人实验室

(33) 斯坦福人工智能实验室

(34) 卡耐基·梅隆(CMU)机器人学院：目前唯一一个以学院为建制的研究单位

2. 欧洲

(1) AURORA-Autonomous Mobile Robot for Greenhouse Operations, University of Malaga

(2) System Engineering and Automation Department, Malaga, Spain

(3) BARt-UH Bipedal Autonomous Robot, University of Hannover, Center of Mechatronics, Bonn, Germany

（4）Centre for Autonomous Systems，Royal Institute of Technology，Stockholm，Sweden

（5）Computer Aided Surgery，Technische Universität München，Munich，Germany

（6）Computer Assisted Surgery Robot，Institutfür Medizinische Physik，Erlangen，Germany

（7）Cooperative Navigation for Rescue Robots，University of Lisbon-Institute for Systems and Robotics，Lisbon，Portugal

（8）ESPRIT Ⅲ Project Road Robot，UNINOVA，Institute for the Development of New Technologies，Monte da Caparica，Portugal

（9）Foundation for Rehabilitation Technology（FST），Swiss Foundation for Rehabilitation Technology（FST），Neuchatel，Switzerland

（10）FRIEND-Functional Robot Arm with User Friendly Interface for Disabled People，University of Bremen，Institute of Automation Technology，Bremen，Germany

（11）HUDEM-Humanitarian DE Mining，Joint Research Project，Not Available

（12）Human Machine Interaction，Royal Institute of Technology，Stockholm

（13）Humanoid Animation Group，University of Waterloo，Waterloo，Canada

（14）Institute of Robotics，Swiss Federal Institute of Technology，Sweden，Switzerland

（15）Institute of Robotics and Mechatronics，DLR German Aerospace Center，Wessling，Germany

（16）Intelligent Autonomous System，University of Bonn，Bonn，Germany

（17）Intelligent Autonomous Systems Laboratory，University of West of England，London，UK

（18）Intelligent Embedded Systems，Medical University of Lübeck，Lubeck，Germany

（19）Intelligent Humanoid Walking，Technical University of Munich，Munich，Germany

（20）Intelligent Mobility and Transportation Aid for Elderly People For schungs institute Technologie-Behindertenhilfe，Wetter，Germany

（21）MAKRO sewer inspection robot Fraunho fer Institut Informations，Sankt Augustin，Germany

（22）Mobile Robot TAURO，Aachen University of Technology，Aachun，Germany

（23）Mobile Robotics，University of Auckland，Auckland，New Zealand

（24）MOBSY Autonomous Mobile System，University of Erlangen-Nuernberg，Erlangen，Germany

（25）Neural Robot Skills（NEUROS），Ruhr-University of Bochum，Institut für Neuro informatik，Bochum，Germany

（26）Rehabilitation Robotics Bath，Institute of Medical Engineering，London，UK

（27）Research and Development on Rehabilitation Bioengineering，Centro INAIL RTR（INAIL RTR Centre），Viareggio，Italy

（28）Robotic Harvesting of Strawberries，Dal Tech，Nova Scotia Canada

（29）Robotic Surveillance，University of Amsterdam，Amsterdam，Netherlands

（30）Robotics Lab-Multifunctional Autonomous Climbing Robot for Inspection Applications，University Carlos Ⅲ，Madrid Spain

（31）Robotics Laboratory，Technion-Israel Institute of Technology，Department of Mechanical Engineering，Haifa

（32）Robots for the Food Industry，University of Bristol，Bristol，UK

（33）The Computer Vision and Robotics Lab，Trinity College，Dublin，Ireland

（34）The MORPHA Consortium，Joint Research Project，Stuttgart，Germany

（35）TOURBOT-Interactive Touring Robot，Foundation for Research and Technology，Hellas Greece

（36）Waterloo Aerial Robotics Group，University of Waterloo，Waterloo，Canada

（37）Delft Biorobotics Lab 荷兰生物机器人研究实验室：研究方向有双足机器人

（38）瑞士联邦工学院机器人实验室：研究方向有移动机器人、空间机器人

（39）英国布里斯托大学机器人实验室：研究方向有各种仿生机器人，以及生物机械混合体

（40）英国华威大学移动机器人实验室：研究方向有机器人足球、特种救灾机器人

（41）英国牛津大学机器人研究组：研究方向有模式识别、人工智能、机器视觉、移动机器人导航

3. 亚洲

（1）Bio-Robotics Division，Robotics Department，Ministry of International Trade and Industry（MITI），Tokyo，Japan

（2）Bioproduction Systems Engineering，Okayama University Lab of Agricultural Systems Engineering，Okayama，Japan

（3）Furusho Laboratory-Human Machine Interaction，Osaka University，Osaka，Japan

（4）Hirose and Yoneda Robotics Lab，Department ofMechano-aerospace Engineering，Tokyo Institute of Technology，Tokyo，Japan

（5）Human Sensing System for Safety Agricultural Robot，Okayama University，Okayama，Japan

（6）Intelligent Cooperative Systems Laboratory，University of Tokyo，Tokyo，Japan

（7）Intelligent Systems Institute，National Institute of Advanced Industrial Science and Technology，baraki，Japan

（8）JSK Laboratory-Robot Projects，University of Tokyo，Tokyo，Japan

（9）Kawamura Laboratory Robotic Projects，Yokohama National University，Yokahama，Japan

（10）Rehabilitation Engineering Laboratory，Ritsumeikan University，Kyoto，Japan

（11）Tele robotics and Control Laboratory，Korean Advanced Institute of Science and Technology，Daejeon，Korea

（12）Human Sensing System for Safety Agricultural Robot，Okayama University，Okayama Japan

4. 澳大利亚

（1）Australian Centre for Field Robotics，University of Sydney，Sydney，Australia

（2）Deming Research，University of Western Australia，Crawiling Australia

（3）Intelligent Robotics Research Centre，Monash University，Victortia，Australia

(4) Mobile Robotics, University of Auckland, Auckland, New Zealand
(5) Robot Sheep Shearing, University of Western Australia, Crawiling Australia
(6) Robotic Systems Lab (RSL), Australian National University, Sydney, Australia
(7) Robotics and Automation Projects, University of Queensland, Victortia, Australia

6.4.2 网络论坛

(1) 机器人与人工智能爱好者论坛
(2) 工控论坛
(3) 中国工控网
(4) 中国电子网技术论坛

第7章

机器人学科问题及讨论

本章主要就一些涉及机器人工程专业的社会热点问题进行开放式讨论，结论不唯一、不设限。目的一是培养学生如何将专业知识与非技术性因素知识结合起来考虑问题的能力；二是转变中学阶段固化的思维方式，尽快适应大学独立思考的能力。要使学生们清楚一个道理：专业知识应用必须要在社会、健康、安全、法律、文化、职业道德、伦理道德等约束下进行，不能完全取决于专业知识。

本部分材料内容均选自网络资源，仅用作教学讨论，不做它用。

7.1 开放性问题

7.1.1 开放性问题1：对于未来的机器人，你有什么想法？

近日，关于AI的话题讨论得越来越多，我们不断思考未来的一切，包括生活、工作。我们无法想象未来发生的一切，最近有很多网友相信未来的很多工作都被机器人所替代。现在的生活无论怎么学习、培养技能，但是到50年后，可能很多工作都不需要人了，只要机器人程序化地工作就行。比如99%的金融交易员都已经换成人工智能，80%的基金经理、投资顾问都被人工智能替代，70%的底层工人被机器人替代。

随着柯洁输给了阿尔法狗，标志着在围棋领域人类彻底被AI击败，人工智能专业的算法已然渗透到各行各业，默默地取代人类。很多人会猜测未来会是人类与机器人共舞吗？如果真的是这样，人类又该怎样与机器人和谐共处呢？

下面是3类有代表性的观点，你赞同哪种论断，请说出理由。

1. 放心，机器人代替不了人类

人们大可不必过分担忧，我本人对机器人全面取代人类不持乐观态度，在我的有生之年是看不到的。现在机器人的感知能力远低于人，无法接受抽象的命令，也缺乏和人类高效交流的能力，距离人类真正需要的带有动作性和协作性的机器人还很远。其本质原因在于，机器人缺少真正的理解能力，不具有人类的意识、创造力和想象力，因此，说其能取代人类并不现实。

因为机器的计算能力远远超过人类，在某些需要大计算量的方面，比如说围棋，因为其解题规则完全确定，且有大量棋谱可供学习，人类会被机器人战胜，就像人类的走路速度怎么都比不上汽车、飞机一样。但在需要意识参与、具有较大不确定性、富有想象力创造力的工作方面，人类的优势就会突显出来。

比如一个服务机器人在相对复杂的环境里给客人倒一杯水、医生护士与病人接触沟通等，这在当前条件下还很难完成。特别是知识创造性的工作，比如医疗、教育培训中具有高度不确定性的工作，其承担者则非人类莫属。尤瓦尔·赫拉利在《未来简史》中畅想，未来世界的医生可能更像"精英特种部队"的工作人员，从事高精尖的专业工作；教师也许会类似人力资源管理人员，去处理复杂的协调事项。

2. 福利，机器人会是人类的亲密伴侣

人工智能的发展有3个层次：

弱人工智能，即擅长单个领域的人工智能，比如阿尔法狗、无人驾驶、智慧医疗等；

强人工智能，各方面都能和人类比肩的AI，人类能干的脑力活它都能干；

超人工智能，几乎在任何领域都比最聪明的人类大脑聪明很多，包括在科学创新、通信和社交技能等方面。

有专家预测，强人工智能出现的时间为2040年。

未来，将会是人机协作、人机一体，人类与机器人和谐共处的美好时代。人类与机器人将是一种相互依存的关系，但这是一个长期的渐进式过程。因为自动化、智能化的机器人毕竟不是人，而是人们生产生活的工具，与人类不是竞争关系，也不是此消彼长的零和游戏，人们不必对其产生恐惧。

机器人一定会成为人类的伴侣，要取长补短，发挥两者的优势，相互促进。机器人在进步，作为创造者的人类也要同时不断进步，这是人与机器和谐共处的重要点。

3. 机器人如此聪明，会不会给人类带来一定的灾难？

机器人在给人类带来方便快捷的同时，难免会带来困扰和负面的影响。很多时候机器人是聪明的，能够根据人的指令和指引，来帮助人类完成日常工作。然而，机器人也是有笨拙的天性，可能在某些情况下，什么忙都帮不上。

机器人是给人类服务的，但是假如被图谋不轨的人利用，把机器人用于战争或者对人类无益的事，那么这将是人类最害怕的事。因此，发展与研究机器人需要制定相关的法律，对其进行约束，严格规定其不能涉足的领域等。

据媒体报道，美国等国家和一些社会公共机构（如UN、IEEE等）都开始关注人工智能的法律、伦理等影响，制定出台一系列文件、报告。

当然，很多专家对机器人忧虑过多，他们认为在人工智能的作用下，未来人类将对机器人失去控制，机器人会主宰人类，甚至会伤害人类，这样的判断不具有科学性。人工智能是人类发明和创造的，我相信我们能够在人工智能的发展过程中找到最佳平衡点。

请阅读以上资料，完成以下问题：

(1) 试想一下，如果在未来，人类的一切工作全部由机器人来代替完成，①那人做什么？②人还有存在的必要吗？如果没必要，那人类不是自己给自己掘墓吗？

(2) 你倾向于哪种观点？请说出自己的理由。

7.1.2 开放性问题2：无人驾驶汽车技术与伦理道德

无人驾驶汽车是智能汽车的一种，也称为轮式移动机器人，主要依靠车内的以计算机系统为主的智能驾驶仪来实现无人驾驶的目的。

无人驾驶汽车是通过车载传感系统感知道路环境，自动规划行车路线并控制车辆到达预定目标的智能汽车。它是利用车载传感器来感知车辆周围环境，并根据感知所获得的道路、车辆位置和障碍物信息，控制车辆的转向和速度，从而使车辆能够安全、可靠地在道路上行驶。其集自动控制、体系结构、人工智能、视觉计算等众多技术于一体，是计算机科学、模式识别和智能控制技术高度发展的产物，也是衡量一个国家科研实力和工业水平的一个重要标志，在国防和国民经济领域具有广阔的应用前景。

关于无人驾驶汽车的测试经常见诸各种媒体，各大公司也都加入到无人驾驶汽车的研发当中，这一方面表明无人驾驶汽车的技术逐渐成熟，应用前景看好。但另一方面，从非技术性因素角度来看，无人驾驶汽车的应用还存在很多问题需要解决。

2014年12月，大多数英国民众对无人驾驶汽车持保守态度。英国机械工程师协会公布的一项调查结果显示，56%的人明确表示不会购买无人驾驶汽车，愿意购买的人只占20%，其余人持观望态度。

以下是网络中一些零散的关于无人驾驶汽车的新闻：

(1) 2015年11月底，根据谷歌提交给机动车辆管理局的报告，谷歌的无人驾驶汽车在自动模式下已经完成了130万多英里的行驶。

(2) 2015年6月，谷歌一辆无人驾驶汽车的原型车在硅谷差点与竞争对手的无人汽车发生事故。这是首次涉及两辆无人驾驶车辆的交通事件。美国德尔福汽车(Delphi Automotive PLC)硅谷实验室主任、自动驾驶项目全球商业总监约翰·艾布斯米尔(Jpohn Absmeier)透露，公司一辆由奥迪Q5跨界车改装的自动驾驶原型车在Palo Alto一条道路上变线时，被谷歌一辆雷克萨斯RX400h改装而来的自动汽车抢线拦住去路，被迫取消变线。

(3) 据中国之声《新闻纵横》报道，美国加利福尼亚州近日终于允许无人全自动驾驶汽车上路测试。加州是硅谷所在地，包括“无人驾驶汽车”在内的众多高科技企业在此落户。不过此前，加州只允许有方向盘和刹车踏板等装置的自动驾驶汽车在持有驾照的测试员在车上监控的情况下上路测试。

(4) 德赛西威在互动平台表示，2019年1月25日，公司正式收到新加坡陆路交通管理局(LTA)书面通知，公司顺利获得无人驾驶车辆第一阶段路测的牌照(简称M1)，意味着德赛西威测试车可以在新加坡特殊区域公共道路行驶。

(5) 我国是全球新能源汽车产销大国。2019年1月和11月，我国新能源汽车产销分别完成109.3万辆和104.3万辆，同比分别增长3.6%和1.3%。中国自2009年开始推广新能源汽车。经过近年来的爆发式增长，目前新能源汽车动力蓄电池将进入规模化退役期，第一批投入市场的新能源汽车动力电池基本处于淘汰临界点。2020年前后，我国退役电池累计约为25GWh，我国纯电动(含插电式)乘用车和混合动力乘用车的动力电池累计报废量将达到12万～17万t。如此数量的电池退役，如果不实施有效的管控，势必造成严重的环境污染和资源浪费。中国汽车研究中心指出，退役的动力电池处理成本高，经济效益差，并且浪费资源与能源，而如果焚烧填埋，电池内的铁钴镍等重金属将会污染生态环境，并且正负极材料、隔膜、电解液中的有机物也会威胁人身安全。

(6) 对于这种新能源的汽车，它的主要性能还是取决于电池，这种新能源汽车宣传的时候，表述汽车的使用年限是5年。而现在首批使用新能源汽车的电池已下线，总共丢弃量约为20万t，面对于如此庞大的数量，很多人都比较关心这些丢弃电池最终的处理方法。实际上，这些丢弃的20万t电池，最终并不是全部都被处理掉了。其中有14万t的电池会被回收再次利用，剩余的6万t电池会被埋在地底下处理。电池的腐蚀力度特别强，把6万t电池埋在地底下，对土地资源的损害自然也特别大，环境对我们重要、土地资源的环境更是同样重要。

(7) 埋在地底下的电池，对土地资源的危害特别大，目前国家有关部门已经在积极处理被污染的土地资源。如此可见，国家主打的新能源的环保汽车，还是存在着很大的缺陷。如果新能源的电池在使用5年之后，回收的废弃电池会危害土地资源，岂不是和保护环境的最终目的冲突？研发新能源汽车的目的，是防止汽油排泄的有害物质危害环境，给人们带来更多的健康保障，但是如果研发的新能源汽车所废弃的电池会给土地资源带来特别大的危害，对于人类说更是一大健康和环境隐患。大气和土地环境和我们的生活息息相关，更何况土地污染，完全不亚于汽油排泄废物的危害。

根据以上材料，请思考以下问题：

(1) 使用互联网查找关于无人驾驶汽车方面的内容(技术原理、应用进展、技术前沿等)，掌握无人驾驶汽车基本原理和所涉及的技术问题。

(2) 使用互联网查找关于新能源汽车电池处理的相关文章，了解电池处理的技术和存在的问题，谈谈自己对新技术应用与环境、法律、伦理、社会等非技术性因素的关系。

(3) 举一个极端的例子。假设你驾驶无人驾驶汽车正常行驶时，前方有人突然横穿马路，而你已经来不及停车。此时，在你的左边有一辆大卡车，右边则是一群等着过马路的孩子。你会怎么做？请给出理由，并在班级进行讨论。

7.1.3　开放性问题3：机器人行业蒸蒸日上，波士顿动力因何陨落？

注：本节选自“科工力量”微博、微信公众号，发表日期为2021年1月13日，内容未做任何修改。

大家好，我是观察者网《科工力量》栏目主播，冬晓。去年12月，韩国现代集团收购了美国波士顿动力公司，一家专注做“机器狗”的企业。根据收购协议，前者出价8亿美元，将持有后者约八成的股份。

波士顿动力虽然是高科技公司，但是一直命运坎坷。谷歌、软银都曾高调宣布，要和它合作，最后全部没有了下文。该企业制造的机器人，拍了不少炫酷的广告，但还是卖不出去。面对这家每年亏损上亿的公司，韩国人怎么就想接盘了呢？这个问题值得好好聊一聊。

波士顿动力专注仿生结构，在机器人领域可谓是独领风骚。可企业估值从当初的30亿美元，暴跌到现在的不到10亿。拥有先进技术，却不受待见，为什么？很简单：不赚钱。很多人对该公司的了解，可能源于朋友圈的一条短视频：一条“可怜”的机器狗被人一路拉拽，却“坚强”地打开了房门。这款网红机器人，就是波士顿动力的“Spot Mini”。

波士顿动力成立于1992年，创立的初衷是让机器人拥有人或者动物一样的活动能力。

为了实现这个目标，他们开发的机器人不用履带，而是采用哺乳动物的腿部结构，还能在外界影响下动态平衡。在好莱坞大片中，军队总是这些黑科技幕后的支持者。这些踹不倒的机器人，自然也引来了军方的关注。2005 年，波士顿动力和美国国防高级研究计划局(DARPA)合作，开发出四足机器人 Big Dog。目的是在复杂地形中运送货物，可以看作穿梭在山林中，背负货物的"机械骡子"。

电影的高科技，似乎就要在现实生活中实现了。可到了 2013 年，波士顿动力被谷歌高价收购，后者一直吹嘘"科技不作恶"，所以，原先和军方的合作项目就凉了。收购完成后，这家企业被纳入"谷歌 X"部门，该部门负责先进技术探索。公司高层对外宣称：要像推出安卓手机一样，实现仿生机器人量产。有梦想总不是坏事，不过，波士顿动力作为逐梦之人，每年光是维持运营就要花费 1.5 亿美元。用了 28 年，才推出商业化机器人 Spot。很多企业被收购后，业务都要被整合。可波士顿动力坚决反对这一点，它要保持独立性。表面上看这是一家商业公司，实际上是一所科学实验室，烧投资人的钱，实现自己的理想。

波士顿动力专精技术，但是就是不合群，没法推出迎合市场的商业化产品。以 Spot 机器人为例，这款机器人售价约 50 万元人民币，可是成熟的工业机器人售价也就 20 万元左右。对于市场来说，这款机器人真的很一般。波士顿动力坚持技术的精神固然令人钦佩，可另一家美国机器人公司 iRobot，同样也是军工起家，最后愣是卖出了 100 万台扫地机器人，2005 年还到纳斯达克上市了。波士顿动力的广告虽然炫酷，但这些仿生机器人的正职不是当虚拟主播，而是投入生产。造出来的机器人干不了活，自然就不吃香。

虽然波士顿动力不够给力，但是通过资本的运作，它还是找到了韩国金主"现代集团"。实际上，该公司每次转手，都离不开金主的幕后操盘。只不过这次韩国人接手，与其说是操盘，不如说是接盘。可这位新的接盘侠对这家公司的未来该怎么发展，心里好像也没什么底。说到"现代集团"，不少人会想到财阀。韩国接盘侠名字用的是"现代"，企业却跟"现代财阀"没有任何关系。更有意思的是，这次主导收购的是"现代汽车集团"，这不由得让人联想到，韩国"技术接盘"的发展模式。

二战后，韩国为了发展经济，在 1945—1970 年引进了超过 60 亿美元的外资。与东亚其他国家的崛起思路类似，韩国当时走的也是"市场换技术"的发展模式。像三星公司的早期发展，就是靠市场份额，获取关键专利。现代集团早期发展汽车业务，也吸收了很多美国的技术。借助市场获取技术，再吸收技术争取市场，算是韩国企业的翻身套路。

不过，跨国企业也不傻，核心技术不可能让"白嫖"。虽然转让专利，但是依旧保证关键技术垄断。不然，教会了徒弟，就饿死了师傅。跨国公司也在想办法保证自己的利益。举个例子，一家美国企业在韩国开办公司，占股越高，技术越先进；占股越低，技术越落后。既然提到美国的技术转让，就难免要涉及军事技术部分。韩国依靠技术转让吃到了不少经济红利，不过在军事技术转让领域却是处处碰壁。比如，在新型战机研发领域，对美国的技术依赖性还很大，可白宫迟迟不肯批准转让。韩国媒体发文称：这是"令人寒心的军事外交"。波士顿动力作为美国的机器人公司，与五角大楼有过不少合作，自然获得过军方的技术支持。"现代集团"作为一家韩国企业，参与收购，必定要面临如何整合的问题，尤其是技术方面。

不过，现代公司的官方回应，让人感觉十分疑惑。他们给出解释：集团已经在未来技术的发展上投入了大量资金，"包括自动驾驶技术、互联互通、环保汽车、智慧工厂、先进材料、人工智能和机器人等领域”，根据这样的描述，现代应该更看重自动驾驶技术。可是现代为什么不收购自动驾驶公司呢？如果仔细分析波士顿动力的业务，就会发现，这家公司拥有不少工业机器人的技术，而汽车生产线需要工业机器人。像丰田这样的竞争对手，也在积极推动机器人的发展。机器人技术才是现代汽车的关心重点，对“自动驾驶”表态，可能只是声东击西。

收购的是机器人公司，目的却是为了自动驾驶。这种毫无逻辑的表态，也难免让人怀疑，现代集团是为了行业竞争盲目跟风。历史上的现代，曾经因为盲目收购负债累累，最后只能分拆抵债。1997年，韩国受亚洲金融风暴影响，面临严重的经济下行压力。可是现代集团却选择顶风收购，大肆扩张。起亚没法开工破产了？买。大宇汽车破产了？买。乐金半导体？接着买。其他大企业都在大幅裁员，现代却在大肆扩张，导致债务总额一度高达660亿美元。最后连媒体都发出感慨：现代集团什么都有，就是没有利润。

现代集团的盲目扩张，不光导致公司经营困难，还造成政府、债权银行面临巨大压力。2000年5月，现代商船和现代建设短期流动资金困难，韩国股市暴跌，引发国民恐慌。为了控制债务规模，现代集团被迫重组剥离，创始人郑周永退出日常管理。同年，现代汽车被剥离，后是现代重工被剥离。经历一系列的分拆，现代集团彻底失去了原有的财团地位。时至今日，现代集团已经变成了一串葡萄。不论是现代汽车、现代商船，还是现代重工、现代建设，各分公司之间唯一的共同点就是“现代”这两个字，管理上互不干涉。现代帝国分崩离析，跟盲目收购有着很大的关系。

在“现代集团”提出收购前，波士顿动力的前金主是日本软银。后者收购前者，是配合日本政府2015年的机器人产业发展指南，发展机器人产业。可现代汽车集团的收购，却是让人摸不着头脑，也不由得让人怀疑收购之后，波士顿动力将会如何发展。

在国内的舆论氛围之中，像波士顿动力这样的公司，因为专心技术研发，往往得到不少人的同情。可如果从全球机器人产业发展来看，这张同情牌却并不好使。因为跟同行相比，波士顿动力并没有找到属于自己的位置。通常来说，机器人公司有三种发展路线：一是像日本丰田，喜欢核心技术研发，依靠技术大招打一切；二是像欧洲的ABB公司，卖的是机器人，但靠的是维护保养挣钱，可以理解成纯靠后期发展；三是像前面提到的iRobot公司一样，技术整合集成应用，哪里都会一点，靠相互搭配获得综合优势。

那么波士顿动力算哪种呢？第一类，核心技术公司。可光靠一个技术，很难在美国机器人产业中出头。公司对外宣称市场面向全球，可是只有线上销售渠道，没有线下的销售和客服。海外客户沟通困难。高昂的使用成本，复杂的售后流程，也让该公司缺乏足够的吸引力。实际上，波士顿动力也想过自力更生。为了维持生计，在工业领域，它还推出过工业机械臂PICK。不过在机械臂领域，卖得好的有FUNAC，技术实力强的有ABB。波士顿的机械臂在市场中，谁都打不过。

既然工业机器人不赚钱，那波士顿动力的仿生机器人赚钱吗？好像也不赚钱。波士顿动力的宣传资料显示，仿生机器人Spot可以在危险环境中完成图像收集和搜索工作，很适合消防和搜救。可是在实际应用中，Spot总是要愣上几秒进行反应，效率比消防人员用设备还低，使用效果难以符合预期。对外宣传中，机器人行业经常强调，长时间运行带来成本优势。波士顿动力的表现又如何呢？挪威的一家钻井公司通过Spot机器人维护钻井平台，结果发现，工人轮班制度的效率，有时候居然比机器人还要好，机器人还要另聘人员维护。

最后，总成本比单独的人工更费钱。

客观而言，波士顿动力在机器人行业中的劣势，无法抵消这家公司原本的优势。以前的金主软银、谷歌，并不反对他们烧钱。不过，波士顿动力的技术方向如果投入大规模应用，必然要面对高成本和低效率问题。烧钱之后，也不能找到赚钱的办法。最终，"技术新星"变成了"技术彗星"。技术引进、转让，一直被认为是科技企业"弯道超车"的发展捷径。但这样的捷径，并不一定都通向成功。对于国内的技术企业而言，适应市场，独立发展，才是长久之路。

根据以上材料，请您认真阅读并思考以下问题：

(1) 波士顿动力的仿生机器人核心技术和产品在世界上可以说是非常先进。但从谷歌、软银到现代，一路转让，市值不断降低，你认为最主要的原因是什么？

(2) 波士顿动力属于学院派，只专注于技术研发，对商业不感兴趣且非常排斥，只是在被软银收购后和 Spot 的推出才开始应用研究，但做的也不成功。这样拥有先进技术的公司为什么在应用研究上做不好，你怎么认为？

(3) 认真阅读材料，是不是意味着：要做好应用必须掌握核心技术，而技术研发(核心技术)做得好未必能做好应用。对不对？为什么？

(4) 你认为波士顿动力该如何做才能扭转局面，将公司办好？现代收购波士顿动力的真正目的是什么？现代能达到它想要的目的吗？

(5) 作为应用型高校的机器人专业学生，通过以上材料，要对国家负责，要对自己将来负责，你该如何规划自己的大学生活？

7.1.4 开放性问题 4：机器人引发法律道德问题，如何教其学会道德判断？

1. 机器人也要讲道德

在不同的文化中，道德的定义与尺度都不尽相同。当人类尚未很好地解决自身的道德困境时，如何教会机器人做出正确的道德判断，或许将成为阻碍机器人大规模应用的一道篱障。

根据科幻作家阿西莫夫的同名小说改编的电影《我，机器人》里有这样一个场景：2035年的一个早晨，机器人与人类一起穿梭在美国芝加哥繁忙的街道上，它们在送快递，帮主人遛狗，做搬运工，急着回家给主人拿急救药品——这并非遥不可及，目前，谷歌公司的机器人汽车项目就有可能让这一虚构成为现实。

今年 5 月，美国内华达州为一辆搭载谷歌智能驾驶系统的汽车颁发了牌照，允许这辆无须人工驾驶的汽车在公共道路上测试行驶。据行业人士预计，自动驾驶汽车在欧美有望于3～5 年后投入使用。

根据国际机器人联合会网站公布的数据，自 1961 年以来，全球机器人的销售总量已达230 万台，2011 年销量最高，达到 16 万台。眼下，全球机器人产业已处在一个蓬勃发展的上升期。

2. 阿西莫夫定律的困境

当机器人越来越多地渗透到人们的生活中，由此引发的法律与道德问题也随之而来。

英国谢菲尔德大学人工智能与机器人学教授诺尔·沙吉举例说，设想你的机器人汽车正在开往停车场，此时一个儿童正在附近玩耍。一辆卡车开来，溅起的尘土干扰了机器人汽车的传感器，机器人汽车因不能感知儿童的存在而造成交通事故。那么谁应该对此负责，是机器生产厂家、软件工程师还是机器人自身？

随着机器人越来越聪明，用途越来越广泛，机器人最终将面临这样一种情境：在不可预知的条件下做出道德判断——在有平民存在的情况下，无人飞机是否应该对目标所在房间开火？参与地震救援的机器人是否应该告诉人们灾难真相，即使那样会引发恐慌？机器人汽车是否应该为了避免撞到行人而突然转向，即使那样会撞到其他人？

1942年，阿西莫夫提出了机器人三定律：机器人不得伤害人类，或者目睹人类将遭受危险而袖手不管；机器人必须服从人给予它的命令，当该命令与第一定律冲突时例外；机器人在不违反第一、第二定律的情况下要尽可能保护自己的生存。

看似完美的三定律在电影《我，机器人》中遇到了麻烦；在儿童和成人同时出现交通事故时，机器人会计算出成人存活率高，选择优先救成年人，而不是儿童。在这种情况下，如何教会机器人进行道德判断就被提上了日程。

3. 像人一样学习道德

怎么教机器人学会道德判断？《道德机器：教会机器人如何判断对和错》一书的作者之一、美国印第安纳大学科学史和科学哲学系教授科林·艾伦表示，这要从人类修习德行的方法中去寻找。

他举例说，2010年4月的美国纽约街头，一名见义勇为的男子在与歹徒搏斗后奄奄一息，但在近两个小时里，先后有20多名行人路过却无人伸出援手。该男子终因失血过多而死亡。人们对道德的理解有时候并不和实际行动相符。为什么会这样呢？

对此，艾伦解释说，在现实中，人们往往“本能地”做出反应，并没有考虑行为所产生的道德问题。古希腊哲学家亚里士多德就认为，人需要在现实中不断地践行有道德的行为，最终使其成为一种习惯。在以后再遇到道德选择时，才能不经思考就能表现出良好的品行。

因此，艾伦认为，可以设计一些具有简单规则的机器人汽车。当汽车遇到上述情况的时候，学习着去进行救助，然后再根据一些道德规范，对机器人汽车的“救助”行为进行分析和肯定，从而逐渐培养起它们的道德感。

然而，另一个更为复杂的问题接踵而来。人类本身对诸如网络下载、堕胎以及安乐死等问题的看法存在分歧，工程师也不知道应该将哪一套道德体系输入机器人。同时，将一种价值判断应用于具体案例时，也会有分歧。比如，在不伤害到别人的情况下，实话被认为是美德。如果说谎能促进友谊，且不伤害到双方，这时说谎就是“对的”。基于人类道德的差异性，机器人的道德可能会有若干版本。

当机器人像人一样开始学习并实践道德，它们是否会超越和取代人类？艾伦说，他现在还不担心这一点，眼下需要做的事是如何教会机器人做出正确的道德判断。至于怎样的道德判断是正确的，这个问题，恐怕连人类有时候都还没有弄清楚。

根据以上材料，请认真阅读并回答以下问题：

（1）如果要求机器人像人一样学习道德，具有可行性吗？

（2）作为未来的机器人工程师，你如何看待机器人技术发展与法律和道德之间的关系？

（3）你在毕业从事这一职业时，不管是设计研发还是技术应用，你认为应该遵循什么样的职业操守和法律、规范？

7.1.5 开放性问题5：发挥想象力：你心中的机器人是什么样子的，它可以做些什么？

学习完《机器人专业导论》这门课程后，你认为机器人应该是什么样子的？你想用它来做什么工作？

发挥你的想象力，设计一款机器人，要包括以下几个要素：

(1) 要说明你设计的此种机器人能做什么工作？

(2) 机器人主要结构分为哪几部分？

(3) 每部分的工作原理和可能涉及的数理知识是什么？

(4) 绘制出机器人的结构框图(原理图)，越详细越好。要求用计算机绘制(绘图软件不限)。

(5) 设计思路，灵感来源。

本课题不设正确与否要求，不设能否实现要求，不受条框限制，完全可以天马行空展开想象，只要能够"自圆其说"并给出让人信服的理由即可。

以寝室为单位分组，设组长一人，每个寝室给出一个报告，报告要求用计算机排版并打印出来上交。报告最后要说明人员分工情况，给出每个人的工作内容，工作态度以及工作期间的团队合作情况描述。

7.1.6 开放性问题6：翻译一篇关于机器人有关研究的英文文献

在网络上或图书馆期刊部，通过电子资源库找一篇关于机器人研究的外文期刊(要求是article、review、letter)，论文研究领域、研究内容不限。

请根据外文内容将文章翻译出来，并能根据自己的理解用自己的语言表述出来。

7.2 机器人认识实验*

7.2.1 认识实验1：初步认识工业机器人的应用领域

根据实验室中有关工业机器人的实验设备和生产线，组织学生进行一次初步的认识实习，让学生了解工业机器人能从事的工作，使学生对工业机器人有一个概念性的了解。

通过本次认识实习，要求学生根据看到的工业机器人设备和生产线，结合专业导论课程，自选一种设备，说明该设备的组成、结构和描述出其简单的工作原理。

7.2.2 认识实验2：初步认识工业机器人的离线编程和仿真

根据实验室中有关工业机器人的离线编程软件和半实物仿真软件，组织学生进行一次初步的关于工业机器人设计软件方面的认识实习，让学生了解工业机器人在系统集成前应该完成的必要工作，使学生对离线编程软件和半实物仿真软件在工业机器人系统集成领域中的应用必要性方面有个简单了解。

通过本次认识实习，要求学生根据实验室的离线编程软件，应用一种画图软件(最好是CAD)画出一个简单的工件或手抓或设备，并能导入到实验室的离线编程软件中。

7.2.3　认识实验3：工业机器人系统集成认识

根据实验室中的智能生产线，结合专业导论课程，说明系统集成至少应该包括哪些组成部分。根据教学计划，在大学四年中，你认为要学好专业知识，什么课程必须要重点学习？应该学好哪些方面的知识？

请同学们认真思考工业机器人操作、工业机器人维修维护、工业机器人系统集成三者的区别点和相似点。

作为一名机器人工程专业的本科生，你怎样理解三者之间的区别与联系？你持何态度？

7.2.4　认识实验4：有关特种机器人的认识

根据实验室中有关特种机器人的设备，组织学生进行一次关于特种机器人的认识实习。根据实验室中的几种特种机器人设备，结合专业导论和工业机器人，你认为特种机器人应该至少包括哪几部分？应该具有什么特性才能称得上是智能机器人？

特种机器人和工业机器人最大的区别在哪里？在未来大学四年的学习过程中和毕业后，你更倾向于哪类机器人的学习？为什么做此选择？

与工业机器人相比，在大学四年中，你认为要学好特种机器人的专业知识，什么课程必须要重点学习？应该学好哪些方面的知识？

参考文献

[1] 萨哈. 机器人导论(英文版)[M]：北京：机械工业出版社，2016.

[2] 李云江. 机器人概论[M]. 北京：机械工业出版社，2019.

[3] 杨立云. 机器人技术基础[M]. 北京：机械工业出版社，2018.

[4] 张涛. 机器人引论[M]. 2版. 北京：机械工业出版社，2017.

[5] 龚仲华. 工业机器人编程与操作[M]. 北京：机械工业出版社，2016.

[6] 任岳华，曹玉华. 工业机器人工程导论[M]. 北京：机械工业出版社，2018.

[7] 刘荣. 机器视觉与控制——MATLAB算法基础[M]. 北京：电子工业出版社，2016.

[8] 张建国. 工业机器人操作与编程技术[M]. 北京：机械工业出版社，2017.

[9] 宋云艳. 工业机器人离线编程与仿真[M]. 北京：机械工业出版社，2019.

[10] 韩鸿鸾. 工业机器人现场编程与调试[M]. 北京：化学工业出版社，2017.

[11] 田贵福，林燕文. 工业机器人现场编程(ABB)[M]. 北京：机械工业出版社，2019.

[12] 刘金国. 智能机器人系统建模与仿真[M]. 北京：科学出版社，2014.

[13] 张宪民，杨丽新. 工业机器人应用基础[M]. 北京：机械工业出版社，2015.

[14] 刘极峰，丁继斌. 机器人技术基础[M]. 2版. 北京：高等教育出版社，2012.

[15] 于靖军，刘辛军. 机器人机构学的数学基础[M]. 2版. 北京：机械工业出版社，2015.

[16] 张玫. 机器人技术[M]. 2版. 北京：机械工业出版社，2018.

[17] 郑志强. 机器人视觉系统研究[M]. 北京：科学出版社，2015.

[18] 李瑞峰. 工业机器人设计与应用[M]. 哈尔滨：哈尔滨工业大学出版社，2016.

[19] 赛义德·本杰明·尼库. 机器人学导论 [M]. 2版. 北京：电子工业出版社，2016.

[20] 汪励，陈小艳. 工业机器人工作站系统集成[M]. 北京：机械工业出版社，2018.

[21] 叶晖. 工业机器人工程应用虚拟仿真教程[M]. 北京：机械工业出版社，2014.

[22] 张超. ABB工业机器人现场编程[M]. 北京：机械工业出版社，2018.

[23] 刘小波. 工业机器人技术基础[M]. 北京：机械工业出版社，2018.

[24] 黄志坚. 电气伺服控制技术及应用[M]. 北京：中国电力出版社，2016.

[25] 邢美峰. 工业机器人操作与编程[M]. 北京：电子工业出版社，2016.

[26] 卜迟武. 机器人编程设计与实现[M]. 北京：科学出版社，2016.

[27] 张明文. 工业机器人编程及操作[M]. 哈尔滨：哈尔滨工业大学出版社，2017.

[28] 叶伯生. 工业机器人操作与编程[M]. 武汉：华中科技大学出版社，2016.

[29] SAHA S K. 机器人导论[M](英文版). 北京：机械工业出版社，2010.

[30] 周奇志. 机器人学简明教程[M]. 西安：西安电子科技大学出版社，2013.

[31] Corke P. 机器人学、机器视觉与控制——MATLAB算法基础[M]. 北京：电子科技出版社，2016.

[32] 西西利亚诺，哈提卜. 机器人手册[M]. 北京：机械工业出版社，2013.

[33] 马克 W. 斯庞. 机器人建模和控制[M]. 北京：机械工业出版社，2016.

[34] 黄志坚. 机器人驱动与控制及应用实例[M]. 北京：化学工业出版社，2016.

[35] 林燕文. 工业机器人系统集成与应用[M]. 北京：机械工业出版社，2018.

[36] 于靖军. 机器人机构学的数学基础[M]. 2版. 北京：机械工业出版社，2018.

[37] 张明文. 工业机器人基础与应用[M]. 北京：机械工业出版社，2018.

[38] 蔡自兴. 机器人学基础[M]. 2版. 北京：机械工业出版社，2015.

[39] 刘伟，李飞. 焊接机器人操作编程及应用[M]. 北京：机械工业出版社，2017.

[40] 黎文航,王加友.焊接机器人技术与系统[M].北京:国防工业出版社,2015.
[41] R.帕特里克·戈贝尔.ROS入门实例[M].广州:中山大学出版社,2016.
[42] R.帕特里克·戈贝尔.ROS进阶实例[M].广州:中山大学出版社,2017.
[43] 周兴社.机器人操作系统ros原理与应用[M].北京:机械工业出版社,2017.
[44] 杨杰忠.工业机器人操作与编程[M].北京:机械工业出版社,2018.
[45] 张宪民.机器人技术及其应用[M].2版.北京:机械工业出版社,2019.
[46] 徐德.机器人视觉测量与控制[M].2版.北京:国防工业出版社,2011.
[47] 兰虎.工业机器人技术及应用[M].北京:机械工业出版社,2019.
[48] 蒋庆斌,陈小艳.工业机器人现场编程[M].北京:机械工业出版社,2018.
[49] 董春利.机器人应用技术[M].北京:机械工业出版社,2019.
[50] 王承欣,宋凯.工业机器人应用与编程[M].北京:机械工业出版社,2019.
[51] 屈金星.工业机器人技术与应用[M].北京:机械工业出版社,2019.
[52] 夏金伟,郭海林,高枫.工业机器人技术及应用[M].北京:机械工业出版社,2019.
[53] 伊洪良.工业机器人应用基础[M].北京:机械工业出版社,2018.
[54] 佘明洪.工业机器人操作与编程[M].北京:机械工业出版社,2019.
[55] 蒋正炎.工业机器人工作站安装与调试(ABB)[M].北京:机械工业出版社,2019.
[56] 哈米德D.塔吉拉德.并联机器人:机构学与控制[M].北京:机械工业出版社,2018.
[57] 智造云科技,左立浩,徐忠想,等.工业机器人虚拟仿真应用教程[M].北京:机械工业出版社,2018.
[58] 叶晖.工业机器人实操与应用技巧[M].北京:机械工业出版社,2019.
[59] 许怡赦,邓三鹏.KUKA工业机器人编程与操作[M].北京:机械工业出版社,2019.
[60] 禹鑫燚,王振华.工业机器人虚拟仿真技术[M].北京:机械工业出版社,2019.
[61] 何成平,董诗绘.工业机器人操作与编程技术[M].北京:机械工业出版社,2018.
[62] 张爱红.工业机器人操作与编程技术(FANUC)[M].北京:机械工业出版社,2018.
[63] Jaulin L.移动机器人原理与设计[M].北京:机械工业出版社,2018.
[64] 陈万米.机器人控制技术[M].北京:机械工业出版社,2018.
[65] 高永伟.工业机器人机械装配与调试[M].北京:机械工业出版社,2019.
[66] 邓三鹏,岳刚,权利红,等.移动机器人技术应用[M].北京:机械工业出版社,2018.
[67] 陈南江,郭炳宇,林燕文.工业机器人离线编程与仿真[M].北京:人民邮电出版社,2018.
[68] 杨杰忠.工业机器人技术基础[M].北京:机械工业出版社,2018.
[69] 龚仲华.工业机器人编程与操作[M].北京:机械工业出版社,2017.
[70] 胡伟.工业机器人行业应用实训教程[M].北京:机械工业出版社,2019.
[71] 孙宏昌.机器人技术与应用[M].北京:机械工业出版社,2017.
[72] 孟庆波.工业机器人离线编程(FANUC)[M].北京:高等教育出版社,2018.
[73] 陈永平,何燕妮,余思涵.工业机器人仿真与离线编程[M].上海:上海交通大学出版社,2018.
[74] 朱林,吴海波.工业机器人仿真与离线编程[M].北京:北京理工大学出版社,2017.
[75] 韩鸿鸾,张云强.工业机器人离线编程与仿真[M].北京:化学工业出版社,2018.
[76] 张明文.工业机器人离线编程[M].武汉:华中科技大学出版社,2017.
[77] 潘懿,朱旭义.工业机器人离线编程与仿真[M].武汉:华中科技大学出版社,2018.
[78] 邓守峰,李福运.工业机器人离线编程仿真技术[M].北京:北京航空航天大学出版社,2019.
[79] 刘杰,王涛.工业机器人离线编程与仿真项目教程[M].武汉:华中科技大学出版社,2019.
[80] 朱洪雷,代慧.工业机器人离线编程(ABB) [M].北京:高等教育出版社,2018.

图书资源支持

感谢您一直以来对清华大学出版社图书的支持和爱护。为了配合本书的使用，本书提供配套的资源，有需求的读者请扫描下方的“书圈”微信公众号二维码，在图书专区下载，也可以拨打电话或发送电子邮件咨询。

如果您在使用本书的过程中遇到了什么问题，或者有相关图书出版计划，也请您发邮件告诉我们，以便我们更好地为您服务。

我们的联系方式：

地　　址：北京市海淀区双清路学研大厦 A 座 714

邮　　编：100084

电　　话：010-83470236　010-83470237

资源下载：http://www.tup.com.cn

客服邮箱：tupjsj@vip.163.com

QQ：2301891038（请写明您的单位和姓名）

教学资源・教学样书・新书信息

人工智能科学与技术
人工智能|电子通信|自动控制

资料下载・样书申请

书圈

用微信扫一扫右边的二维码，即可关注清华大学出版社公众号。